深入React技术栈

陈屹◎著

人民邮电出版社
北京

图书在版编目（CIP）数据

深入React技术栈 / 陈屹著. -- 北京 : 人民邮电出版社, 2016.11(2023.4重印)
(图灵原创)
ISBN 978-7-115-43730-3

Ⅰ. ①深… Ⅱ. ①陈… Ⅲ. ①移动终端－应用程序－程序设计 Ⅳ. ①TN929.53

中国版本图书馆CIP数据核字(2016)第243308号

内 容 提 要

本书从几个维度介绍了 React。一是作为 View 库，它怎么实现组件化，以及它背后的实现原理。二是扩展到 Flux 应用架构及重要的衍生品 Redux，它们怎么与 React 结合做应用开发。三是对 React 与 server 的碰撞产生的一些思考。四是讲述它在可视化方面的优势与劣势。

本书适合有一定经验的前端开发人员阅读。

◆ 著　　　　陈　屹
责任编辑　王军花
责任印制　彭志环

◆ 人民邮电出版社出版发行　　北京市丰台区成寿寺路 11 号
邮编　100164　　电子邮件　315@ptpress.com.cn
网址　https://www.ptpress.com.cn
固安县铭成印刷有限公司印刷

◆ 开本：800×1000　1/16
印张：22.75　　　　2016 年 11 月第 1 版
字数：538千字　　　　2023 年 4 月河北第 26 次印刷

定价：79.00元

读者服务热线：(010)84084456-6009　印装质量热线：(010)81055316

反盗版热线：(010)81055315

广告经营许可证：京东市监广登字 20170147 号

序

React 是目前前端工程化最前沿的技术。2004 年 Gmail 的推出，让大家猛然发现，单页应用的互动也可以如此流畅。2010 年，前端单页应用框架接踵而至，Backbone、Knockout、Angular，各领风骚。2013 年，React 横空出世，独树一帜：单向绑定、声明式 UI，大大简化了大型应用的构建。Strikingly 接触到 React 之后不久，就开始用 React 重构前端。

当时我想，2013 年或许会因为 React 的出现，成为前端社区的分水岭。今天回看，确实如此。

毋庸置疑，React 已经是前端社区里程碑式的技术。React 及其生态圈不断提出前端工程化解决方案，引领潮流。在过去一两年里，React 也是各种技术交流分享会里炙手可热的议题。

React 之所以流行，在于它平衡了函数式编程的约束与工程师的实用主义。

React 从函数式编程社区中借鉴了许多约定：把 DOM 当成纯函数，不仅免去了烦琐的手动 DOM 操作，还开启了多平台渲染的美丽新世界；在此之上，React 社区进一步强调不可变性（immutability）和单向数据流。这几个约定将原本很复杂的程序化简，加强了程序的可预测性。

React 也有实用主义的一面，它不强迫工程师只用函数式，而是提供了简单粗暴的手段，方便你实现各种功能——想直接操作 DOM 也可以，想双向绑定也没问题。函数式约定搭配实用主义，让我不禁想起 Facebook 一直倡导的黑客之道：Done is better than perfect。

React 还是一门年轻的技术，网上能学习的材料也比较零散。本书由浅到深，手把手地带领读者了解 React 核心思想和实现机制。因为 React 受到了很多关注，社区里出现了各种建立大型 React 应用的方案。本书总结了目前社区里的最佳实践，方便读者立刻在实战中使用。

郭达峰
Strikingly 联合创始人及 CTO

前　　言

前端高速发展十余年，我们看到了浏览器厂商的竞争，经历了标准库的竞争，也经历了短短几年 ECMAScript 标准的迭代。到今天，JavaScript 以完全不同的方式呈现出来。

这是最好的时代，这是最坏的时代，这是智慧的时代，这是愚蠢的时代；这是信仰的时期，这是怀疑的时期；这是光明的季节，这是黑暗的季节；这是希望之春，这是失望之冬。

这是对前端发展这些年最恰当的概括。整个互联网应用经历了从轻客户端到富客户端的变化，前端应用的规模变得越来越大，交互越来越复杂。在近几年，前端工程用简单的方法库已经不能维系应用的复杂度，需要使用一种框架的思想去构建应用。因此，我们看到 MVC、MVVM 这些 B/S 或 C/S 中常见的分层模型都出现在前端开发的过程中。与其说不断在创新，还不如说前端在学习之前应用端已经积累下来的浑厚体系。

在发展的过程中，出现了大量优秀的框架，比如 Backbone、Angular、Knockout、Ember 这些框架大都应用了 MV* 的理念，把数据与视图分离。而就在这样纷繁复杂的时期，2013 年 Facebook 发布了名为 React 的前端库。

从表现上看，React 被大部分人理解成 View 库。然而，从它的功能上看，它远远复杂于 View 的承载。它的出现可以说是灵光一现，我记得曾经有人说过，Facebook 发布的技术产品总是包含伟大的思想。的确，从此，Virtual DOM、服务端渲染，甚至 power native apps，这些概念开始引发一轮新的思考。

从官方描述中，创造 React 是为了构建随着时间数据不断变化的大规模应用程序。正如它的描述一样，React 结合了效率不低的 Virtual DOM 渲染技术，让构建可组合的组件的思路可行。我们只要关注组件自身的逻辑、复用及测试，就可以把大型应用程序玩得游刃有余。

在 0.13 版本之后，React 也慢慢趋于稳定，越来越多的前端工程师愿意选择它作为应用开发的首选，国内也有很多应用开始用它作为主架构的核心库。

在未来，React 必然不过是一块小石头沉入水底，但它溅起的涟漪影响了无数的前端开发的思维，影响了无数应用的构建。对于它来说，这些就是它的成就。成就 JavaScript 的繁荣，成就前端标准更快地推进。

本书目的

本书希望从实践起步，以深刻的角度去解读 React 这个库给前端界带来的革命性变化。

目前，不论在国内，还是在国外，已经有一些入门的 React 图书，它们大多在介绍基本概念，那些内容可以让你方便地进入 React 世界。但本书除了详细阐述基本概念外，还会帮助你从了解 React 到熟悉其原理，从探索 Flux 应用架构的思想到精通 Redux 应用架构，帮助你思考 React 给前端界带来的价值。React 今天是一种思想，希望通过解读它，能够让读者有自学的能力。

阅读建议

本书从几个维度介绍了 React。一是作为 View 库，它怎么实现组件化，以及它背后的实现原理。二是扩展到 Flux 应用架构及重要的衍生品 Redux，它们怎么与 React 结合做应用开发。三是对它与 server 的碰撞产生的一些思考。四是讲述它在可视化方面有着怎样的优势与劣势。

下面是各章的详细介绍。

第 1 章 这一章从 React 最基本的概念与 API 讲起，让读者熟悉 React 的编码过程。

第 2 章 这一章更深入到 React 的方方面面，并从一个具体实例的实现到自动化测试过程来讲述 React 组件化的过程和思路。

第 3 章 这一章深入到 React 源码，介绍了 React 背后的实现原理，包括 Virtual DOM、diff 算法到生命周期的管理，以及 `setState` 机制。

第 4 章 这一章介绍了 React 官方应用架构组合 Flux，从讲解 Flux 的基本概念及其与 MV* 架构的不同开始，解读 Flux 的核心思想。

第 5 章 这一章介绍了业界炙手可热的应用架构 Redux，从构建一个 SPA 应用讲到背后的实现逻辑，并扩展了 Redux 生态圈中常用的 middleware 和 utils 方法。

第 6 章 这一章讲述 Redux 高阶运用，包括高阶 reducer、它在表单中的运用以及性能优化的方法。另外，从源码的角度解读了 Redux。

第 7 章 这一章介绍了 React 在服务端渲染的方法，并从一个实例出发结合 Koa 完整地讲述了同构的实现。

第 8 章 这一章探索了实现可视化图形图表的方法，以及如何通过这些方法和 React 结合在一起运转。

附录 A 探讨了 React 开发环境的基本组成部分以及常规的安装方法。

附录 B 探讨了团队实践或多人协作过程中需要关注的编码规范问题。

附录 C 探讨了 Koa middleware 的相关知识，帮助理解 Redux middleware。

代码规范

本书的 JavaScript 示例代码均使用 ES2015/ES6 编写，并遵循 Airbnb JavaScript 规范，但诸如 React 或 Redux 源代码引用的原始代码除外。

本书的 CSS 示例代码均为 SCSS 代码，但引用源码库的 CSS 除外。

保留英文名词

对于 React/Flux/Redux 中常用的专有名词，在不造成读者理解困难的情况下，本书尽量保留英文名词，保持原汁原味。

- Virtual DOM：虚拟 DOM
- state：状态
- props：属性
- action：动作
- reducer
- store
- middleware：中间件
- dispatcher：分发器
- action creator：action 构造器
- currying：柯里化

读者反馈

如果你有什么好的意见和建议，请及时反馈给我们。可以通过 arthurtemptation@gmail.com 或在知乎上发私信找到我。

示例代码下载

本书的示例代码[①]托管在 https://github.com/arcthur/react-book-examples 和 https://coding.net/u/arcthur/p/react-book-examples/git，它可能会和书中的内容有所出入，因为我们会根据情况对代码略加修改，所以在阅读的时候，建议结合文档一同查看。

① 本书的源代码也可从图灵社区（www.ituring.com.cn）本书主页免费注册下载。

致谢

从React诞生以来，我就在关注这个领域。在2015年年底，我在知乎上开辟了名为pure render的专栏。不论是我现在的角色，还是从建设一个团队的角度来考虑，我都想把在React实践中的心路历程分享出来，和大家一起学习，共同成长。

万万没想到，专栏的持续写作得到了相当多知友的认可。截止今天，专栏运行8个月左右，积累了20篇文章，得到了4500多人的关注。对于团队来说，既是鼓舞，更是压力。专栏在运行过程中，参与的伙伴也渐渐变多，我希望它可以一直保持高质量，让整个社区的React爱好者们一起贡献。

专栏写作不久，就有几位编辑老师找到我，那时我并没有准备好去系统地撰写一些内容，但随着专栏中沉淀的文字越来越多，我想不妨可以试着写一些关于React的更深入的分析，以及整体应用层面上的实践，让更多开发者，乃至 IT 圈更多地关注这个库。在写作本书这半年多的时间内，React 在业界的关注度不断上升，也涌现出很多优秀的实践，我非常感谢我身在的这个社区。

耗费了大量晚上及周末的时间，断断续续的编写与修改，书稿的内容终于定下来了，其中很多内容是对专栏已有内容的修复与升级。书与专栏同样是文字的传播，平台不同，初衷却是一样的。我希望它可以精益求精，至少能在一定程度上帮助开发者深入学习React。

在此，特别感谢知乎pure render专栏组的所有成员献计献力，其中杨森、丁玲、李彬彬、黄宗权、范洪春、宋邵茵、胡可本、胡清亮等组员不同程度地贡献了实战经验与想法，并参与审校本书当中。真心感谢你们，是你们的热情和坚持让这本书可以面世。

同样感谢写作中给予很多宝贵意见的朋友们，包括魏畅然、赵剑飞、李成熙、胡杰、郭达峰、阮一峰、张克军、寸志、张克炎等。

最后，由衷地感谢王军花老师从头到尾认真负责的态度，让这本书更精彩。

陈屹
2016年7月1日于杭州

目　　录

第 1 章　初入 React 世界 ………………………… 1
1.1　React 简介 ………………………………………… 1
1.1.1　专注视图层 ……………………………… 1
1.1.2　Virtual DOM ……………………………… 1
1.1.3　函数式编程 ……………………………… 2
1.2　JSX 语法 ………………………………………… 3
1.2.1　JSX 的由来 ……………………………… 3
1.2.2　JSX 基本语法 …………………………… 7
1.3　React 组件 ……………………………………… 11
1.3.1　组件的演变 ……………………………… 11
1.3.2　React 组件的构建 ……………………… 18
1.4　React 数据流 …………………………………… 21
1.4.1　state ……………………………………… 21
1.4.2　props ……………………………………… 23
1.5　React 生命周期 ………………………………… 29
1.5.1　挂载或卸载过程 ………………………… 29
1.5.2　数据更新过程 …………………………… 30
1.5.3　整体流程 ………………………………… 33
1.6　React 与 DOM ………………………………… 34
1.6.1　ReactDOM ………………………………… 35
1.6.2　ReactDOM 的不稳定方法 ……………… 36
1.6.3　refs ………………………………………… 38
1.6.4　React 之外的 DOM 操作 ……………… 40
1.7　组件化实例：Tabs 组件 ……………………… 41
1.8　小结 …………………………………………… 47
第 2 章　漫谈 React ………………………………… 48
2.1　事件系统 ……………………………………… 48
2.1.1　合成事件的绑定方式 …………………… 48
2.1.2　合成事件的实现机制 …………………… 49
2.1.3　在 React 中使用原生事件 ……………… 51
2.1.4　合成事件与原生事件混用 ……………… 51
2.1.5　对比 React 合成事件与 JavaScript 原生事件 ………………………… 54
2.2　表单 …………………………………………… 55
2.2.1　应用表单组件 …………………………… 55
2.2.2　受控组件 ………………………………… 60
2.2.3　非受控组件 ……………………………… 61
2.2.4　对比受控组件和非受控组件 …………… 62
2.2.5　表单组件的几个重要属性 ……………… 63
2.3　样式处理 ……………………………………… 64
2.3.1　基本样式设置 …………………………… 64
2.3.2　CSS Modules ……………………………… 66
2.4　组件间通信 …………………………………… 74
2.4.1　父组件向子组件通信 …………………… 74
2.4.2　子组件向父组件通信 …………………… 75
2.4.3　跨级组件通信 …………………………… 77
2.4.4　没有嵌套关系的组件通信 ……………… 79
2.5　组件间抽象 …………………………………… 81
2.5.1　mixin ……………………………………… 81
2.5.2　高阶组件 ………………………………… 86
2.5.3　组合式组件开发实践 …………………… 93
2.6　组件性能优化 ………………………………… 97
2.6.1　纯函数 …………………………………… 97
2.6.2　PureRender ……………………………… 100
2.6.3　Immutable ……………………………… 103
2.6.4　key ………………………………………… 108
2.6.5　react-addons-perf ……………………… 110
2.7　动画 …………………………………………… 111
2.7.1　CSS 动画与 JavaScript 动画 …………… 111
2.7.2　玩转 React Transition ………………… 113
2.7.3　缓动函数 ………………………………… 116

2.8 自动化测试 121
2.8.1 Jest 121
2.8.2 Enzyme 124
2.8.3 自动化测试 125
2.9 组件化实例：优化 Tabs 组件 125
2.10 小结 133

第 3 章 解读 React 源码 134

3.1 初探 React 源码 134
3.2 Virtual DOM 137
3.2.1 创建 React 元素 138
3.2.2 初始化组件入口 140
3.2.3 文本组件 141
3.2.4 DOM 标签组件 144
3.2.5 自定义组件 150
3.3 生命周期的管理艺术 151
3.3.1 初探 React 生命周期 152
3.3.2 详解 React 生命周期 152
3.3.3 无状态组件 163
3.4 解密 setState 机制 164
3.4.1 setState 异步更新 164
3.4.2 setState 循环调用风险 165
3.4.3 setState 调用栈 166
3.4.4 初识事务 168
3.4.5 解密 setState 170
3.5 diff 算法 172
3.5.1 传统 diff 算法 172
3.5.2 详解 diff 172
3.6 React Patch 方法 181
3.7 小结 183

第 4 章 认识 Flux 架构模式 184

4.1 React 独立架构 184
4.2 MV* 与 Flux 190
4.2.1 MVC/MVVM 190
4.2.2 Flux 的解决方案 193
4.3 Flux 基本概念 194
4.4 Flux 应用实例 198
4.4.1 初始化目录结构 198
4.4.2 设计 store 198
4.4.3 设计 actionCreator 200
4.4.4 构建 controller-view 202
4.4.5 重构 view 203
4.4.6 添加单元测试 205
4.5 解读 Flux 206
4.5.1 Flux 核心思想 206
4.5.2 Flux 的不足 207
4.6 小结 207

第 5 章 深入 Redux 应用架构 208

5.1 Redux 简介 208
5.1.1 Redux 是什么 208
5.1.2 Redux 三大原则 209
5.1.3 Redux 核心 API 210
5.1.4 与 React 绑定 211
5.1.5 增强 Flux 的功能 212
5.2 Redux middleware 212
5.2.1 middleware 的由来 212
5.2.2 理解 middleware 机制 213
5.3 Redux 异步流 217
5.3.1 使用 middleware 简化异步请求 217
5.3.2 使用 middleware 处理复杂异步流 221
5.4 Redux 与路由 224
5.4.1 React Router 225
5.4.2 React Router Redux 227
5.5 Redux 与组件 229
5.5.1 容器型组件 229
5.5.2 展示型组件 229
5.5.3 Redux 中的组件 230
5.6 Redux 应用实例 231
5.6.1 初始化 Redux 项目 231
5.6.2 划分目录结构 232
5.6.3 设计路由 234
5.6.4 让应用跑起来 235
5.6.5 优化构建脚本 239
5.6.6 添加布局文件 239
5.6.7 准备首页的数据 242
5.6.8 连接 Redux 245

5.6.9 引入 Redux Devtools……250
5.6.10 利用 middleware 实现 Ajax 请求发送……251
5.6.11 请求本地的数据……252
5.6.12 页面之间的跳转……253
5.6.13 优化与改进……256
5.6.14 添加单元测试……257
5.7 小结……258

第 6 章 Redux 高阶运用……259

6.1 高阶 reducer……259
6.1.1 reducer 的复用……259
6.1.2 reducer 的增强……261
6.2 Redux 与表单……262
6.2.1 使用 redux-form-utils 减少创建表单的冗余代码……263
6.2.2 使用 redux-form 完成表单的异步验证……265
6.2.3 使用高阶 reducer 为现有模块引入表单功能……267
6.3 Redux CRUD 实战……268
6.3.1 准备工作……268
6.3.2 使用 Table 组件完成“查”功能……269
6.3.3 使用 Modal 组件完成“增”与“改”……274
6.3.4 巧用 Modal 实现数据的删除确认……277
6.3.5 善用 promise 玩转 Redux 异步事件流……278
6.4 Redux 性能优化……279
6.4.1 Reselect……280
6.4.2 Immutable Redux……282
6.4.3 Reducer 性能优化……282
6.5 解读 Redux……284
6.5.1 参数归一化……285
6.5.2 初始状态及 getState……286
6.5.3 subscribe……286
6.5.4 dispatch……287
6.5.5 replaceReducer……288
6.6 解读 react-redux……288
6.6.1 Provider……288
6.6.2 connect……290
6.6.3 代码热替换……293
6.7 小结……294

第 7 章 React 服务端渲染……295

7.1 React 与服务端模板……295
7.1.1 什么是服务端渲染……295
7.1.2 react-view……296
7.1.3 react-view 源码解读……296
7.2 React 服务端渲染……299
7.2.1 玩转 Node.js……300
7.2.2 React-Router 和 Koa-Router 统一……303
7.2.3 同构数据处理的探讨……306
7.3 小结……307

第 8 章 玩转 React 可视化……308

8.1 React 结合 Canvas 和 SVG……308
8.1.1 Canvas 与 SVG……308
8.1.2 在 React 中的 Canvas……310
8.1.3 React 中的 SVG……311
8.2 React 与可视化组件……316
8.2.1 包装已有的可视化库……316
8.2.2 使用 D3 绘制 UI 部分……317
8.2.3 使用 React 绘制 UI 部分……319
8.3 Recharts 组件化的原理……322
8.3.1 声明式的标签……323
8.3.2 贴近原生的配置项……325
8.3.3 接口式的 API……326
8.4 小结……328

附录 A 开发环境……329

附录 B 编码规范……345

附录 C Koa middleware……349

第1章 初入 React 世界

欢迎进入 React 世界。从本章开始，不论你是刚刚入门的前端开发者，还是经验老道的资深工程师，都可以学习到 React 的基本思想以及基本用法。在之后慢慢深入的过程中，各节均会不同程度地带上进阶的实践与分析。希望在本章结束时，我们能够带领你实现应用 React 进行基本的组件开发。请从这里开始你的旅程……

1.1 React 简介

React 是 Facebook 在 2013 年开源在 GitHub 上的 JavaScript 库。React 把用户界面抽象成一个个组件，如按钮组件 Button、对话框组件 Dialog、日期组件 Calendar。开发者通过组合这些组件，最终得到功能丰富、可交互的页面。通过引入 JSX 语法，复用组件变得非常容易，同时也能保证组件结构清晰。有了组件这层抽象，React 把代码和真实渲染目标隔离开来，除了可以在浏览器端渲染到 DOM 来开发网页外，还能用于开发原生移动应用。

1.1.1 专注视图层

现在的应用已经变得前所未有的复杂，因而开发工具也必须变得越来越强大。和 Angular、Ember 等框架不同，React 并不是完整的 MVC/MVVM 框架，它专注于提供清晰、简洁的 View（视图）层解决方案。而又与模板引擎不同，React 不仅专注于解决 View 层的问题，又是一个包括 View 和 Controller 的库。对于复杂的应用，可以根据应用场景自行选择业务层框架，并根据需要搭配 Flux、Redux、GraphQL/Relay 来使用。

React 不像其他框架那样提供了许多复杂的概念与烦琐的 API，它以 Minimal API Interface 为目标，只提供组件化相关的非常少量的 API。同时为了保持灵活性，它没有自创一套规则，而是尽可能地让用户使用原生 JavaScript 进行开发。只要熟悉原生 JavaScript 并了解重要概念后，就可以很容易上手 React 应用开发。

1.1.2 Virtual DOM

真实页面对应一个 DOM 树。在传统页面的开发模式中，每次需要更新页面时，都要手动操作 DOM 来进行更新，如图 1-1 所示。

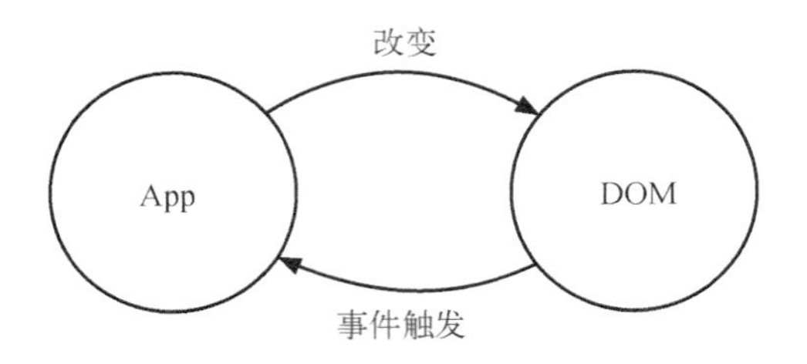

图 1-1　传统 DOM 更新

DOM 操作非常昂贵。我们都知道在前端开发中，性能消耗最大的就是 DOM 操作，而且这部分代码会让整体项目的代码变得难以维护。React 把真实 DOM 树转换成 JavaScript 对象树，也就是 Virtual DOM，如图 1-2 所示。

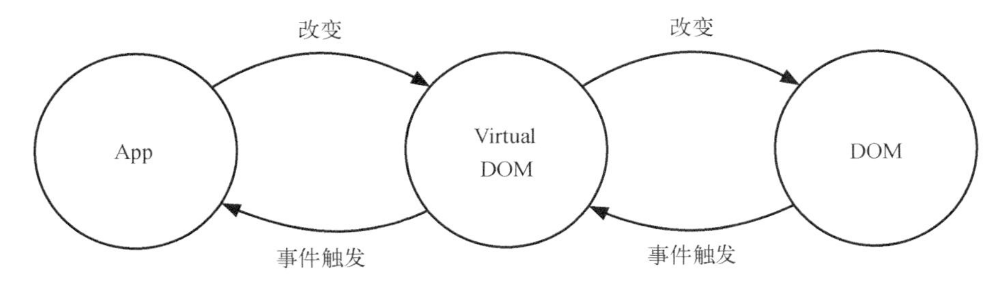

图 1-2　React DOM 更新

每次数据更新后，重新计算 Virtual DOM，并和上一次生成的 Virtual DOM 做对比，对发生变化的部分做批量更新。React 也提供了直观的 `shouldComponentUpdate` 生命周期回调，来减少数据变化后不必要的 Virtual DOM 对比过程，以保证性能。

我们说 Virtual DOM 提升了 React 的性能，但这并不是 React 的唯一亮点。此外，Virtual DOM 的渲染方式也比传统 DOM 操作好一些，但并不明显，因为对比 DOM 节点也是需要计算资源的。

它最大的好处其实还在于方便和其他平台集成，比如 react-native 是基于 Virtual DOM 渲染出原生控件，因为 React 组件可以映射为对应的原生控件。在输出的时候，是输出 Web DOM，还是 Android 控件，还是 iOS 控件，就由平台本身决定了。因此，react-native 有一个口号——Learn Once，Write Anywhere。

1.1.3　函数式编程

在过去，工业界的编程方式一直以命令式编程为主。命令式编程解决的是做什么的问题，比如图灵机，而现代计算机就是一个经历了多次进化的高级图灵机。如果说人脑最擅长的是分析问题，那么电脑最擅长的就是执行指令，电脑只需要几条汇编指令就可以轻松算出我们需要很长时间才能解出的运算。命令式编程就像是在给电脑下命令，现在主要的编程语言（包括 C 和 Java 等）都是由命令式编程构建起来的。

而函数式编程，对应的是声明式编程，它是人类模仿自己逻辑思考方式发明出来的。声明式编程的本质是 lambda 演算[①]。试想当我们操作数组的每个元素并返回一个新数组时，如果是计算机的思考方式，则是需要一个新数组，然后遍历原数组，并计算赋值；如果是人的思考方式，则是构建一个规则，这个过程就变成构建一个 f 函数作用在数组上，然后返回新数组。这样，计算可以被重复利用。

当回到 UI 界面上，我们的产品经理又想出了一个新点子时，我们是抱怨呢，还是去思考怎么解决这个问题。React 把过去不断重复构建 UI 的过程抽象成了组件，且在给定参数的情况下约定渲染对应的 UI 界面。React 能充分利用很多函数式方法去减少冗余代码。此外，由于它本身就是简单函数，所以易于测试。可以说，函数式编程才是 React 的精髓。

1.2 JSX 语法

当初学 React 时，JSX 是我们遇到的第一个新概念。也许我们都是写惯了 JavaScript 程序的开发者，对于类似于静态编译并不感冒。早些年风靡前端界的 CoffeeScript，也因为 ES6 标准化的加速推进，慢慢变为了茶余饭后的谈资。面对 React，我们又一次需要玩转一门新的静态转译语言，而这一次，又会有什么不一样的体验呢。

1.2.1 JSX 的由来

JSX 与 React 有什么关系呢？简单来讲，React 为方便 View 层组件化，承载了构建 HTML 结构化页面的职责。从这点上来看，React 与其他 JavaScript 模板语言有着许多异曲同工之处，但不同之处在于 React 是通过创建与更新虚拟元素（virtual element）来管理整个 Virtual DOM 的。

说明 JSX 语言的名字最早出现在游戏厂商 DeNA，但和 React 中的 JSX 不同的是，它意在通过加入增强语法，使得 JavaScript 变得更快、更安全、更简单。

其中，虚拟元素可以理解为真实元素的对应，它的构建与更新都是在内存中完成的，并不会真正渲染到 DOM 中去。在 React 中创建的虚拟元素可以分为两类，DOM 元素（DOM element）与组件元素（component element），分别对应着原生 DOM 元素与自定义元素，而 JSX 与创建元素的过程有着莫大的关联。

接着，我们从这两种元素的构建开始说起。

---

① lambda calculus，详见 https://en.wikipedia.org/wiki/Lambda_calculus。

1. DOM 元素

从过往的经验中知道，Web 页面是由一个个 HTML 元素嵌套组合而成的。当使用 JavaScript 来描述这些元素的时候，这些元素可以简单地被表示成纯粹的 JSON 对象。比如，现在需要描述一个按钮（button），这用 HTML 语法表示非常简单：

```
<button class="btn btn-blue">
  <em>Confirm</em>
</button>
```

其中包括了元素的类型和属性。如果转成 JSON 对象，那么依然包括元素的类型以及属性：

```
{
  type: 'button',
  props: {
    className: 'btn btn-blue',
    children: [{
      type: 'em',
      props: {
        children: 'Confirm'
      }
    }]
  }
}
```

这样，我们就可以在 JavaScript 中创建 Virtual DOM 元素了。

在 React 中，到处都是可以复用的元素，这些元素并不是真实的实例，它只是让 React 告诉开发者想要在屏幕上显示什么。我们无法通过方法去调用这些元素，它们只是不可变的描述对象。

2. 组件元素

当然，我们可以很方便地封装上述 `button` 元素，得到一种构建按钮的公共方法：

```
const Button = ({ color, text }) => {
  return {
    type: 'button',
    props: {
      className: `btn btn-${color}`,
      children: {
        type: 'em',
        props: {
          children: text,
        },
      },
    },
  };
}
```

自然，当我们要生成 DOM 元素中具体的按钮时，就可以方便地调用 `Button({color:'blue', text:'Confirm'})` 来创建。

仔细思考这个过程可以发现，Button 方法其实也可以作为元素而存在，方法名对应了 DOM 元素类型，参数对应了 DOM 元素属性，那么它就具备了元素的两大必要条件，这样构建的元素就是自定义类型的元素，或称为组件元素。我们用 JSON 结构来描述它：

```
{
  type: Button,
  props: {
    color: 'blue',
    children: 'Confirm'
  }
}
```

这也是 React 的核心思想之一。因为有公共的表达方法，我们就可以让元素们彼此嵌套或混合。这些层层封装的组件元素，就是所谓的 React 组件，最终我们可以用递归渲染的方式构建出完全的 DOM 元素树。

我们再来看一个封装得更深的例子。为上述 Button 元素再封装一次，它由一个方法构建而成：

```
const DangerButton = ({ text }) => ({
  type: Button,
  props: {
    color: 'red',
    children: text
  }
});
```

直观地看，DangerButton 从视觉上为我们定义了“危险的按钮”这样一种新的组件元素。接着，我们可以很轻松地运用它，继续封装新的组件元素：

```
const DeleteAccount = () => ({
  type: 'div',
  props: {
    children: [{
      type: 'p',
      props: {
        children: 'Are you sure?',
      },
    }, {
      type: DangerButton,
      props: {
        children: 'Confirm',
      },
    }, {
      type: Button,
      props: {
        color: 'blue',
        children: 'Cancel',
      },
    }],
  }
});
```

DeleteAccount 清晰地表达了一个功能模块、一段提示语、一个表示确认的警示按钮和一个表示取消的普通按钮。不过在表达还不怎么复杂的结构时，它就力不从心了。这让我们想起使用 HTML 书写结构时的畅快感受，JSX 语法为此应运而生。假如我们使用 JSX 语法来重新表达上述组件元素，只需这么写：

```
const DeleteAccount = () => (
  <div>
    <p>Are you sure?</p>
    <DangerButton>Confirm</DangerButton>
    <Button color="blue">Cancel</Button>
  </div>
);
```

> **注意**　上述 DeleteAccount 并不是真实转换，在实际场景中构建元素会考虑到诸如安全等因素，会由 React 内部方法创建虚拟元素。如果需要自己构建虚拟元素，原理也是一样的。

如你所见，JSX 将 HTML 语法直接加入到 JavaScript 代码中，再通过翻译器转换到纯 JavaScript 后由浏览器执行。在实际开发中，JSX 在产品打包阶段都已经编译成纯 JavaScript，不会带来任何副作用，反而会让代码更加直观并易于维护。尽管 JSX 是第三方标准，但这套标准适用于任何一套框架。

React 官方在早期为 JSX 语法解析开发了一套编译器 JSTransform，目前已经不再维护，现在已全部采用 Babel 的 JSX 编译器实现。因为两者在功能上完全重复，而 Babel 作为专门的 JavaScript 语法编译工具，提供了更为强大的功能，达到了“一处配置，统一运行”的目的。

我们试着将 DeleteAccount 组件通过 Babel 转译成 React 可以执行的代码：

```
var DeleteAccount = function DeleteAccount() {
  return React.createElement(
    'div',
    null,
    React.createElement(
      'p',
      null,
      'Are you sure?'
    ),
    React.createElement(
      DangerButton,
      null,
      'Confirm'
    ),
    React.createElement(
      Button,
      { color: 'blue' },
      'Cancel'
    )
  );
```

```
};
```

可以看到，除了在创建元素时使用 `React.createElement` 创建之外，其结构与一直在讲的 JSON 的结构是一致的。

反过来说，JSX 并不是强制选项，我们可以像上述代码那样直接书写而无须编译，但这实在是极其槽糕的编程体验。JSX 的出现为我们省去了这个烦琐过程，使用 JSX 写法的代码更易于阅读与开发。事实上，JSX 并不需要花精力学习。只要你熟悉 HTML 标签，大多数功能就都可以直接使用了。

1.2.2 JSX 基本语法

JSX 的官方定义是类 XML 语法的 ECMAScript 扩展。它完美地利用了 JavaScript 自带的语法和特性，并使用大家熟悉的 HTML 语法来创建虚拟元素。可以说，JSX 基本语法基本被 XML 囊括了，但也有少许不同之处。接着我们从基本语法、元素类型、元素属性、JavaScript 属性表达式等维度一一讲述。

1. XML 基本语法

使用类 XML 语法的好处是标签可以任意嵌套，我们可以像 HTML 一样清晰地看到 DOM 树状结构及其属性。比如，我们构造一个 List 组件：

```
const List = () => (
  <div>
    <Title>This is title</Title>
    <ul>
      <li>list item</li>
      <li>list item</li>
      <li>list item</li>
    </ul>
  </div>
);
```

写 List 的过程就像写 HTML 一样，只不过它被包裹在 JavaScript 的方法中，需要注意以下几点。

- **定义标签时，只允许被一个标签包裹**。例如，`const component = <span>name</span><span>value</span>` 这样写会报错。原因是一个标签会被转译成对应的 `React.createElement` 调用方法，最外层没有被包裹，显然无法转译成方法调用。
- **标签一定要闭合**。所有标签（比如 `<div></div>`、`<p></p>`）都必须闭合，否则无法编译通过。其中 HTML 中自闭合的标签（如 `<img>`）在 JSX 中也遵循同样规则，自定义标签可以根据是否有子组件或文本来决定闭合方式。

当然，JSX 报错机制非常强大，如果有拼写错误时，可以直接在控制台打印出来。

2. 元素类型

在 1.2 节中，我们讲到两种不同的元素：DOM 元素和组件元素。在 JSX 里自然会有对应，对应规则是 HTML 标签首字母是否为小写字母，其中小写首字母对应 DOM 元素，而组件元素自然对应大写首字母。

比如 List 组件中的 `<div>` 标签会生成 DOM 元素，`Title` 以大写字母开头，会生成组件元素：

```
const Title = (children) => (
  <h3>{children}</h3>
);
```

等到依赖的组件元素中不再出现组件元素，我们就可以将完整的 DOM 树构建出来了。

JSX 还可以通过命名空间的方式使用组件元素，以解决组件相同名称冲突的问题，或是对一组组件进行归类。比如，我们想使用 Material UI 组件库中的组件，以 `MUI` 为包名，可以这么写：

```
const App = () => (
  <MUI.RaisedButton label="Default" />
);
```

在 HTML 标准中，还有一些特殊的标签值得讨论，比如注释和 `DOCTYPE` 头。

- **注释**

在 HTML 中，注释写成 `<!-- content -->` 这样的形式，但在 JSX 中并没有定义注释的转换方法。事实上，JSX 还是 JavaScript，依然可以用简单的方法使用注释，唯一要注意的是，在一个组件的子元素位置使用注释要用 `{}` 包起来。示例代码如下：

```
const App = (
  <Nav>
    {/* 节点注释 */}
    <Person
      /* 多行
         注释 */
      name={window.isLoggedIn ? window.name : ''}
    />
  </Nav>
);
```

但 HTML 中有一类特殊的注释——条件注释，它常用于判断浏览器的版本：

```
<!--[if IE]>
  <p>Work in IE browser</p>
<![endif]-->
```

上述方法可以通过使用 JavaScript 判断浏览器版本来替代：

```
{
  (!!window.ActiveXObject || 'ActiveXObject' in window) ?
  <p>Work in IE browser</p> : ''
}
```

一般来说，条件注释的使用场景是在 `<head>` 中判断加载对应的脚本或样式。在服务端渲染中，我们还会遇到这样的场景，在 0.14 版本中可以使用 `<meta>` 标签来实现：

```
<meta dangerouslySetInnerHTML={
_html: `
  <!--[if IE]>
    <script src="//example.org/app.js"></script>
  <![endif]-->
`
} />
```

但在 15.0 版本中这已经不可用。因此，还是建议在 JavaScript 里判断浏览器版本，进行一些特有的操作。

- **DOCTYPE**

DOCTYPE 头是一个非常特殊的标志，一般会在使用 React 作为服务端渲染时用到。在 HTML 中，DOCTYPE 是没有闭合的，也就是说我们无法渲染它。

常见的做法是构造一个保存 HTML 的变量，将 DOCTYPE 与整个 HTML 标签渲染后的结果串连起来。第 7 章会详细讲到。

3. 元素属性

元素除了标签之外，另一个组成部分就是标签的属性。

在 JSX 中，不论是 DOM 元素还是组件元素，它们都有属性。不同的是，DOM 元素的属性是标准规范属性，但有两个例外——class 和 for，这是因为在 JavaScript 中这两个单词都是关键词。因此，我们这么转换：

- ❑ class 属性改为 className；
- ❑ for 属性改为 htmlFor。

而组件元素的属性是完全自定义的属性，也可以理解为实现组件所需要的参数。比如：

```
const Header = ({title, children}) => (
  <h3 title={title}>{children}</h3>
);
```

我们给 Header 组件加了一个 title 属性，那么可以这么调用：

```
<Header title="hello world">Hello world</Header>
```

当然，我们可以再给 Header 组件加上 color 等属性。可以看到，Header 和 h3 中两个 title 的不同之处，一个代表的是自定义标签的属性可以传递，一个是标签自带的属性无法传递。值得注意的是，在写自定义属性的时候，都由标准写法改为小驼峰写法。

此外，还有一些 JSX 特有的属性表达。

- **Boolean 属性**

省略 Boolean 属性值会导致 JSX 认为 bool 值设为了 true。要传 false 时，必须使用属性表达式。这常用于表单元素中，比如 disabled、required、checked 和 readOnly 等。

例如，`<Checkbox checked={true} />` 可以简写为 `<Checkbox checked />`，反之 `<Checkbox checked={false} />` 就可以省略 checked 属性。

- **展开属性**

如果事先知道组件需要的全部属性，JSX 可以这样来写：

```
const component = <Component name={name} value={value} />;
```

如果你不知道要设置哪些 props，那么现在最好不要设置它：

```
const component = <Component />;
component.props.name = name;
component.props.value = value;
```

上述这样是反模式，因为 React 不能帮你检查属性类型（propTypes）。这样即使组件的属性类型有错误，也不能得到清晰的错误提示。

这里，可以使用 ES6 rest/spread 特性来提高效率：

```
const data = { name: 'foo', value: 'bar' };
const component = <Component name={data.name} value={data.value} />;
```

可以写成：

```
const data = { name: 'foo', value: 'bar' };
const component = <Component {...data} />;
```

- **自定义 HTML 属性**

如果在 JSX 中往 DOM 元素中传入自定义属性，React 是不会渲染的：

```
<div d="xxx">content</div>
```

如果要使用 HTML 自定义属性，要使用 `data-` 前缀，这与 HTML 标准也是一致的：

```
<div data-attr="xxx">content</div>
```

然而，在自定义标签中任意的属性都是被支持的：

```
<x-my-component custom-attr="foo" />
```

以 `aria-` 开头的网络无障碍属性同样可以正常使用：

```
<div aria-hidden={true}></div>
```

不论组件是用什么方法来写，我们都需要知道，组件的最终目的是输出虚拟元素，也就是需要被渲染到界面的结构。其核心渲染方法，或称为组件输出方法，就是 `render` 方法。它是 React 组件生命周期的一部分，也是最核心的函数之一。1.5 节将详细解释整个生命周期的运作。

4. JavaScript 属性表达式

属性值要使用表达式，只要用 `{}` 替换 `""` 即可：

```
// 输入（JSX）：
const person = <Person name={window.isLoggedIn ? window.name : ''} />;

// 输出（JavaScript）：
const person = React.createElement(
  Person,
  {name: window.isLoggedIn ? window.name : ''}
);
```

子组件也可以作为表达式使用：

```
// 输入（JSX）：
const content = <Container>{window.isLoggedIn ? <Nav /> : <Login />}</Container>;

// 输出（JavaScript）：
const content = React.createElement(
  Container,
  null,
  window.isLoggedIn ? React.createElement(Nav) : React.createElement(Login)
);
```

5. HTML 转义

React 会将所有要显示到 DOM 的字符串转义，防止 XSS。所以，如果 JSX 中含有转义后的实体字符，比如 `©`（©），则最后 DOM 中不会正确显示，因为 React 自动把 `©` 中的特殊字符转义了。有几种解决办法：

- 直接使用 UTF-8 字符 ©；
- 使用对应字符的 Unicode 编码查询编码；
- 使用数组组装 `<div>{['cc ', <span>©</span>, ' 2015']}</div>`；
- 直接插入原始的 HTML。

此外，React 提供了 `dangerouslySetInnerHTML` 属性。正如其名，它的作用就是避免 React 转义字符，在确定必要的情况下可以使用它：

```
<div dangerouslySetInnerHTML={{__html: 'cc &copy; 2015'}} />
```

1.3 React 组件

终于说到我们最为关心的 React 组件了。在 React 诞生之前，前端界对于组件的封装实现一直都处在摸索和实践的阶段。

1.3.1 组件的演变

在 MV* 架构出现之前，组件主要分为两种。

- 狭义上的组件，又称为 UI 组件，比如 Tabs 组件、Dropdown 组件。组件主要围绕在交互动作上的抽象，针对这些交互动作，利用 JavaScript 操作 DOM 结构或 style 样式来控制。

- 广义上的组件，即带有业务含义和数据的 UI 组件组合。这类组件不仅有交互动作，更重要的是有数据与界面之间的交互。然而，这类组件往往有较大的争议。在规模较大的场景下，我们更倾向于采用分层的思想去处理。

以常用的 Tabs 组件为例，对于 UI 组件来说，一定会有 3 个部分组件：结构、样式和交互行为，分别对应着 HTML、CSS 和 JavaScript。一般情况下，我们会先构建组件的基本结构：

```
<div id="tab-demo">
  <div class="tabs-bar" role="tablist">
    <ul class="tabs-nav">
      <li role="tab" class="tabs-tab">Tab 1</li>
      <li role="tab" class="tabs-tab">Tab 2</li>
      <li role="tab" class="tabs-tab">Tab 3</li>
    </ul>
  </div>
  <div class="tabs-content">
    <div role="tabpanel" class="tabs-panel">
      第一个 Tab 里的内容
    </div>
    <div role="tabpanel" class="tabs-panel">
      第二个 Tab 里的内容
    </div>
    <div role="tabpanel" class="tabs-panel">
      第三个 Tab 里的内容
    </div>
  </div>
</div>
```

这个结构对我们来说非常熟悉，其中 `tabs-bar` 中的内容是组件的导航区域，而 `tabs-content` 中的内容自然就是组件的内容区域。利用 JavaScript 和 CSS 来控制对应索引的导航激活，且显示内容区域。

现在，我们就按照图 1-3 来定义组件的样式。

Tab 1　　Tab 2　　Tab 3

图1-3　组件样式

样式代码如下：

```
$class-prefix: "tabs";

.#{$class-prefix} {
  &-bar {
    margin-bottom: 16px;
  }

  &-nav {
    font-size: 14px;
```

```
      &:after,
      &:before {
        display: table;
        content: " ";
      }

      &:after {
        clear: both;
      }

    }

    &-nav > &-tab {
      float: left;
      list-style: none;
      margin-right: 24px;
      padding: 8px 20px;
      text-decoration: none;
      color: #666;
      cursor: pointer;
    }

    &-nav > &-active {
      border-bottom: 2px solid #00C49F;
      color: #00C49F;
      cursor: default;
    }

    &-content &-panel {
      display: none;
    }

    &-content &-active {
      display: block;
    }
  }
```

这里我们用 SCSS 来定义组件的样式，这样可以方便地定义 class 前缀，以达到定义一系列组件主题的目的。

最后是交互行为。我们引入 jQuery 方便操作 DOM，使用 ES6 classes 语法糖来替换早期利用原型构建面向对象的方法，以及使用 ES6 modules 替换 AMD 模块加载机制：

```
import $ from 'jquery';
import EventEmitter from 'events';

const Selector = (classPrefix) => ({
  PREFIX: classPrefix,
  NAV: `${classPrefix}-nav`,
  CONTENT: `${classPrefix}-content`,
  TAB: `${classPrefix}-tab`,
  PANEL: `${classPrefix}-panel`,
```

```
  ACTIVE: `${classPrefix}-active`,
  DISABLE: `${classPrefix}-disable`,
});

class Tabs {
  static defaultOptions = {
    classPrefix: 'tabs',
    activeIndex: 0,
  };

  constructor(options) {
    this.options = $.extend({}, Tabs.defaultOptions, options);
    this.element = $(this.options.element);
    this.fromIndex = this.options.activeIndex;

    this.events = new EventEmitter();
    this.selector = Selector(this.options.classPrefix);

    this._initElement();
    this._initTabs();
    this._initPanels();
    this._bindTabs();

    if (this.options.activeIndex !== undefined) {
      this.switchTo(this.options.activeIndex);
    }
  }

  _initElement() {
    this.element.addClass(this.selector.PREFIX);
    this.tabs = $(this.options.tabs);
    this.panels = $(this.options.panels);
    this.nav = $(this.options.nav);
    this.content = $(this.options.content);

    this.length = this.tabs.length;
  }

  _initTabs() {
    this.nav && this.nav.addClass(this.selector.NAV);
    this.tabs.addClass(this.selector.TAB).each((index, tab) => {
      $(tab).data('value', index);
    });
  }

  _initPanels() {
    this.content.addClass(this.selector.CONTENT);
    this.panels.addClass(this.selector.PANEL);
  }

  _bindTabs() {
    this.tabs.click((e) => {
      const $el = $(e.target);
      if (!$el.hasClass(this.selector.DISABLE)) {
```

```
      this.switchTo($el.data('value'));
    }
  });
}

events(name) {
  return this.events;
}

switchTo(toIndex) {
  this._switchTo(toIndex);
}

_switchTo(toIndex) {
  const fromIndex = this.fromIndex;
  const panelInfo = this._getPanelInfo(toIndex);

  this._switchTabs(toIndex);
  this._switchPanel(panelInfo);
  this.events.emit('change', { toIndex, fromIndex });

  this.fromIndex = toIndex;
}

_switchTabs(toIndex) {
  const tabs = this.tabs;
  const fromIndex = this.fromIndex;

  if (tabs.length < 1) return;

  tabs
    .eq(fromIndex)
    .removeClass(this.selector.ACTIVE)
    .attr('aria-selected', false);
  tabs
    .eq(toIndex)
    .addClass(this.selector.ACTIVE)
    .attr('aria-selected', true);
}

_switchPanel(panelInfo) {
  panelInfo.fromPanels
    .attr('aria-hidden', true)
    .hide();
  panelInfo.toPanels
    .attr('aria-hidden', false)
    .show();
}

_getPanelInfo(toIndex) {
  const panels = this.panels;
  const fromIndex = this.fromIndex;

  let fromPanels, toPanels;
```

```
    if (fromIndex > -1) {
      fromPanels = this.panels.slice(fromIndex, (fromIndex + 1));
    }

    toPanels = this.panels.slice(toIndex, (toIndex + 1));

    return {
      toIndex: toIndex,
      fromIndex: fromIndex,
      toPanels: $(toPanels),
      fromPanels: $(fromPanels),
    };
  }

  destroy() {
    this.events.removeAllListeners();
  }
}

export defaults Tabs;
```

初始化过程十分简洁，实例化组件并传入必要的几个参数就可以赋予交互：

```
const tab = new Tabs({
  element: '#tab-demo',
  tabs: '#tab-demo .tabs-nav li',
  panels: '#tab-demo .tabs-content div',
  activeIndex: 1,
});

tab.events.on('change', (o) => {
  console.log(o);
});
```

我们看到，组件封装的基本思路就是面向对象思想。交互基本上以操作 DOM 为主，逻辑上是结构上哪里需要变，我们就操作哪里。此外，对于 JavaScript 的结构，我们得到了几项规范标准组件的信息。

- **基本的封装性**。尽管说 JavaScript 没有真正面向对象的方法，但我们还是可以通过实例化的方法来制造对象。
- **简单的生命周期呈现**。最明显的两个方法 constructor 和 destroy，代表了组件的挂载和卸载过程。但除此之外，其他过程（如更新时的生命周期）并没有体现。
- **明确的数据流动**。这里的数据指的是调用组件的参数。一旦确定参数的值，就会解析传进来的参数，根据参数的不同作出不同的响应，从而得到渲染结果。

在这个阶段，前端在应用级别并没有过多复杂的交互，组件化发展缓慢。传统组件的主要问题在于结构、样式与行为没有很好地结合，不同参数下的逻辑可能会导致不同的渲染逻辑，这时就会存在大量 HTML 结构与 style 样式的拼装。比如，常见的 show、hide 与 toggle 方法，就

是通过改变 `class` 控制 style 来显示或隐藏。这样的逻辑一旦复杂，就存在大量的 DOM 操作，开发及维护成本相当高。

直到富客户端应用越来越多，传统组件化越来越无法满足开发者的需要，于是引进了分层的思想，此时就出现了 MVC 架构。View 只关心怎么输出变量，所以就诞生了各种各样的模板语言，比如 Smarty、Mustache、Handlerbars 等。我们结合 Backbone 这样的架构一起使用。让模板本身可以承载逻辑，可以帮我们解决 View 上的逻辑问题。对于组件来说，可以减轻拼装 HTML 的逻辑部分，将这一部分解耦出去，解决了数据与界面耦合的问题。这时利用模板引擎可以在一定程度上实现组件化，不过这种组件化实现的还是字符串拼接级别的组件化。

对于模板，它更接近 HTML 表达方式，能更好地反映应用的语义结构，且易于从设计、布局和样式上思考，但模板作为一个 DSL，也有其局限性。我们需要重新思考到底什么才是组件的组成。直到这几年萌生的 Angular，我们看到了在 HTML 上定义指令的方式。

W3C 标准委员会最近才将类似的思想制定成了规范，称为 Web Components。顾名思义，这个规范是想统一 Web 端关于组件的定义。它通过定义 Custom Elements（自定义元素）的方式来统一组件。每个自定义元素可以定义自己对外提供的属性、方法，还有事件，内部可以像写一个页面一样，专注于实现功能来完成对组件的封装。

图 1-4 讲述了 Web Components 的 4 个组成部分：HTML Templates 定义了之前模板的概念，Custom Elements 定义了组件的展现形式，Shadow DOM 定义了组件的作用域范围、可以囊括样式，HTML Imports 提出了新的引入方式。

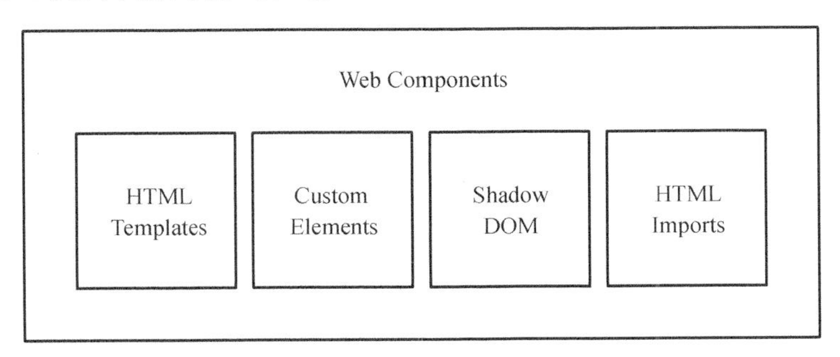

图 1-4　Web Components 组成

Web Components 定义了一切我们想要的组件化概念，现在还有 polymer 这个库可实现这一套理念，但事实上它还需要时间的考验。因为诸如如何包装在这套规范之上的框架，如何获得在浏览器端的全部支持、怎么与现代应用架构相结合等问题，目前都还没有统一的解法。但 Web Components 的确为组件化开辟了一条罗马大道，告诉了我们组件化可以这样去做。

再说回 React，它的组件化是什么，又是怎么样构建的呢？

1.3.2　React 组件的构建

Web Components 通过自定义元素的方式实现组件化，而 React 的本质就是关心元素的构成，React 组件即为组件元素。组件元素被描述成纯粹的 JSON 对象，意味着可以使用方法或是类来构建。React 组件基本上由 3 个部分组成——属性（props）、状态（state）以及生命周期方法。这里我们从一张图来简单概括 React，如图 1-5 所示。

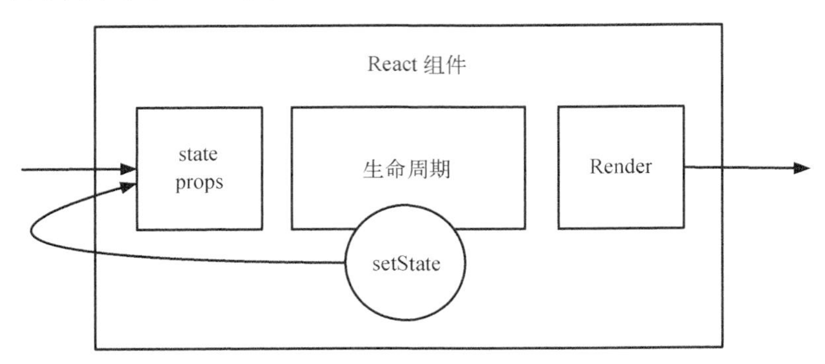

图 1-5　React 组件的组成

React 组件可以接收参数，也可能有自身状态。一旦接收到的参数或自身状态有所改变，React 组件就会执行相应的生命周期方法，最后渲染。整个过程完全符合传统组件所定义的组件职责。

1. React 与 Web Components

从 React 组件上看，它与 Web Components 传达的理念是一致的，但两者的实现方式不同：

- React 自定义元素是库自己构建的，与 Web Components 规范并不通用；
- React 渲染过程包含了模板的概念，即 1.2 节所讲的 JSX；
- React 组件的实现均在方法与类中，因此可以做到相互隔离，但不包括样式；
- React 引用方式遵循 ES6 module 标准。

可以说，React 还是在纯 JavaScript 上下了工夫，将 HTML 结构彻底引入到 JavaScript 中。尽管这种做法褒贬不一，但也有效解决了组件所要解决的问题之一。

2. React 组件的构建方法

React 组件基本上由组件的构建方式、组件内的属性状态与生命周期方法组成。在本节中，我们先来讨论创建 React 组件的构建方式，而属性状态与生命周期会在后面再介绍。

官方在 React 组件构建上提供了 3 种不同的方法：`React.createClass`、ES6 classes 和无状态函数（stateless function）。我们使用 1.1 节中的 Button 来分别介绍这 3 种方法。

- **`React.createClass`**

用 `React.createClass` 构建组件是 React 最传统、也是兼容性最好的方法。在 0.14 版本发布之前，这一直都是 React 官方唯一指定的组件写法。示例代码如下：

```
const Button = React.createClass({
  getDefaultProps() {
    return {
      color: 'blue',
      text: 'Confirm',
    };
  },

  render() {
    const { color, text } = this.props;

    return (
      <button className={`btn btn-${color}`}>
        <em>{text}</em>
      </button>
    );
  }
});
```

从表象上看，`React.createClass` 方法就是构建一个组件对象。当另一个组件需要调用 Button 组件时，只用写成 `<Button />`，就可以被解析成 `React.createElement(Button)` 方法来创建 Button 实例，这意味着在一个应用中调用几次 Button，就会创建几次 Button 实例。

- **ES6 classes**

ES6 classes 的写法是通过 ES6 标准的类语法的方式来构建方法：

```
import React, { Component } from 'react';

class Button extends Component {
  constructor(props) {
    super(props);
  }

  static defaultProps = {
    color: 'blue',
    text: 'Confirm',
  };

  render() {
    const { color, text } = this.props;

    return (
      <button className={`btn btn-${color}`}>
        <em>{text}</em>
      </button>
    );
  }
}
```

这里的直观感受是从调用内部方法变成了用类来实现。与 `createClass` 的结果相同的是，调用类实现的组件会创建实例对象。

再说起继承，我们很容易联想到在组件抽象过程中也可以使用继承的思路。如果我们学过面向对象的知识，就知道继承与组合的不同，它们可以用 IS-A 与 HAS-A 来区别。在实际应用 React 的过程中，我们极少让子类去继承功能组件。试想在 UI 层面小的修改就会影响到整体交互或样式，牵一发而动全身，用继承来抽象往往是事倍功半。在 React 组件开发中，常用的方式是将组件拆分到合理的粒度，用组合的方式合成业务组件，也就是 HAS-A 的关系。但在高阶组件构建中，我们可以用反向继承的方法来实现，具体内容请阅读 2.5 节。

说明 React 的所有组件都继承自顶层类 `React.Component`。它的定义非常简洁，只是初始化了 `React.Component` 方法，声明了 `props`、`context`、`refs` 等，并在原型上定义了 `setState` 和 `forceUpdate` 方法。内部初始化的生命周期方法与 `createClass` 方式使用的是同一个方法创建的。具体解读可参见 3.2.2 节。

- **无状态函数**

使用无状态函数构建的组件称为无状态组件，这种构建方式是 0.14 版本之后新增的，且官方颇为推崇。示例代码如下：

```
function Button({ color = 'blue', text = 'Confirm' }) {
  return (
    <button className={`btn btn-${color}`}>
      <em>{text}</em>
    </button>
  );
}
```

无状态组件只传入 `props` 和 `context` 两个参数；也就是说，它不存在 `state`，也没有生命周期方法，组件本身即上面两种 React 组件构建方法中的 `render` 方法。不过，像 `propTypes` 和 `defaultProps` 还是可以通过向方法设置静态属性来实现的。

在适合的情况下，我们都应该且必须使用无状态组件。无状态组件不像上述两种方法在调用时会创建新实例，它创建时始终保持了一个实例，避免了不必要的检查和内存分配，做到了内部优化。

3. 用 React 实现 Tabs 组件

这里我们趁热打铁，运用已经掌握的组件构建方法来实现一个组件。首先，用 ES6 classes 的写法来初始化 Tabs 组件的“骨架”：

```
import React, { Component, PropTypes } from 'react';

class Tabs extends Component {
  constructor(props) {
    super(props);
  }
```

```
  // ...

  render() {
    return <div className="ui-tabs"></div>;
  }
};

export default Tabs;
```

从这一节起，我们就以 Tabs 组件为例慢慢介绍 React 组件的主要组成部分，看看它到底有什么不同之处。

1.4 React 数据流

在 React 中，数据是自顶向下单向流动的，即从父组件到子组件。这条原则让组件之间的关系变得简单且可预测。

state 与 props 是 React 组件中最重要的概念。如果顶层组件初始化 props，那么 React 会向下遍历整棵组件树，重新尝试渲染所有相关的子组件。而 state 只关心每个组件自己内部的状态，这些状态只能在组件内改变。把组件看成一个函数，那么它接受了 props 作为参数，内部由 state 作为函数的内部参数，返回一个 Virtual DOM 的实现。

1.4.1 state

在使用 React 之前，常见的 MVC 框架也非常容易实现交互界面的状态管理，比如 Backbone。它们将 View 中与界面交互的状态解耦，一般将状态放在 Model 中管理。但在 React 没有结合 Flux 或 Redux 框架前，它自身也同样可以管理组件的内部状态。在 React 中，把这类状态统一称为 state。

当组件内部使用库内置的 `setState` 方法时，最大的表现行为就是该组件会尝试重新渲染。这很好理解，因为我们改变了内部状态，组件需要更新了。比如，我们实现了一个计数器组件：

```
import React, { Component } from 'react';

class Counter extends Component {
  constructor(props) {
    super(props);

    this.handleClick = this.handleClick.bind(this);

    this.state = {
      count: 0,
    };
  }
```

```
  handleClick(e) {
    e.preventDefault();

    this.setState({
      count: this.state.count + 1,
    });
  }

  render() {
    return (
      <div>
        <p>{this.state.count}</p>
        <a href="#" onClick={this.handleClick}>更新</a>
      </div>
    );
  }
}
```

在 React 中常常在事件处理方法中更新 state，上述例子就是通过点击“更新”按钮不断地更新内部 `count` 的值，这样就可以把组件内状态封装在实现中。

值得注意的是，`setState` 是一个异步方法，一个生命周期内所有的 `setState` 方法会合并操作。关于 `setState` 的实现原理，请参见 3.4 节。

有了这个特性，让 React 变得充满了想象力。我们完全可以只用 React 来完成对行为的控制、数据的更新和界面的渲染。然而，随着内容的深入，我们并不推荐开发者滥用 state，过多的内部状态会让数据流混乱，程序变得难以维护。

我们再来看 Tabs 组件的 state。从前一节的经验中得到两个可能的内部状态——`activeIndex` 和 `prevIndex`，它们分别表示当前选中 tab 的索引和前一次选中 tab 的索引。而需要特别注意的一点是，当前选中的索引亦是组件本身需要的参数之一。

这里我们针对 `activeIndex` 作为 state，就有两种不同的视角。

- **`activeIndex` 在内部更新**。当我们切换 tab 标签时，可以看作是组件内部的交互行为，被选择后通过回调函数返回具体选择的索引。
- **`activeIndex` 在外部更新**。当我们切换 tab 标签时，可以看作是组件外部在传入具体的索引，而组件就像“木偶”一样被操控着。

这两种情形在 React 组件的设计中非常常见，我们形象地把第一种和第二种视角写成的组件分别称为智能组件（smart component）和木偶组件（dumb component）。

当然，实现组件时，可以同时考虑兼容这两种。我们来看下 Tabs 组件中初始化时的实现部分：

```
constructor(props) {
  super(props);

  const currProps = this.props;

  let activeIndex = 0;
```

```
    if ('activeIndex' in currProps) {
      activeIndex = currProps.activeIndex;
    } else if ('defaultActiveIndex' in currProps) {
      activeIndex = currProps.defaultActiveIndex;
    }

    this.state = {
      activeIndex,
      prevIndex: activeIndex,
    };
  }
```

这里我们定义了两种 state——`activeIndex` 和 `prevIndex`。

对于 `activeIndex` 来说，既可能来源于使用内部更新的 `defaultActiveIndex` prop，即我们不需要外组件控制组件状态，也可能来源于需要外部更新的 `activeIndex` prop。如图 1-6 所示，我们只能通过切换外组件的状态来更新。

图1-6 切换组件的状态

不过，不论组件是内部更新还是外部更新，我们都需要 `activeIndex` 这个 state 来更新渲染。那么，如何做到外部更新时让状态更新呢？这个问题会在 1.6 节中详解。

这里，我们反复提到的 props 是不是就是指传入参数呢？继续看下一节。

1.4.2 props

props 是 React 中另一个重要的概念，它是 properties 的缩写。props 是 React 用来让组件之间互相联系的一种机制，通俗地说就像方法的参数一样。在 1.2 节中，我们已经接触过它们了。

props 的传递过程，对于 React 组件来说是非常直观的。React 的单向数据流，主要的流动管道就是 props。props 本身是不可变的。当我们试图改变 props 的原始值时，React 会报出类型错误的警告，组件的 props 一定来自于默认属性或通过父组件传递而来。如果说要渲染一个对 props 加工后的值，最简单的方法就是使用局部变量或直接在 JSX 中计算结果。

我们在 1.4.1 节中讨论了 Tabs 组件 state 的设置情况。假设 Tabs 组件的数据都是通过 `data` prop 传入的，即 `<Tabs data={data} />`。那么，Tabs 组件的 props 还会有哪些。根据之前的经验，它一定会有以下几项。

- `className`：根节点的 `class`。为了方便覆盖其原始样式，我们都会在根节点上定义 `class`，这一点会在 2.3 节中详细说明。

- ❑ classPrefix：class 前缀。对于组件来说，定义一个统一的 class 前缀，对样式与交互分离起了非常重要的作用。
- ❑ defaultActiveIndex 和 activeIndex：默认的激活索引，这在 1.4.1 节中已说明。
- ❑ onChange：回调函数。当我们切换 tab 时，外组件需要知道组件内部的信息，尤其是当前 tab 的索引号的信息。它一般与 activeIndex 搭配使用。

React 为 props 同样提供了默认配置，通过 defaultProps 静态变量的方式来定义。当组件被调用的时候，默认值保证渲染后始终有值。在 render 方法中，可以直接使用 props 的值来渲染。这里，我们只需要默认设置 classPrefix 和 onChange 即可。因为 defaultActiveIndex 和activeIndex 我们需要保持只取其中一个条件。相关代码如下：

```
static defaultProps = {
  classPrefix: 'tabs',
  onChange: () => {},
};
```

但 Tabs 组件的信息全由一个对象传进来的方式真的好么？对于 React 组件来说，我们考虑设计组件一定要满足一大原则——直观。把基本设置与数据一起定义成一个数组或对象是初学者最容易犯的一个错误，如果说组件能够分解，那我们一定要分解，并使用子组件的方式来处理。

再一次仔细观察 Tabs 组件在 Web 界面的特征，一般来说，会看到两个区域：切换区域与内容区域。那么，我们就定义两个子组件，其中 TabNav 组件对应切换区域，TabContent 组件对应内容区域。这两个区域组件都存放了一个有序数组，都可以进一步拆分。到这里，我们就想得到两种组织的方式。

- ❑ 在 Tabs 组件内把所有定义的子组件都显式展示出来。这种方式的好处在于非常易于理解，可自定义能力强，但调用过程显得过于笨重。React-Bootstrap 和 Material UI 组件库中的 Tabs 组件采用的是这种形式。调用方式近似如下形式：

```
<Tabs classPrefix={'tabs'} defaultActiveIndex={0}>
  <TabNav>
    <TabHead>Tab 1</TabHead>
    <TabHead>Tab 2</TabHead>
    <TabHead>Tab 3</TabHead>
  </TabNav>
  <TabContent>
    <TabPane>第一个 Tab 里的内容</TabPane>
    <TabPane>第二个 Tab 里的内容</TabPane>
    <TabPane>第三个 Tab 里的内容</TabPane>
  </TabContent>
</Tabs>
```

- ❑ 在 Tabs 组件内只显示定义内容区域的子组件集合，头部区域对应内部区域每一个 TabPane 组件的 props，让其在 TabNav 组件内拼装。这种方式的调用写法简洁，把复杂的逻辑留给了组件去实现。Ant Design 组件库中的 Tabs 组件采用的就是这种形式。调用方式近似如下形式：

```
<Tabs classPrefix={'tabs'} defaultActiveIndex={0}>
  <TabPane key={0} tab={'Tab 1'}>第一个 Tab 里的内容</TabPane>
  <TabPane key={1} tab={'Tab 2'}>第二个 Tab 里的内容</TabPane>
  <TabPane key={2} tab={'Tab 3'}>第三个 Tab 里的内容</TabPane>
</Tabs>
```

在本章中，我们通过后一种方式讲解。基本的结构确定后，我们需要想一下怎么渲染这个结构的内容。显然，并不是所有参数都由 Tabs 组件承载。只有两个 props 放在了 Tabs 组件上，而其他参数直接放到 TabPane 组件中，由它的父组件 TabContent 隐式对 TabPane 组件拼装。

那么，这个一直在说的子组件是什么呢，我们到底怎么对它进行拼装渲染呢？

1. 子组件 prop

在 React 中有一个重要且内置的 prop——`children`，它代表组件的子组件集合。`children` 可以根据传入子组件的数量来决定是否是数组类型。上述调用 TabPane 组件的过程，翻译过来即是：

```
<Tabs classPrefix={'tabs'} defaultActiveIndex={0} className="tabs-bar"
  children={[
    <TabPane key={0} tab={'Tab 1'}>第一个 Tab 里的内容</TabPane>,
    <TabPane key={1} tab={'Tab 2'}>第二个 Tab 里的内容</TabPane>,
    <TabPane key={2} tab={'Tab 3'}>第三个 Tab 里的内容</TabPane>,
  ]}
>
</Tabs>
```

实现的基本思路就以 TabContent 组件渲染 TabPane 子组件集合为例来讲，其中渲染 TabPane 组件的方法如下：

```
getTabPanes() {
  const { classPrefix, activeIndex, panels, isActive } = this.props;

  return React.Children.map(panels, (child) => {
    if (!child) { return; }

    const order = parseInt(child.props.order, 10);
    const isActive = activeIndex === order;

    return React.cloneElement(child, {
      classPrefix,
      isActive,
      children: child.props.children,
      key: `tabpane-${order}`,
    });
  });
}
```

上述代码讲述了子组件集合是怎么渲染的。通过 `React.Children.map` 方法遍历子组件，将 order（渲染顺序）、isActive（是否激活 tab）、children（Tabs 组件中传下的 children）和 key 利用 React 的 cloneElement 方法克隆到 TabPane 组件中，最后返回这个 TabPane 组件集合。这也是 Tabs 组件拼装子组件的基本原理。

其中，React.Children 是 React 官方提供的一系列操作 children 的方法。它提供诸如 map、forEach、count 等实用函数，可以为我们处理子组件提供便利。

最后，TabContent 组件的 render 方法只需要调用 getTabPanes 方法即可渲染：

```
render() {
  return (<div>{this.getTabPanes()}</div>);
}
```

假如我们把 render 方法中的 this.getTabPanes 方法中对子组件的遍历直接放进去，就会变成如下形式：

```
render() {
  return (<div>{React.Children.map(this.props.children, (child) => {...})}</div>);
}
```

这种调用方式称为 Dynamic Children（动态子组件）。它指的是组件内的子组件是通过动态计算得到的。就像上述对子组件的遍历一样，我们一样可以对任何数据、字符串、数组或对象作动态计算。

用声明式编程的方式来渲染数据，这种做法和关心所有细节的命令式编程相比，会让我们轻松许多。当然，除了数组的 map 函数，还可以用其他实用的高阶函数，如 reduce、filter 等函数。值得注意的是，与 map 函数相似但不返回调用结果的 forEach 函数不能这么使用。

2. 组件 props

当然，React 的强大之处不止于此，我们观察 TabPane 组件中的 tab prop：

```
<TabPane key={0} tab={'Tab 1'}>第一个 Tab 里的内容</TabPane>
```

它现在传入的是一个字符串。那么，假如可以传入节点呢，是不是就可以自定义 tab 头展示的形式了。这就是 component props。对于子组件而言，我们不仅可以直接使用 this.props.children 定义，也可以将子组件以 props 的形式传递。一般我们会用这种方法来让开发者定义组件的某一个 prop，让其具备多种类型，来做到简单配置和自定义配置组合在一起的效果。

在 Tabs 组件中，我们就用到了这样的功能，调用方式如下所示：

```
<Tabs classPrefix={'tabs'} defaultActiveIndex={0} className="tabs-bar">
  <TabPane
    order="0"
    tab={<span><i className="fa fa-home"></i> Home</span>}>
    第一个 Tab 里的内容
  </TabPane>
  <TabPane
    order="1"
```

```
    tab={<span><i className="fa fa-book"></i> Library</span>}>
    第二个 Tab 里的内容
  </TabPane>
  <TabPane
    order="2"
    tab={<span><i className="fa fa-pencil"></i> Applications</span>}>
    第三个 Tab 里的内容
  </TabPane>
</Tabs>
```

这里我们使用 font-awesome 的图标。渲染后，每一个 tab 上的文字前都会有一个图标，如图 1-7 所示。

Home Library Applications

图1-7 文字前加上了图标

当然，我们也可以加入更多的自定义元素，可以是多行的，甚至可以插入动态数据。这听上去有些复杂，但实现过程其实非常简单。下面是写在 TabNav 组件中简化的渲染子组件集合的方法：

```
getTabs() {
  const { classPrefix, activeIndex, panels } = this.props;

  return React.Children.map(panels, (child) => {
    if (!child) { return; }

    const order = parseInt(child.props.order, 10);

    let classes = classnames({
      [`${classPrefix}-tab`]: true,
      [`${classPrefix}-active`]: activeIndex === order,
      [`${classPrefix}-disabled`]: child.props.disabled,
    });

    return (
      <li>{child.props.tab}</li>
    );
  });
}
```

其实现看上去与 getTabPanes 方法非常像，关键在于通过遍历 TabPane 组件的 tab prop 来实现我们想要的功能。不论 tab 是以字符串的形式还是以虚拟元素的形式存在，都可以直接在 <li> 标签中渲染出来。

3. 用 function prop 与父组件通信

现在我们发现对于 state 来说，它的通信集中在组件内部；对于 props 来说，它的通信是父组件向子组件的传播。相关代码如下：

```
handleTabClick(activeIndex) {
  // ...
```

```
  this.props.onChange({activeIndex, prevIndex});
}
```

我们通过点击事件 `handleTabClick` 触发了 `onChange` prop 回调函数给父组件必要的值。对于兄弟组件或不相关组件之间的通信，具体请看 2.4 节。

4. `propTypes`

众所周知，JavaScript 不是强类型语言，我们对在没有保证的环境下写 JavaScript 已经习以为常了。强类型还是弱类型，正是一个开发时的约束问题。React 对此作了妥协，便有了 `propTypes`。

`propTypes` 用于规范 props 的类型与必需的状态。如果组件定义了`propTypes`，那么在开发环境下，就会对组件的 props 值的类型作检查，如果传入的 props 不能与之匹配，React 将实时在控制台里报 warning。在生产环境下，这是不会进行检查的。

我们来分析下 Tabs 组件中的情况，并写出对应的 `propTypes`。Tabs 组件包括父组件 Tabs 与子组件 TabPane，下面我们分开来讨论两者的 `propTypes`。现在，我们先来看 Tabs 组件的 `propTypes`：

```
static propTypes = {
  classPrefix: React.PropTypes.string,
  className: React.PropTypes.string,
  defaultActiveIndex: React.PropTypes.number,
  activeIndex: React.PropTypes.number,
  onChange: React.PropTypes.func,
  children: React.PropTypes.oneOfType([
    React.PropTypes.arrayOf(React.PropTypes.node),
    React.PropTypes.node,
  ]),
};
```

我们很清晰地列举了所有可能的 props，并对它们的类型进行定义。再来看看 TabPane 组件的 `propTypes`：

```
static propTypes = {
  tab: React.PropTypes.oneOfType([
    React.PropTypes.string,
    React.PropTypes.node,
  ]).isRequired,
  order: React.PropTypes.string.isRequired,
  disable: React.PropTypes.bool,
};
```

在 TabPane 组件的 props 中，对 `tab` 和 `order` prop 除了定义类型，还定义了是否必要。因此，如果在写 TabPane 组件时，没有定义 `order` prop，浏览器就会主动报一个类型错误的提示：

```
Warning: Failed propType: Required prop `order` was not specified in `TabPane`.
```

值得注意的是，在 `propTypes` 支持的基本类型中，函数类型的检查是 `propTypes.func`，而不是 `propTypes.function`。对于布尔类型的检查是 `propTypes.bool`，而不是 `propTypes.boolean`。这是因为 `function` 和`boolean` 在 JavaScript 里是关键词。

`propTypes` 有很多类型支持，不仅有基本类型，还包括枚举和自定义类型。

1.5 React 生命周期

生命周期（life cycle）的概念广泛运用于各行各业。从广义上来说，生命周期泛指自然界和人类社会中各种客观事物的阶段性变化及其规律。自然界的生命周期，可分为出生、成长、成熟、衰退直到死亡。而不同体系下的生命周期又都可以从上述规律中演化出来，运用到软件开发的生命周期上，这二者看似相似，事实上又有所不同。生命体的周期是单一方向不可逆的过程，而软件开发的生命周期会根据方法的不同，在完成前重新开始。

React 组件的生命周期根据广义定义描述，可以分为挂载、渲染和卸载这几个阶段。当渲染后的组件需要更新时，我们会重新去渲染组件，直至卸载。

因此，我们可以把 React 生命周期分成两类：

- 当组件在挂载或卸载时；
- 当组件接收新的数据时，即组件更新时。

1.5.1 挂载或卸载过程

下面我们简要介绍一下组件的挂载和卸载过程。

1. 组件的挂载

组件挂载是最基本的过程，这个过程主要做组件状态的初始化。我们推荐以下面的例子为模板写初始化组件：

```
import React, { Component, PropTypes } from 'react';

class App extends Component {
  static propTypes = {
    // ...
  };

  static defaultProps = {
    // ...
  };

  constructor(props) {
    super(props);

    this.state = {
      // ...
    };
  }

  componentWillMount() {
    // ...
  }
```

```
  componentDidMount() {
    // ...
  }

  render() {
    return <div>This is a demo.</div>;
  }
}
```

我们看到 propTypes 和 defaultProps 分别代表 props 类型检查和默认类型。这两个属性被声明成静态属性，意味着从类外面也可以访问它们，比如可以这么访问：App.propTypes 和 App.defaultProps。

之后会看到两个明显的生命周期方法，其中 componentWillMount 方法会在 render 方法之前执行，而 componentDidMount 方法会在 render 方法之后执行，分别代表了渲染前后的时刻。

这个初始化过程没什么特别的，包括读取初始 state 和 props 以及两个组件生命周期方法 componentWillMount 和 componentDidMount，这些都只会在组件初始化时运行一次。

如果我们在 componentWillMount 中执行 setState 方法，会发生什么呢？组件会更新 state，但组件**只渲染一次**。因此，这是无意义的执行，初始化时的 state 都可以放在 this.state。

如果我们在 componentDidMount 中执行 setState 方法，又会发生什么呢？组件当然会再次更新，不过在初始化过程就渲染了两次组件，这并不是一件好事。但实际情况是，有一些场景不得不需要 setState，比如计算组件的位置或宽高时，就不得不让组件先渲染，更新必要的信息后，再次渲染。

2. 组件的卸载

组件卸载非常简单，只有 componentWillUnmount 这一个卸载前状态：

```
import React, { Component, PropTypes } from 'react';

class App extends Component {
  componentWillUnmount() {
    // ...
  }

  render() {
    return <div>This is a demo.</div>;
  }
}
```

在 componentWillUnmount 方法中，我们常常会执行一些清理方法，如事件回收或是清除定时器。

1.5.2　数据更新过程

更新过程指的是父组件向下传递 props 或组件自身执行 setState 方法时发生的一系列更新动作。这里我们屏蔽了初始化的生命周期方法，以便观察更新过程的生命周期：

```
import React, { Component, PropTypes } from 'react';

class App extends Component {
  componentWillReceiveProps(nextProps) {
    // this.setState({})
  }

  shouldComponentUpdate(nextProps, nextState) {
    // return true;
  }

  componentWillUpdate(nextProps, nextState) {
    // ...
  }

  componentDidUpdate(prevProps, prevState) {
    // ...
  }

  render() {
    return <div>This is a demo.</div>;
  }
}
```

如果组件自身的 state 更新了，那么会依次执行 `shouldComponentUpdate`、`componentWillUpdate`、`render` 和 `componentDidUpdate`。

`shouldComponentUpdate` 是一个特别的方法，它接收需要更新的 props 和 state，让开发者增加必要的条件判断，让其在需要时更新，不需要时不更新。因此，当方法返回 `false` 的时候，组件不再向下执行生命周期方法。

`shouldComponentUpdate` 的本质是用来进行正确的组件渲染。怎么理解呢？我们需要先从初始化组件的过程开始说起，假设有如图 1-8 所示的组件关系，它呈三级的树状结构，其中空心圆表示已经渲染的节点。

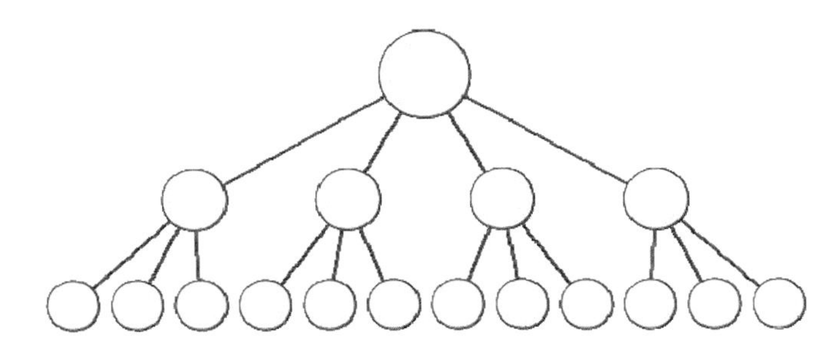

图 1-8 初始化渲染结构

当父节点 props 改变的时候，在理想情况下，只需渲染在一条链路上有相关 props 改变的节点即可，如图 1-9 所示。

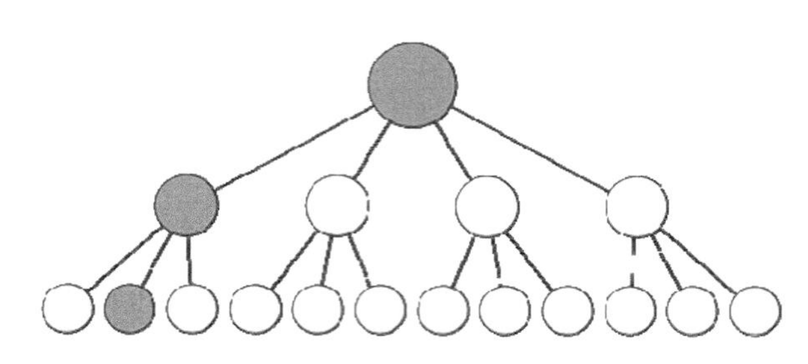

图 1-9 props 改变时 React 节点的渲染路径

而默认情况下，React 会渲染所有的节点，因为 shouldComponentUpdate 默认返回 true。正确的组件渲染从另一个意义上说，也是性能优化的手段之一。

值得注意的是，无状态组件是没有生命周期方法的，这也意味着它没有 shouldComponentUpdate。渲染到该类组件时，每次都会重新渲染。当然，不少开发者在使用无状态组件时会纠结这一点。为了更放心地使用，我们可以选择引用 Recompose 库的 pure 方法：

```
const OptimizedComponent = pure(ExpensiveComponent);
```

事实上，pure 方法做的事就是将无状态组件转换成 class 语法加上 PureRender 后的组件。关于性能优化相关的内容，我们会在 2.6 节中详解。

componentWillUpdate 和 componentDidUpdate 这两个生命周期方法很容易理解，对应的初始化方法也很容易知道，它们代表在更新过程中渲染前后的时刻。此时，我们可以想到 componentWillUpdate 方法提供需要更新的 props 和 state，而 componentDidUpdate 提供更新前的 props 和 state。

这里需要注意的是，你不能在 componentWillUpdate 中执行 setState。如果你对此很感兴趣，想一探究竟，可以直接跳至 3.3 节，那里有更加深入的解释。

如果组件是由父组件更新 props 而更新的，那么在 shouldComponentUpdate 之前会先执行 componentWillReceiveProps 方法。此方法可以作为 React 在 props 传入后，渲染之前 setState 的机会。在此方法中调用 setState 是不会二次渲染的。

回想之前介绍 Tabs 组件实现时留下的一个问题：如果 Tabs 组件的 activeIndex prop 只由外组件来更新，那是怎么做到的呢？秘密就在 componentWillReceiveProps 方法上，相关代码如下：

```
componentWillReceiveProps(nextProps) {
  if ('activeIndex' in nextProps) {
    this.setState({
      activeIndex: nextProps.activeIndex,
    });
  }
}
```

这样的设置就是让传入的 props 判断是否存在 activeIndex。如果用了 activeIndex 初始化组件，那么每次组件更新前都会去更新组件内部的 activeIndex state，达到更新组件的目的。

然后，在 tab 点击事件上，对是否存在 `defaultActiveIndex` prop 进行判断即可达到在传入 `defaultActiveIndex` 时使用内部更新，当传入 `activeIndex` 时使用外部传入的 props 更新。相关代码如下：

```
handleTabClick(activeIndex) {
  const prevIndex = this.state.activeIndex;

  if (this.state.activeIndex !== activeIndex &&
      'defaultActiveIndex' in this.props) {
    this.setState({
      activeIndex,
      prevIndex,
    });

    this.props.onChange({ activeIndex, prevIndex });
  }
}
```

1.5.3 整体流程

我们用一张流程图（如图 1-10 所示）来理清生命周期方法之间的关系，以及关键 API 调用的反馈。

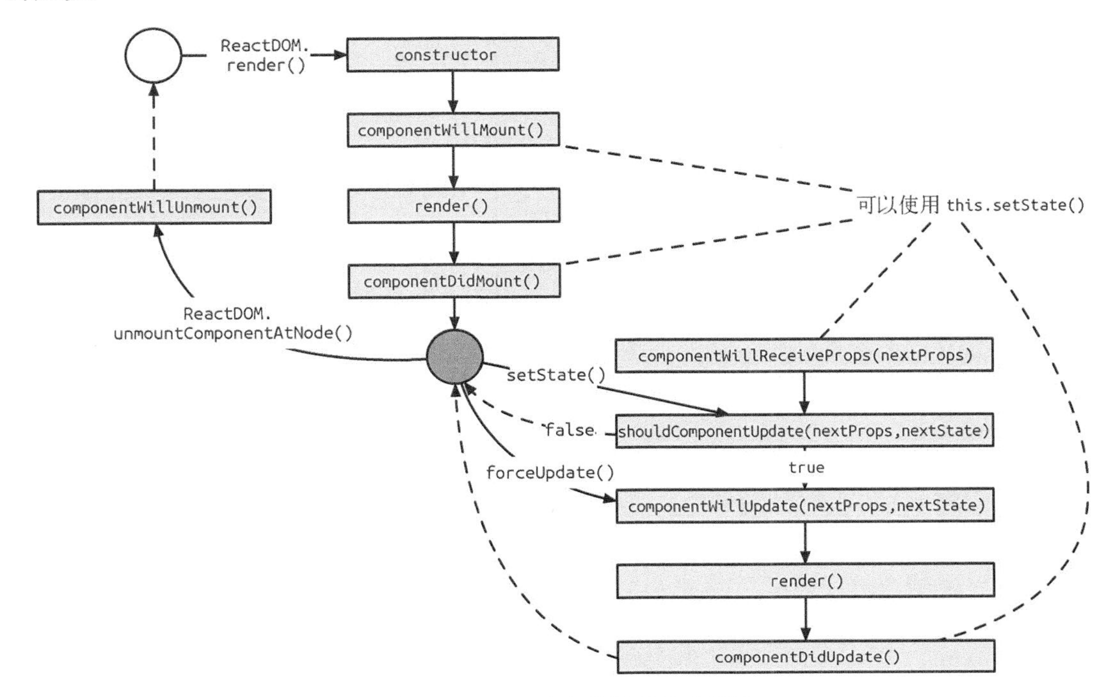

图 1-10 React 生命周期整体流程图

此外，我们在 1.3 节中提到用 `createClass` 来构建组件时，生命周期稍有不同。这里我们对还在用 createClass 方式的开发者们，简要说明方法级别上的不同，如图 1-11 所示。

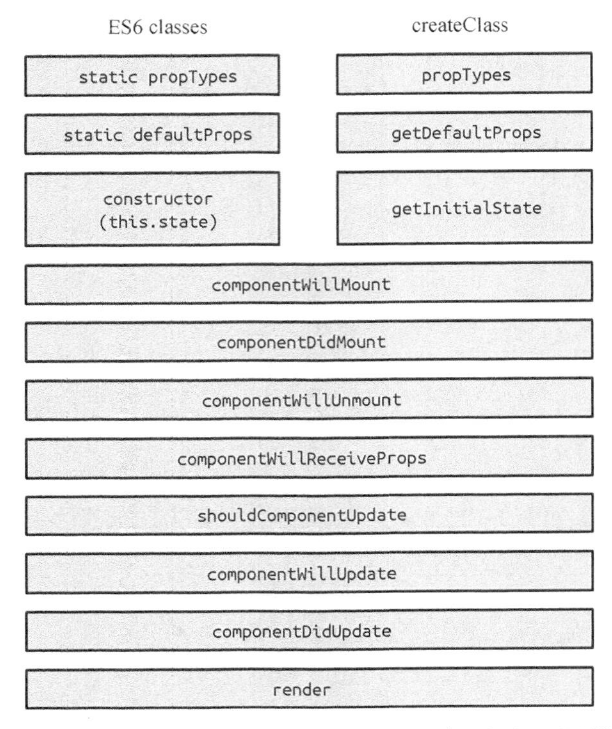

图 1-11　使用 ES6 classes 与 createClass 构建组件方法的异同

我们看到初始化方法有所不同，但生命周期方法均没有变化。此外，ES6 classes 中的静态方法用静态关键词 `static` 声明即可，如 `static customMethod() {}`；mixin 属性被移除，可以使用高阶组件（higher-order component）替代。

在源码中，生命周期的调用其实也是复用的代码。为推行 ECMAScript 标准，我们更倾向于使用 ES6 classes 的方式来构建组件。

1.6　React 与 DOM

前面已经介绍完组件的组成部分了，但还缺少最后一环，那就是将组件渲染到真实 DOM 上。从 React 0.14 版本开始，React 将 React 中涉及 DOM 操作的部分剥离开，目的是为了抽象 React，同时适用于 Web 端和移动端。ReactDOM 的关注点在 DOM 上，因此只适用于 Web 端。

在 React 组件的开发实现中，我们并不会用到 ReactDOM，只有在顶层组件以及由于 React 模型所限而不得不操作 DOM 的时候，才会使用它。

1.6.1 ReactDOM

ReactDOM 中的 API 非常少，只有 findDOMNode、unmountComponentAtNode 和 render。下面我们就从 API 的角度来讲讲它们的用法。

1. findDOMNode

上一节我们已经讲过组件的生命周期，DOM 真正被添加到 HTML 中的生命周期方法是 componentDidMount 和 componentDidUpdate 方法。在这两个方法中，我们可以获取真正的 DOM 元素。React 提供的获取 DOM 元素的方法有两种，其中一种就是 ReactDOM 提供的 findDOMNode：

```
DOMElement findDOMNode(ReactComponent component)
```

当组件被渲染到 DOM 中后，findDOMNode 返回该 React 组件实例相应的 DOM 节点。它可以用于获取表单的 value 以及用于 DOM 的测量。例如，假设要在当前组件加载完时获取当前 DOM，则可以使用 findDOMNode：

```
import React, { Component } from 'react';
import ReactDOM from 'react-dom';

class App extends Component {
  componentDidMount() {
    // this 为当前组件的实例
    const dom = ReactDOM.findDOMNode(this);
  }

  render() {}
}
```

如果在 render 中返回 null，那么 findDOMNode 也返回 null。findDOMNode 只对已经挂载的组件有效。

涉及复杂操作时，还有非常多的原生 DOM API 可以用。但是需要严格限制场景，在使用之前多问自己为什么要操作 DOM。

2. render

为什么说只有在顶层组件我们才不得不使用 ReactDOM 呢？这是因为要把 React 渲染的 Virtual DOM 渲染到浏览器的 DOM 当中，就要使用 render 方法了：

```
ReactComponent render(
  ReactElement element,
  DOMElement container,
  [function callback]
)
```

该方法把元素挂载到 container 中，并且返回 element 的实例（即 refs 引用）。当然，如果是无状态组件，render 会返回 null。当组件装载完毕时，callback 就会被调用。

当组件在初次渲染之后再次更新时，React 不会把整个组件重新渲染一次，而会用它高效的 DOM diff 算法做局部的更新。这也是 React 最大的亮点之一！

此外，与 render 相反，React 还提供了一个很少使用的 unmountComponentAtNode 方法来进行卸载操作。

1.6.2　ReactDOM 的不稳定方法

ReactDOM 中有两个不稳定方法，其中一个方法与 render 方法颇为相似。讲起它，还得从我们常用的 Dialog 组件在 React 中的实现讲起。

我们先来回忆一下 Dialog 组件的特点，它是不在文档流中的弹出框，一般会绝对定位在屏幕的正中央，背后有一层半透明的遮罩。因此，它往往直接渲染在 document.body 下，然而我们并不知道如何在 React 组件外进行操作。这就要从实现 Dialog 的思路以及涉及 DOM 部分的实现讲起。

这里我们引入 Portal 组件，这是一个经典的实现，最初的实现来源于 React Bootstrap 组件库中的 Overlay Mixin，后来使用越来越广泛。我们截取关键部分的源码：

```
import React from 'react';
import ReactDOM, { findDOMNode } from 'react-dom';
import CSSPropertyOperations from 'react/lib/CSSPropertyOperations';

export default class Portal extends React.Component {
  constructor() {
    // ...
  }

  openPortal(props = this.props) {
    this.setState({ active: true });
    this.renderPortal(props);
    this.props.onOpen(this.node);
  }

  closePortal(isUnmounted = false) {
    const resetPortalState = () => {
      if (this.node) {
        ReactDOM.unmountComponentAtNode(this.node);
        document.body.removeChild(this.node);
      }
      this.portal = null;
      this.node = null;
      if (isUnmounted !== true) {
        this.setState({ active: false });
      }
    };

    if (this.state.active) {
      if (this.props.beforeClose) {
        this.props.beforeClose(this.node, resetPortalState);
```

```
      } else {
        resetPortalState();
      }

      this.props.onClose();
    }
  }


  renderPortal(props) {
    if (!this.node) {
      this.node = document.createElement('div');
      // 在节点增加到 DOM 之前，执行 CSS 防止无效的重绘
      this.applyClassNameAndStyle(props);
      document.body.appendChild(this.node);
    } else {
      // 当新的 props 传下来的时候，更新 CSS
      this.applyClassNameAndStyle(props);
    }

    let children = props.children;
    // https://gist.github.com/jimfb/d99e0678e9da715ccf6454961ef04d1b
    if (typeof props.children.type === 'function') {
      children = React.cloneElement(props.children, { closePortal: this.closePortal });
    }

    this.portal = ReactDOM.unstable_renderSubtreeIntoContainer(
      this,
      children,
      this.node,
      this.props.onUpdate
    );
  }

  render() {
    if (this.props.openByClickOn) {
      return React.cloneElement(this.props.openByClickOn, { onClick: this.handleWrapperClick });
    }
    return null;
  }
}
```

从 Portal 组件可以看出，我们实现了一个“壳”，其中包括触发事件、渲染的位置以及暴露的方法，但它并不关心子组件的内容。当我们使用它的时候，可以这么写：

```
<Portal ref="myPortal">
  <Modal title="My modal">
    Modal content
  </Modal>
</Portal>
```

这个组件可以说是 Dialog 实现的精髓，我们为 Dialog 的行为抽象了 Portal 这个父组件。

当调用上述代码时，可以注意到在运行到 componentDidMount 生命周期方法时，最后调用了 this.renderPortal() 方法，这个方法把子组件里的内容插入到 document.body 下，这就实现了子组件不在标准文档流的渲染。

这就说到了 ReactDOM 中不稳定的 API 方法 unstable_renderSubtreeIntoContainer。它的作用很简单，就是更新组件到传入的 DOM 节点上，我们在这里使用它完成了在组件内实现跨组件的 DOM 操作。

这个方法与 render 方法很相似，但 render 方法缺少一个插入某个节点的参数。从最终 ReactDOM 方法实现的源代码 react/src/renderers/dom/client/ReactMount.js 中可以了解到，unstable_renderSubtreeIntoContainer 与 render 方法对应调用的方法如下。

- **render**：ReactMount._renderSubtreeIntoContainer(null, nextElement, container, callback)。
- **unstable_renderSubtreeIntoContainer**：ReactMount._renderSubtreeIntoContainer(parentComponent, nextElement, container, callback)。

源码证明了我们的猜想，这也说明了两者的区别在于是否传入父节点。

此外，另一个 ReactDOM 中的不稳定方法 unstable_batchedUpdates 是关于 setState 的更新策略，我们会在 3.4.5 中详细介绍。

1.6.3　refs

刚才我们已经详述了 ReactDOM 的 render 方法，比如我们渲染了一个 App 组件到 root 节点下：

```
const myAppInstance = ReactDOM.render(<App />, document.getElementById('root'));
myAppInstance.doSth();
```

我们利用 render 方法得到了 App 组件的实例，然后就可以对它做一些操作。但在组件内，JSX 是不会返回一个组件的实例的！它只是一个 ReactElement，只是告诉 React 被挂载的组件应该长什么样：

```
const myApp = <App />;
```

refs 就是为此而生的，它是 React 组件中非常特殊的 prop，可以附加到任何一个组件上。从字面意思来看，refs 即 reference，组件被调用时会新建一个该组件的实例，而 refs 就会指向这个实例。

它可以是一个回调函数，这个回调函数会在组件被挂载后立即执行。例如：

```
import React, { Component } from 'react';

class App extends Component {
  constructor(props){
    super(props);

    this.handleClick = this.handleClick.bind(this);
  }
```

```
  handleClick() {
    if (this.myTextInput !== null) {
      this.myTextInput.focus();
    }
  }

  render() {
    return (
      <div>
        <input type="text" ref={(ref) => this.myTextInput = ref} />
        <input
          type="button"
          value="Focus the text input"
          onClick={this.handleClick}
        />
      </div>
    );
  }
}
```

在这个例子里，我们得到 input 组件的真正实例，所以可以在按钮被按下后调用输入框的 `focus()` 方法。这个例子把 `refs` 放到原生的 DOM 组件 input 中，我们可以通过 `refs` 得到 DOM 节点；而如果把 `refs` 放到 React 组件，比如 `<TextInput />`，我们获得的就是 TextInput 的实例，因此就可以调用 TextInput 的实例方法。

`refs` 同样支持字符串。对于 DOM 操作，不仅可以使用 `findDOMNode` 获得该组件 DOM，还可以使用 `refs` 获得组件内部的 DOM。比如：

```
import React, { Component } from 'react';
import ReactDOM from 'react-dom';

class App extends Component {
  componentDidMount() {
    // myComp 是 Comp 的一个实例，因此需要用 findDOMNode 转换为相应的 DOM
    const myComp = this.refs.myComp;
    const dom = ReactDOM.findDOMNode(myComp);
  }

  render() {
    return (
      <div>
        <Comp ref="myComp" />
      </div>
    );
  }
}
```

要获取一个 React 组件的引用，既可以使用 `this` 来获取当前 React 组件，也可以使用 `refs` 来获取你拥有的子组件的引用。

我们回到 1.6.2 节中 Portal 组件里暴露的两个方法 `openPortal` 和 `closePortal`。这两个方法的调用方式为：

```
this.refs.myPortal.openPortal();
this.refs.myPortal.closePortal();
```

这种命令式调用的方式，尽管说并不是 React 推崇的，但我们仍然可以使用。原则上，在组件状态维护中不建议用这种方式。

为了防止内存泄漏，当卸载一个组件的时候，组件里所有的 `refs` 就会变为 `null`。

值得注意的是，`findDOMNode` 和 `refs` 都无法用于无状态组件中，原因在前面已经说过。无状态组件挂载时只是方法调用，没有新建实例。

对于 React 组件来说，`refs` 会指向一个组件类的实例，所以可以调用该类定义的任何方法。如果需要访问该组件的真实 DOM，可以用 `ReactDOM.findDOMNode` 来找到 DOM 节点，但我们并不推荐这样做。因为这在大部分情况下都打破了封装性，而且通常都能用更清晰的办法在 React 中构建代码。

1.6.4 React 之外的 DOM 操作

DOM 操作可以归纳为对 DOM 的增、删、改、查。这里的“查”指的是对 DOM 属性、样式的查看，比如查看 DOM 的位置、宽、高等信息。而要对 DOM 进行增、删、改，就要先到 DOM 中查询元素。

React 的声明式渲染机制把复杂的 DOM 操作抽象为简单的 state 和 props 的操作，因此避免了很多直接的 DOM 操作。不过，仍然有一些 DOM 操作是 React 无法避免或者正在努力避免的。

举一个明显的例子，如果要调用 HTML5 Audio/Video 的 `play` 方法和 input 的 `focus` 方法，React 就无能为力了，这时只能使用相应的 DOM 方法来实现。

React 提供了事件绑定的功能，但是仍然有一些特殊情况需要自行绑定事件，例如 Popup 等组件，当点击组件其他区域时可以收缩此类组件。这就要求我们对组件以外的区域（一般指 `document` 和 `body`）进行事件绑定。例如：

```
componentDidUpdate(prevProps, prevState) {
  if (!this.state.isActive && prevState.isActive) {
    document.removeEventListener('click', this.hidePopup);
  }

  if (this.state.isActive && !prevState.isActive) {
    document.addEventListener('click', this.hidePopup);
  }
}

componentWillUnmount() {
  document.removeEventListener('click', this.hidePopup);
}

hidePopup(e) {
```

```
  if (!this.isMounted()) { return false; }

  const node = ReactDOM.findDOMNode(this);
  const target = e.target || e.srcElement;
  const isInside = node.contains(target);

  if (this.state.isActive && !isInside) {
    this.setState({
      isActive: false,
    });
  }
}
```

React 中使用 DOM 最多的还是计算 DOM 的尺寸（即位置信息）。我们可以提供像 `width` 或 `height` 这样的工具函数：

```
function width(el) {
  const styles = el.ownerDocument.defaultView.getComputedStyle(el, null);
  const width = parseFloat(styles.width.indexOf('px') !== -1 ? styles.width : 0);

  const boxSizing = styles.boxSizing || 'content-box';
  if (boxSizing === 'border-box') {
    return width;
  }

  const borderLeftWidth = parseFloat(styles.borderLeftWidth);
  const borderRightWidth = parseFloat(styles.borderRightWidth);
  const paddingLeft = parseFloat(styles.paddingLeft);
  const paddingRight = parseFloat(styles.paddingRight);

  return width - borderRightWidth - borderLeftWidth - paddingLeft - paddingRight;
}
```

但上述计算方法并不能完全覆盖所有情况，这需要付出不少的成本去实现。值得高兴的是，React 正在自己构建一个 DOM 排列模型，来努力避免这些 React 之外的 DOM 操作。我们相信在不久的将来，React 的使用者就可以完全抛弃掉 jQuery 等 DOM 操作库。

可以说在 React 组件开发中，还有很多意料之外的情形。在这些情形中，应该如何运用 React 的方式优雅地解决问题是我们需要一直思考的。

1.7 组件化实例：Tabs 组件

前面我们穿插介绍了 Tabs 组件的关键实现，现在将把完整的例子展示出来：

```
import React, { Component, PropTypes, cloneElement } from 'react';
import classnames from 'classnames';
import style from './tabs.scss';
```

这段代码是最基本的引用。除了引用 React 之外，还引用了操作 class 的库 classnames 以及样式文件。这归功于 webpack 强大的加载机制，详情请参考附录 A 中对 webpack 配置的讲解。

Tabs 组件的封装逻辑在之前已经讲解得很清晰了，即把必要的 props 克隆到 TabNav 或 TabContent 组件中，并把它们组装到一起渲染出来。

值得注意的是，我们在 Tabs 组件中设计了切换 tab 时的 onChange 函数，通过传递 onChange prop 到 TabNav 子组件中，在子组件中完成对节点上事件的绑定：

```
class Tabs extends Component {
  static propTypes = {
    // 在主节点上增加可选 class
    className: PropTypes.string,
    // class 前缀
    classPrefix: PropTypes.string,
    children: PropTypes.oneOfType([
      PropTypes.arrayOf(PropTypes.node),
      PropTypes.node,
    ]),
    // 默认激活索引，组件内更新
    defaultActiveIndex: PropTypes.number,
    // 默认激活索引，组件外更新
    activeIndex: PropTypes.number,
    // 切换时回调函数
    onChange: PropTypes.func,
  };

  static defaultProps = {
    classPrefix: 'tabs',
    onChange: () => {},
  };

  constructor(props) {
    super(props);

    // 对事件方法的绑定
    this.handleTabClick = this.handleTabClick.bind(this);

    const currProps = this.props;

    let activeIndex;
    // 初始化 activeIndex state
    if ('activeIndex' in currProps) {
      activeIndex = currProps.activeIndex;
    } else if ('defaultActiveIndex' in currProps) {
      activeIndex = currProps.defaultActiveIndex;
    }

    this.state = {
      activeIndex,
      prevIndex: activeIndex,
    };
  }
```

```
componentWillReceiveProps(nextProps) {
  // 如果 props 传入 activeIndex，则直接更新
  if ('activeIndex' in nextProps) {
    this.setState({
      activeIndex: nextProps.activeIndex,
    });
  }
}

handleTabClick(activeIndex) {
  const prevIndex = this.state.activeIndex;

  // 如果当前 activeIndex 与传入的 activeIndex 不一致，
  // 并且 props 中存在 defaultActiveIndex 时，则更新
  if (this.state.activeIndex !== activeIndex &&
      'defaultActiveIndex' in this.props) {
    this.setState({
      activeIndex,
      prevIndex,
    });

    // 更新后执行回调函数，抛出当前索引和上一次索引
    this.props.onChange({ activeIndex, prevIndex });
  }
}

renderTabNav() {
  const { classPrefix, children } = this.props;

  return (
    <TabNav
      key="tabBar"
      classPrefix={classPrefix}
      onTabClick={this.handleTabClick}
      panels={children}
      activeIndex={this.state.activeIndex}
    />
  );
}

renderTabContent() {
  const { classPrefix, children } = this.props;

  return (
    <TabContent
      key="tabcontent"
      classPrefix={classPrefix}
      panels={children}
      activeIndex={this.state.activeIndex}
    />
  );
}

render() {
```

```
    const { className } = this.props;
    // classnames 用于合并 class
    const classes = classnames(className, 'ui-tabs');

    return (
      <div className={classes}>
        {this.renderTabNav()}
        {this.renderTabContent()}
      </div>
    );
  }
}
```

我们看到，两个子组件 TabNav 和 TabContent 的渲染起到了至关重要的作用。而 TabNav 组件与 TabContent 组件处理的逻辑类似，不同的是前者是从 TabPane 组件的 `tab` prop 中取得内容，后者是从 TabPane 组件的 `children` 中取得内容。

我们来看一下 TabNav 组件的实现：

```
class TabNav extends Component {
  static propTypes = {
    classPrefix: React.PropTypes.string,
    panels: PropTypes.node,
    activeIndex: PropTypes.number,
    onTabClick: PropTypes.func,
  };

  getTabs() {
    const { panels, classPrefix, activeIndex } = this.props;

    return React.Children.map(panels, (child) => {
      if (!child) { return; }

      const order = parseInt(child.props.order, 10);

      // 利用 class 控制显示和隐藏
      let classes = classnames({
        [`${classPrefix}-tab`]: true,
        [`${classPrefix}-active`]: activeIndex === order,
        [`${classPrefix}-disabled`]: child.props.disabled,
      });

      let events = {};
      if (!child.props.disabled) {
        events = {
          onClick: this.props.onTabClick.bind(this, order),
        };
      }

      const ref = {};
      if (activeIndex === order) {
        ref.ref = 'activeTab';
      }
```

```
      return (
        <li
          role="tab"
          aria-disabled={child.props.disabled ? 'true' : 'false'}
          aria-selected={activeIndex === order? 'true' : 'false'}
          {...events}
          className={classes}
          key={order}
          {...ref}
        >
          {child.props.tab}
        </li>
      );
    });
  }

  render() {
    const { classPrefix } = this.props;

    const rootClasses = classnames({
      [`${classPrefix}-bar`]: true,
    });

    const classes = classnames({
      [`${classPrefix}-nav`]: true,
    });

    return (
      <div className={rootClasses} role="tablist">
        <ul className={classes}>
          {this.getTabs()}
        </ul>
      </div>
    );
  }
}
```

然后是 TabContent 组件，仔细对比它与前者的不同。再次推敲 TabContent 组件中的 `getTabPanes` 方法，看似简单，实则精妙：

```
class TabContent extends Component {
  static propTypes = {
    classPrefix: React.PropTypes.string,
    panels: PropTypes.node,
    activeIndex: PropTypes.number,
  };

  getTabPanes() {
    const { classPrefix, activeIndex, panels } = this.props;

    return React.Children.map(panels, (child) => {
      if (!child) { return; }
```

```
      const order = parseInt(child.props.order, 10);
      const isActive = activeIndex === order;

      return React.cloneElement(child, {
        classPrefix,
        isActive,
        children: child.props.children,
        key: `tabpane-${order}`,
      });
    });
  }

  render() {
    const { classPrefix } = this.props;

    const classes = classnames({
      [`${classPrefix}-content`]: true,
    });

    return (
      <div className={classes}>
        {this.getTabPanes()}
      </div>
    );
  }
}
```

最后是 TabPane 组件，它是最末端的节点，只有最基本的渲染：

```
class TabPane extends Component {
  static propTypes = {
    tab: PropTypes.oneOfType([
      PropTypes.string,
      PropTypes.node,
    ]).isRequired,
    order: PropTypes.string.isRequired,
    disable: PropTypes.bool,
    isActive: PropTypes.bool,
  };

  render() {
    const { classPrefix, className, isActive, children } = this.props;

    const classes = classnames({
      [className]: className,
      [`${classPrefix}-panel`]: true,
      [`${classPrefix}-active`]: isActive,
    });

    return (
      <div
        role="tabpanel"
        className={classes}
```

```
          aria-hidden={!isActive}>
          {children}
        </div>
      );
    }
  }
```

自此，Tabs 组件就开发完毕了。

1.8 小结

本章通过穿插 Tabs 组件的实现介绍了 React 的主要概念及 API，为读者开启了通向 React 的大门。

随着章节的深入，我们会陆续介绍 React 高阶使用方法、背后的运行机制、处理数据的架构 Flux 与 Redux。相信从现在开始，你已经做好在 React 的海洋里遨游的准备了。

第2章

漫谈 React

本章中，我们会从一个视图库所必备的事件系统入手，结合样式处理、组件间抽象的方法以及组件性能优化等，继续展开那些神奇的语法，带领各位漫步于 React 的世界当中。之后，详述实际开发中比较重要的动画与自动化测试。最后，通过一个组件化实例来总结本章的内容。

本章各节之间并没有很强的关联性，读者可以选择感兴趣的直接阅读。但每一节的内容都至关重要，在组件开发中缺一不可，希望读者可以在阅读及练习中领略它的非凡之处。

2.1 事件系统

Virtual DOM 在内存中是以对象的形式存在的，如果想要在这些对象上添加事件，就会非常简单。React 基于 Virtual DOM 实现了一个 `SyntheticEvent`（合成事件）层，我们所定义的事件处理器会接收到一个 `SyntheticEvent` 对象的实例，它完全符合 W3C 标准，不会存在任何 IE 标准的兼容性问题。并且与原生的浏览器事件一样拥有同样的接口，同样支持事件的冒泡机制，我们可以使用 `stopPropagation()` 和 `preventDefault()` 来中断它。

所有事件都自动绑定到最外层上。如果需要访问原生事件对象，可以使用 `nativeEvent` 属性。

2.1.1 合成事件的绑定方式

React 事件的绑定方式在写法上与原生的 HTML 事件监听器属性很相似，并且含义和触发的场景也全都是一致的。比如，下面的 JSX 代码表示为按钮添加点击事件：

```
<button onClick={this.handleClick}>Test</button>
```

仔细观察，我们会发现这种写法与 DOM0 级事件中直接设置 HTML 标签属性为事件处理器的做法还是有很大不同的。在 JSX 中，我们必须使用驼峰的形式来书写事件的属性名（比如 `onClick`），而 HTML 事件的属性名不区分大小写。此外，HTML 的属性值只能是 JavaScript 代码字符串，而在 JSX 中，props 的值则可以是任意类型，这里是一个函数指针。如果使用 DOM0 级事件的写法，会是这样的：

```
<button onclick="handleClick()">Test</button>
```

React 并不会像 DOM0 级事件那样将事件处理器直接绑定到 HTML 元素之上。React 仅仅是借鉴了这种写法而已。下面我们来详细看一下事件的内部机制。

2.1.2 合成事件的实现机制

在 React 底层，主要对合成事件做了两件事：事件委派和自动绑定。

1. 事件委派

在使用 React 事件前，一定要熟悉它的事件代理机制。它并不会把事件处理函数直接绑定到真实的节点上，而是把所有事件绑定到结构的最外层，使用一个统一的事件监听器，这个事件监听器上维持了一个映射来保存所有组件内部的事件监听和处理函数。当组件挂载或卸载时，只是在这个统一的事件监听器上插入或删除一些对象；当事件发生时，首先被这个统一的事件监听器处理，然后在映射里找到真正的事件处理函数并调用。这样做简化了事件处理和回收机制，效率也有很大提升。

2. 自动绑定

在 React 组件中，每个方法的上下文都会指向该组件的实例，即自动绑定 `this` 为当前组件。而且 React 还会对这种引用进行缓存，以达到 CPU 和内存的最优化。在使用 ES6 classes 或者纯函数时，这种自动绑定就不复存在了，我们需要手动实现 `this` 的绑定。

现在我们来看几种绑定的方法。

- **bind 方法**。这个方法可以帮助我们绑定事件处理器内的 `this`，并可以向事件处理器中传递参数，比如：

  ```
  import React, { Component } from 'react';

  class App extends Component {
    handleClick(e, arg) {
      console.log(e, arg);
    }

    render() {
      // 通过bind方法实现，可以传递参数
      return <button onClick={this.handleClick.bind(this, 'test')}>Test</button>;
    }
  }
  ```

如果方法只绑定，不传参，那 stage 0 草案中提供了一个便捷的方案[①]——双冒号语法，其作用与 `this.handleClick.bind(this)` 一致，并且 Babel 已经实现了该提案。比如：

```
import React, { Component } from 'react';
```

① ECMAScrip This-Binding Syntanx，详见 https://github.com/zenparsing/es-function-bind。

```
class App extends Component {
  handleClick(e) {
    console.log(e);
  }

  render() {
    return <button onClick={::this.handleClick}>Test</button>;
  }
}
```

- **构造器内声明**。在组件的构造器内完成了 this 的绑定，这种绑定方式的好处在于仅需要进行一次绑定，而不需要每次调用事件监听器时去执行绑定操作：

```
import React, { Component } from 'react';

class App extends Component {
  constructor(props) {
    super(props);

    this.handleClick = this.handleClick.bind(this);
  }

  handleClick(e) {
    console.log(e);
  }

  render() {
    return <button onClick={this.handleClick}>Test</button>;
  }
}
```

- **箭头函数**。箭头函数不仅是函数的“语法糖”，它还自动绑定了定义此函数作用域的 this，因此我们不需要再对它使用 bind 方法。比如，以下方式就能运行：

```
import React, { Component } from 'react';

class App extends Component {
  const handleClick = (e) => {
    console.log(e);
  };

  render() {
    return <button onClick={this.handleClick}>Test</button>;
  }
}
```

或

```
import React, { Component } from 'react';

class App extends Component {
  handleClick(e) {
    console.log(e);
  }

  render() {
```

```
    return <button onClick={() => this.handleClick()}>Test</button>
  }
}
```

使用上述几种方式，都能够实现在类定义的组件中绑定 this 上下文的效果。

2.1.3 在 React 中使用原生事件

React 提供了很好用的合成事件系统，但这并不意味着在 React 架构下无法使用原生事件。React 提供了完备的生命周期方法，其中 componentDidMount 会在组件已经完成安装并且在浏览器中存在真实的 DOM 后调用，此时我们就可以完成原生事件的绑定。比如：

```
import React, { Component } from 'react';

class NativeEventDemo extends Component {
  handleClick(e) {
    console.log(e);
  }

  componentDidMount() {
    this.refs.button.addEventListener('click', this.handleClick);
  }

  componentWillUnmount() {
    this.refs.button.removeEventListener('click', this.handleClick);
  }

  render() {
    return <button ref="button">Test</button>;
  }
}
```

值得注意的是，在 React 中使用 DOM 原生事件时，一定要在组件卸载时手动移除，否则很可能出现内存泄漏的问题。而使用合成事件系统时则不需要，因为 React 内部已经帮你妥善地处理了。

2.1.4 合成事件与原生事件混用

既然 React 合成事件系统有这么多的好处，那是不是 React 中就不需要原生事件了呢？当然不是，因为还有很多应用场景只能借助原生事件的帮助才能完成。比如，在 Web 页面中添加一个使用移动设备扫描二维码的功能，在点击按钮时显示二维码，点击非二维码区域时将其隐藏起来。示例代码如下：

```
import React, { Component } from 'react';

class QrCode extends Component {
  constructor(props) {
    super(props);
```

```
    this.handleClick = this.handleClick.bind(this);
    this.handleClickQr = this.handleClickQr.bind(this);

    this.state = {
      active: false,
    };
  }

handleClick(e) {
  e.preventDefault();
  this.setState({
    active: !this.state.active,
  });
}

handleClickQr(e) {
  e.preventDefault();
}

handleActive(e) {
  this.setState({
    active: false,
  });
}

componentDidMount() {
  document.body.addEventListener('click', this.handleActive);
}

componentWillUnmount() {
  document.body.removeEventListener('click', this.handleActive);
}

  render() {
    return (
      <div className="qr-wrapper">
        <button className="qr" onClick={this.handleClick}>二维码</button>
        <div
          className="code"
          style={{ display: this.state.active ? 'block' : 'none' }}
          onClick={this.handleClickQr}
        >
          <img src="qr.jpg" alt="qr" />
        </div>
      </div>
    );
  }
}
```

上述代码的逻辑很简单，点击按钮可以切换二维码的显示与隐藏，而在按钮之外的区域同样可以达到隐藏的效果。然而，我们无法在组件中将事件绑定到 body 上，因为 body 在组件范围之外，只能使用原生绑定事件来实现。

逻辑似乎很简单，但 React 所表现的似乎与你所想的并不一致，实际效果是在你点击二维码区域时二维码依然会隐藏起来。原因也很简单，就是 React 合成事件系统的委托机制，在合成事件内部仅仅对最外层的容器进行了绑定，并且依赖事件的冒泡机制完成了委派。也就是说，事件并没有直接绑定到 div.qr 元素上，所以在这里使用 e.stopPropagation() 并没有用。当然，解决方法也很简单。

- **不要将合成事件与原生事件混用**。比如：

```
handleClick(e) {
  this.setState({
    active: false,
  });
}

handleClickQr(e) {
  e.preventDefault();
}

componentDidMount() {
  document.body.addEventListener('click', this.handleClick);
  document.querySelector('.qr').addEventListener('click', this.handleClickQr);
}

componentWillUnmount() {
  document.body.removeEventListener('click', this.handleClick);
  document.querySelector('.qr').removeEventListener('click', this.handleClickQr);
}
```

- **通过 e.target 判断来避免**。示例代码如下：

```
componentDidMount() {
  document.body.addEventListener('click', e => {
    if (e.target && e.target.matches('div.code')) {
      return;
    }

    this.setState({
      active: false,
    });
  });
}
```

所以，请尽量避免在 React 中混用合成事件和原生 DOM 事件。另外，用 reactEvent.nativeEvent.stopPropagation() 来阻止冒泡是不行的。阻止 React 事件冒泡的行为只能用于 React 合成事件系统中，且没办法阻止原生事件的冒泡。反之，在原生事件中的阻止冒泡行为，却可以阻止 React 合成事件的传播。

实际上，React 的合成事件系统只是原生 DOM 事件系统的一个子集。它仅仅实现了 DOM Level 3 的事件接口，并且统一了浏览器间的兼容问题。有些事件 React 并没有实现，或者受某些限制没办法去实现，比如 window 的 resize 事件。

对于无法使用 React 合成事件的场景，我们还需要使用原生事件来完成。

2.1.5　对比 React 合成事件与 JavaScript 原生事件

下面我们从 4 个方面来对比 React 合成事件与 JavaScript 原生事件。

1. 事件传播与阻止事件传播

浏览器原生 DOM 事件的传播可以分为 3 个阶段：事件捕获阶段、目标对象本身的事件处理程序调用以及事件冒泡。事件捕获会优先调用结构树最外层的元素上绑定的事件监听器，然后依次向内调用，一直调用到目标元素上的事件监听器为止。可以在将 `e.addEventListener()` 的第三个参数设置为 `true` 时，为元素 `e` 注册捕获事件处理程序，并且在事件传播的第一个阶段调用。此外，事件捕获并不是一个通用的技术，在低于 IE9 版本的浏览器中无法使用。而事件冒泡则与事件捕获的表现相反，它会从目标元素向外传播事件，由内而外直到最外层。

可以看出，事件捕获在程序开发中的意义并不大，更致命的是它的兼容性问题。所以，React 的合成事件则并没有实现事件捕获，仅仅支持了事件冒泡机制。这种 API 设计方式统一而简洁，符合“二八原则”。

阻止原生事件传播需要使用 `e.stopPropagation()`，不过对于不支持该方法的浏览器（IE9 以下），只能使用 `e.cancelBubble = true` 来阻止。而在 React 合成事件中，只需要使用 `stopPropagation ()` 即可。

2. 事件类型

React 合成事件的事件类型是 JavaScript 原生事件类型的一个子集。

3. 事件绑定方式

受到 DOM 标准的影响，绑定浏览器原生事件的方式也有很多种，具体如下所示。

- 直接在 DOM 元素中绑定：

```
<button onclick="alert(1);">Test</button>
```

- 在 JavaScript 中，通过为元素的事件属性赋值的方式实现绑定：

```
el.onclick = e => { console.log(e); }
```

- 通过事件监听函数来实现绑定：

```
el.addEventListener('click', () => {}, false);
el.attachEvent('onclick', () => {});
```

相比而言，React 合成事件的绑定方式则简单得多：

```
<button onClick={this.handleClick}>Test</button>
```

4. 事件对象

原生 DOM 事件对象在 W3C 标准和 IE 标准下存在着差异。在低版本的 IE 浏览器中，只能

使用 `window.event` 来获取事件对象。而在 React 合成事件系统中，不存在这种兼容性问题，在事件处理函数中可以得到一个合成事件对象。

2.2 表单

在 Web 应用开发中，表单的作用尤为重要。正是因为表单的存在，才使得用户能够与 Web 应用进行富交互。打开搜索引擎输入关键字进行检索，这个过程就是一次基于表单的交互。而在 React 中，一切数据都是状态，当然也包括表单数据。在这一节中，我们将讲述 React 是如何处理表单的。

2.2.1 应用表单组件

HTML 表单中的所有组件在 React 的 JSX 都有相应的实现，只是它们在用法上有些区别，有些是 JSX 语法上的，有些则是由于 React 对状态处理上导致的一些区别。

1. 文本框

这里的文本框包括单行文本输入框 `input` 以及多行文本输入框 `textarea`。下面先看一个关于这两种文本框的示例：

```
import React, { Component } from 'react';

class App extends Component {
  constructor(props) {
    super(props);

    this.handleInputChange = this.handleInputChange.bind(this);
    this.handleTextareaChange = this.handleTextareaChange.bind(this);

    this.state = {
      inputValue: '',
      textareaValue: '',
    };
  }

  handleInputChange(e) {
    this.setState({
      inputValue: e.target.value,
    });
  }

  handleTextareaChange(e) {
    this.setState({
      textareaValue: e.target.value,
    });
  }

  render() {
```

```
    const { inputValue, textareaValue } = this.state;
    return (
      <div>
        <p>单行输入框：<input type="text" value={inputValue}
          onChange={this.handleInputChange} /></p>
        <p>多行输入框：<textarea value={textareaValue}
          onChange={this.handleTextareaChange} /></p>
      </div>
    );
  }
}
```

值得注意的是，我们可以看到，JSX 中的 textarea 组件与类型为 text 的 input 组件的用法很类似。同样有一个 value prop 用来表示表单的值，而在 HTML 中 textarea 的值则是通过 children 来表示的。此外，得益于 JSX 语法特性，我们可以在标签没有子元素的时候使用单个标签自闭合的语法。

2. 单选按钮与复选框

在 HTML 中，用类型为 radio 的 input 标签表示单选按钮。类似地，用类型为 checkbox 的 input 标签表示复选框。这两种表单的 value 值一般是不会改变的，而是通过一个布尔类型的 checked prop 来表示是否为选中状态。当然，在 JSX 中这些也是相同的，不过用法上还是有些区别。

下面看一下单选按钮的示例：

```
import React, { Component } from 'react';

class App extends Component {
  constructor(props) {
    super(props);

    this.handeChange = this.handleChange.bind(this);

    this.state = {
      radioValue: '',
    };
  }

  handleChange(e) {
    this.setState({
      radioValue: e.target.value,
    });
  }

  render() {
    const { radioValue } = this.state;

    return (
      <div>
        <p>gender:</p>
        <label>
```

```
        male:
        <input
          type="radio"
          value="male"
          checked={radioValue === 'male'}
          onChange={this.handleChange}
        />
      </label>
      <label>
        female:
        <input
          type="radio"
          value="female"
          checked={radioValue === 'female'}
          onChange={this.handleChange}
        />
      </label>
    </div>
  );
 }
}
```

下面看一下复选框的示例：

```
import React, { Component } from 'react';

class App extends Component {
  constructor(props) {
    super(props);

    this.handleChange = this.handleChange.bind(this);

    this.state = {
      coffee: [],
    };
  }

  handleChange(e) {
    const { checked, value } = e.target;
    let { coffee } = this.state;

    if (checked && coffee.indexOf(value) === -1) {
      coffee.push(value);
    } else {
      coffee = coffee.filter(i => i !== value);
    }

    this.setState({
      coffee,
    });
  }

  render() {
    const { coffee } = this.state;
```

```
      return (
        <div>
          <p>请选择你最喜欢的咖啡：</p>
          <label>
            <input
              type="checkbox"
              value="Cappuccino"
              checked={coffee.indexOf('Cappuccino') !== -1}
              onChange={this.handleChange}
            />
            Cappuccino
          </label>
          <br/>
          <label>
            <input
              type="checkbox"
              value="CafeMocha"
              checked={coffee.indexOf('CafeMocha') !== -1}
              onChange={this.handleChange}
            />
            CafeMocha
          </label>
          <br/>
          <label>
            <input
              type="checkbox"
              value="CaffeLatte"
              checked={coffee.indexOf('CaffeLatte') !== -1}
              onChange={this.handleChange}
            />
            Caffè Latte
          </label>
          <br/>
          <label>
            <input
              type="checkbox"
              value="Machiatto"
              checked={coffee.indexOf('Machiatto') !== -1}
              onChange={this.handleChange}
            />
            Machiatto
          </label>
        </div>
      );
    }
  }
```

如果之前没有了解过，一定会对 React 的处理方式产生疑问。在 HTML 中，很简单的单选按钮和复选框好像变得很复杂了。确实，因为 React 对表单的状态进行了控制，相应地多了一些处理 onChange 的代码。另外，状态里面已经可以拿到复选框所表示的选中值的列表，这一步在 HTML 表单处理中同样需要我们通过 JavaScript 手动处理。

3. Select 组件

在 HTML 的 `select` 元素中，存在单选和多选两种。在 JSX 语法中，同样可以通过设置 `select` 标签的 `multiple={true}` 来实现一个多选下拉列表。Select 组件与单选按钮和复选框组件有些类似。下面我们来看下 React 中 `select` 元素的用法：

```
import React, { Component } from 'react';

class App extends Component {
  constructor(props) {
    super(props);

    this.handleChange = this.handleChange.bind(this);

    this.state = {
      area: '',
    };
  }

  handleChange(e) {
    this.setState({
      area: e.target.value,
    });
  }

  render() {
    const { area } = this.state;

    return (
      <select value={area} onChange={this.handleChange}>
        <option value="beijing">北京</option>
        <option value="shanghai">上海</option>
        <option value="hangzhou">杭州</option>
      </select>
    );
  }
}
```

接下来，看看给 `select` 元素设置 `multiple={true}` 的示例：

```
import React, { Component } from 'react';

class App extends Component {
  constructor(props) {
    super(props);

    this.handleChange = this.handleChange.bind(this);

    this.state = {
      area: ['beijing', 'shanghai'],
    };
  }

  handleChange(e) {
```

```
    const { options } = e.target;
    // 注意，这里返回的 options 是一个对象，并非数组
    const area = Object.keys(options)
      .filter(i => options[i].selected === true)
      .map(i => options[i].value);

    this.setState({
      area,
    });
  }

  render() {
    const { area } = this.state;

    return (
      <select multiple={true} value={area} onChange={this.handleChange}>
        <option value="beijing">北京</option>
        <option value="shanghai">上海</option>
        <option value="hangzhou">杭州</option>
      </select>
    );
  }
}
```

这里，我们再来对比一下 React 处理 select 的方式与 HTML 原生方式的区别。在 HTML 的 option 组件中需要一个 selected 属性来表示默认选中的列表项，而 React 的处理方式则是通过为 select 组件添加 value prop 来表示选中的 option，在设置了 multiple={true} 的情况下，该 value 值是一个数组，表示选中的一组值。这一点与 textarea 的处理方式一致，这在一定程度上统一了接口。

实际上，上述 select 组件也可以写成下面这种形式：

```
<select multiple={true} onChange={this.handleChange}>
  <option value="beijing" selected={area.indexOf('beijing') !== -1}>北京</option>
  <option value="shanghai" selected={area.indexOf('shanghai') !== -1}>上海</option>
  <option value="hangzhou" selected={area.indexOf('hangzhou') !== -1}>杭州</option>
</select>
```

不过开发体验就会差很多，同时 React 也会报如下的警告：

```
Warning: Use the defaultValue or value props on <select> instead of setting selected on <option>
```

2.2.2　受控组件

读完了上面的几个示例，你心中一定会有疑问，为何每一个 <input> 或 <select> 都要绑定一个 change 事件呢？

在上面的示例中，每当表单的状态发生变化时，都会被写入到组件的 state 中，这种组件在 React 中被称为受控组件（controlled component）。在受控组件中，组件渲染出的状态与它的 value 或 checked prop 相对应。React 通过这种方式消除了组件的局部状态，使得应用的整个状态更加

可控。React 官方同样推荐使用受控表单组件。总结下 React 受控组件更新 state 的流程：

(1) 可以通过在初始 state 中设置表单的默认值。

(2) 每当表单的值发生变化时，调用 `onChange` 事件处理器。

(3) 事件处理器通过合成事件对象 e 拿到改变后的状态，并更新应用的 state。

(4) `setState` 触发视图的重新渲染，完成表单组件值的更新。

在 React 中，数据是单向流动的。从示例中，我们能看出来表单的数据源于组件的 state，并通过 props 传入，这也称为单向数据绑定。然后，我们又通过 `onChange` 事件处理器将新的表单数据写回到组件的 state，完成了双向数据绑定。

与原生表单组件相比，受控组件的模式确实复杂了很多。每次表单值发生变化时，都会执行上面几步，这样统一了组件内部状态，使得表单的状态更可靠。这也意味着我们可以在执行最后一步 `setState` 前，对表单值进行清洗和校验。示例如下：

```
handleChange(e) {
  this.setState({
    value: e.target.value.substring(0, 140).toUpperCase(),
  });
}
```

上面的代码做到了截取用户输入的前 140 个字符，并转为大写。实际上，在 React 内部拦截了浏览器的原生事件，这得益于 Virtual DOM 以及合成事件系统。

2.2.3　非受控组件

上面的所有示例都使用了 React 的受控组件来写，但这并不意味着它不支持非受控组件。那么什么是非受控组件（uncontrolled component）呢？

简单地说，如果一个表单组件没有 value props（单选按钮和复选框对应的是 `checked` prop）时，就可以称为非受控组件。相应地，你可以使用 `defaultValue` 和 `defaultChecked` prop 来表示组件的默认状态。下面通过一个简单的示例来描述非受控组件：

```
import React, { Component } from 'react';

class App extends Component {

  constructor(props) {
    super(props);

    this.handleSubmit = this.handleSubmit.bind(this);
  }

  handleSubmit(e) {
    e.preventDefault();

    // 这里使用 React 提供的 ref prop 来操作 DOM
```

```
    // 当然，也可以使用原生的接口，如 document.querySelector
    const { value } = this.refs.name;
    console.log(value);
  }

  render() {
    return (
      <form onSubmit={this.handleSubmit}>
        <input ref="name" type="text" defaultValue="Hangzhou" />
        <button type="submit">Submit</button>
      </form>
    );
  }
}
```

在 React 中，非受控组件是一种反模式，它的值不受组件自身的 state 或 props 控制。通常，需要通过为其添加 `ref` prop 来访问渲染后的底层 DOM 元素。

2.2.4　对比受控组件和非受控组件

受控组件与非受控组件到底各自有什么特点和适用场景呢？

我们刚才看到通过 `defaultValue` 或者 `defaultChecked` 来设置表单的默认值，它仅会被渲染一次，在后续的渲染时并不起作用。下面对比以下两个示例。

将输入的字母转化为大写展示：

```
<input
  value={this.state.value}
  onChange={e => {
    this.setState({ value: e.target.value.toUpperCase() })
  }}
/>
```

直接展示输入的字母：

```
<input
  defaultValue={this.state.value}
  onChange={e => {
    this.setState({ value: e.target.value.toUpperCase() })
  }}
/>
```

在受控组件中，可以将用户输入的英文字母转化为大写后输出展示，而在非受控组件中则不会。而如果不对受控组件绑定 `change` 事件，我们在文本框中输入任何值都不会起作用。多数情况下，对于非受控组件，我们并不需要提供 `change` 事件。通过上面的示例可以看出，受控组件和非受控组件的最大区别是：非受控组件的状态并不会受应用状态的控制，应用中也多了局部组件状态，而受控组件的值来自于组件的 state。

1. 性能上的问题

在受控组件中，每次表单的值发生变化时，都会调用一次 onChange 事件处理器，这确实会有一些性能上的损耗。虽然使用非受控组件不会出现这些问题，但仍然不提倡在 React 中使用非受控组件。这个问题可以通过 Flux/Redux 应用架构等方式来达到统一组件状态的目的。

2. 是否需要事件绑定

使用受控组件最令人头疼的就是，我们需要为每个组件绑定一个 change 事件，并且定义一个事件处理器来同步表单值和组件的状态，这是一个必要条件。当然，在某些简单的情况下，也可以使用一个事件处理器来处理多个表单域：

```
import React, { Component } from 'react';

class FormApp extends Component {
  constructor(props) {
    super(props);

    this.state = {
      name: '',
      age: 18,
    };
  }

  handleChange(name, e) {
    const { value } = e.target;
    // 这里只能处理直接赋值这种简单的情况，复杂的处理建议使用 switch(name) 语句
    this.setState({
      [name]: value,
    });
  }

  render () {
    const { name, age} = this.state;

    return (
      <div>
        <input value={name} onChange={this.handleChange.bind(this, 'name')} />
        <input value={age} onChange={this.handleChange.bind(this, 'age')} />
      </div>
    );
  }
}
```

2.2.5 表单组件的几个重要属性

在这一节中，我们简要介绍一下表单组件的状态属性和事件属性。

1. 状态属性

React 的 form 组件提供了几个重要的属性，用于展示组件的状态。

- **value**：类型为 text 的 input 组件、textarea 组件以及 select 组件都借助 value prop 来展示应用的状态。
- **checked**：类型为 radio 或 checkbox 的组件借助值为 boolean 类型的 checked prop 来展示应用的状态。
- **selected**：该属性可作用于 select 组件下面的 option 上，React 并不建议使用这种方式表示状态，而推荐在 select 组件上使用 value 的方式。

2. 事件属性

刚刚提到的状态属性与事件属性存在一定的关联——在状态属性发生变化时，会触发 onChange 事件属性。实际上，受控组件中的 change 事件与 HTML DOM 中提供的 input 事件更为类似[①]。同样，React 支持 DOM Level 3 中定义的所有表单事件。

2.3　样式处理

在 React 中，处理样式是至关重要的一环，也是当下非常热门的话题。在这一节中，我们除了介绍基本样式设置之外，还会讲到现在业界很火的 CSS Modules 的概念及用法。

2.3.1　基本样式设置

React 组件最终会生成 HTML，所以你可以使用给普通 HTML 设置 CSS 一样的方法来设置样式。如果我们想给组件添加类名，为了避免命名冲突，React 中需要设置 className prop。此外，也可以通过 style prop 来给组件设置行内样式，这里要注意 style prop 需要的是一个对象。

设置样式时，需要注意以下几点：

- 自定义组件建议支持 className prop，以让用户使用时添加自定义样式；
- 设置行内样式时要使用对象。

设置样式的示例代码如下：

```
const style = {
  color: 'white',
  backgroundImage: `url(${imgUrl})`,
  // 注意这里大写的 W，会转换成 -webkit-transition
  WebkitTransition: 'all',
  // ms 是唯一小写的浏览器前缀
  msTransition: 'all',
};
const component = <Component style={style} />;
```

① GlobalEventHandlers.oninput，详见 https://developer.mozilla.org/zh-CN/docs/Web/API/GlobalEventHandlers/oninput。

1. 样式中的像素值

当设置 width 和 height 这类与大小有关的样式时，大部分会以像素为单位，此时若重复输入 px，会很麻烦。为了提高效率，React 会自动对这样的属性添加 px。比如：

```
// 渲染成 height: 10px
const style = { height: 10 };

ReactDOM.render(<Component style={style}>Hello</Component>, mountNode);
```

注意，有些属性除了支持 px 为单位的像素值，还支持数字直接作为值，此时 React 并不添加 px，如 lineHeight[①]。

2. 使用 classnames 库

在 React 0.13 版本之前，React 官方提供 React.addons.classSet 插件来给组件动态设置 className，这在后续版本中被移除（为了精简 API）。我们可以使用 classnames 库来操作类。

如果不使用 classnames 库，就需要这样处理动态类名：

```
import React, { Component } from 'react';

class Button extends Component {
  // ...
  render() {
    let btnClass = 'btn';

    if (this.state.isPressed) { btnClass += ' btn-pressed'; }
    else if (this.state.isHovered) { btnClass += ' btn-over'; }

    return <button className={btnClass}>{this.props.label}</button>;
  }
};
```

使用了 classnames 库代码后，就可以变得很简单：

```
import React, { Component } from 'react';
import classNames from 'classnames';

class Button extends Component {
  // ...
  render() {
    const btnClass = classNames({
      'btn': true,
      'btn-pressed': this.state.isPressed,
      'btn-over': !this.state.isPressed && this.state.isHovered,
    });

    return <button className={btnClass}>{this.props.label}</button>;
  }
});
```

① Shorthand for Specifying Pixel Values in style props，详见 https://facebook.github.io/react/tips/style-props-value-px.html。

2.3.2 CSS Modules

CSS 是前端领域中进化最慢的一块。由于 ES6 的快速普及以及 Babel 与 webpack 等工具的迅猛发展，相较于 JavaScript，CSS 被远远甩在了后面，逐渐成为各类大型项目工程化的痛点，也变成了前端走向彻底模块化前必须要解决的一个难题。

CSS 模块化的解决方案有很多，但主要有两类。

- Inline Style。这种方案彻底抛弃 CSS，使用 JavaScript 或 JSON 来写样式，能给 CSS 提供 JavaScript 同样强大的模块化能力。但缺点同样明显，Inline Style 几乎不能利用 CSS 本身的特性，比如级联、媒体查询（media query）等，`:hover` 和 `:active` 等伪类处理起来比较复杂。另外，这种方案需要依赖框架实现，其中与 React 相关的有 Radium、jsxstyle 和 react-style。
- CSS Modules。依旧使用 CSS，但使用 JavaScript 来管理样式依赖。CSS Modules 能最大化地结合现有 CSS 生态和 JavaScript 模块化能力，其 API 非常简洁，学习成本几乎为零。发布时依旧编译出单独的 JavaScript 和 CSS 文件。现在，webpack css-loader 内置 CSS Modules 功能。

下面我们详细介绍一下 CSS Modules 。

1. CSS 模块化遇到了哪些问题？

CSS 模块化重要的是解决好以下两个问题：CSS 样式的导入与导出。灵活按需导入以便复用代码，导出时要能够隐藏内部作用域，以免造成全局污染。Sass、Less、PostCSS 等试图解决 CSS 编程能力弱的问题，但这并没有解决模块化这个问题。Facebook 工程师 Vjeux 抛出了 React 开发中遇到的一系列 CSS 相关问题，结合实际开发的问题有以下几点。

- **全局污染**：CSS 使用全局选择器机制来设置样式，优点是方便重写样式。缺点是所有的样式都是全局生效，样式可能被错误覆盖，因此产生了非常丑陋的 `!important`，甚至 inline `!important` 和复杂的选择器权重计数表[①]，提高犯错概率和使用成本。Web Components 标准中的 Shadow DOM 能彻底解决这个问题，但它把样式彻底局部化，造成外部无法重写样式，损失了灵活性。
- **命名混乱**：由于全局污染的问题，多人协同开发时为了避免样式冲突，选择器越来越复杂，容易形成不同的命名风格，很难统一。样式变多后，命名将更加混乱。
- **依赖管理不彻底**：组件应该相互独立，引入一个组件时，应该只引入它所需要的 CSS 样式。现在的做法是除了要引入 JavaScript，还要再引入它的 CSS，而且 Saas/Less 很难实现对每个组件都编译出单独的 CSS，引入所有模块的 CSS 又造成浪费。JavaScript 的模块化已经非常成熟，如果能让 JavaScript 来管理 CSS 依赖是很好的解决办法，而 webpack 的 css-loader 提供了这种能力。

---

① Calculating a selector’s specificity，详见 https://www.w3.org/TR/selectors/#specificity。

- **无法共享变量**：复杂组件要使用 JavaScript 和 CSS 来共同处理样式，就会造成有些变量在 JavaScript 和 CSS 中冗余，而预编译语言不能提供跨 JavaScript 和 CSS 共享变量的这种能力。
- **代码压缩不彻底**：由于移动端网络的不确定性，现代工程项目对 CSS 压缩的要求已经到了变态的程度。很多压缩工具为了节省一个字节，会把 `16px` 转成 `1pc`，但是这对非常长的类名却无能为力。

上述问题只凭 CSS 自身是无法解决的，如果通过 JavaScript 来管理 CSS，就很好解决。因此，Vjuex 给出的解决方案是完全的 CSS in JS①，但这相当于完全抛弃 CSS，在 JavaScript 中以 hash 映射来写 CSS，但这种做法未免有些激进，直到出现了 CSS Modules。

2. CSS Modules 模块化方案

CSS Modules 内部通过 ICSS 来解决样式导入和导出这两个问题，分别对应 `:import` 和 `:export` 两个新增的伪类：

```
:import("path/to/dep.css") {
  localAlias: keyFromDep;
  /* ... */
}

:export {
  exportedKey: exportedValue;
  /* ... */
}
```

但直接使用这两个关键字编程太烦琐，项目中很少会直接使用它们，我们需要的是用 JavaScript 来管理 CSS 的能力。结合 webpack 的 css-loader，就可以在 CSS 中定义样式，在 JavaScript 文件中导入。

- ***启用 CSS Modules***

启用 CSS Modules 的代码如下：

```
// webpack.config.js
css?modules&localIdentName=[name]__[local]-[hash:base64:5]
```

加上 `modules` 即为启用，其中 `localIdentName` 是设置生成样式的命名规则。

下面我们直接看看怎么引用 CSS，webpack 又是怎么转化 class 名的：

```
/* components/Button.css */
.normal { /* normal 相关的所有样式 */ }
.disabled { /* disabled 相关的所有样式 */ }
```

将以上 CSS 保存好，然后用 `import` 的方法在 JavaScript 文件中引用：

① React: CSS in JS – NationJS，详见 http://blog.vjeux.com/2014/javascript/react-css-in-js-nationjs. html。

```
/* components/Button.js */
import styles from './Button.css';

console.log(styles);
// =>
// Object {
//   normal: 'button--normal-abc5436',
//   disabled: 'button--disabled-def884',
// }

buttonElem.outerHTML = `<button class=${styles.normal}>Submit</button>`
```

我们看到，最终生成的 HTML 是这样的：

```
<button class="button--normal-abc5436"> Processing... </button>
```

注意到 `button--normal-abc5436` 是 CSS Modules 按照 `localIdentName` 自动生成的 `class` 名称，其中 `abc5436` 是按照给定算法生成的序列码。经过这样混淆处理后，`class` 的名称基本就是唯一的，大大降低了项目中样式覆盖的几率。同时在生产环境下修改规则，生成更短的 `class` 名，可以提高 CSS 的压缩率。

CSS Modules 对 CSS 中的 `class` 名都做了处理，使用对象来保存原 `class` 和混淆后 `class` 的对应关系。通过这些简单的处理，CSS Modules 实现了以下几点：

- 所有样式都是局部化的，解决了命名冲突和全局污染问题；
- `class` 名的生成规则配置灵活，可以以此来压缩 `class` 名；
- 只需引用组件的 JavaScript，就能搞定组件所有的 JavaScript 和 CSS；
- 依然是 CSS，学习成本几乎为零。

- **样式默认局部**

使用了 CSS Modules 后，就相当于给每个 `class` 名外加了 `:local`，以此来实现样式的局部化。如果我们想切换到全局模式，可以使用 `:global` 包裹。示例代码如下：

```
.normal {
  color: green;
}

/* 以上与下面等价 */
:local(.normal) {
  color: green;
}

/* 定义全局样式 */
:global(.btn) {
  color: red;
}

/* 定义多个全局样式 */
:global {
```

```
  .link {
    color: green;
  }
  .box {
    color: yellow;
  }
}
```

- **使用 composes 来组合样式**

对于样式复用，CSS Modules 只提供了唯一的方式来处理——composes 组合。示例代码如下：

```
/* components/Button.css */
.base { /* 所有通用的样式 */ }

.normal {
  composes: base;
  /* normal 其他样式 */
}

.disabled {
  composes: base;
  /* disabled 其他样式 */
}

import styles from './Button.css';

buttonElem.outerHTML = `<button class=${styles.normal}>Submit</button>`
```

生成的 HTML 变为：

```
<button class="button--base-abc53 button--normal-abc53"> Processing... </button>
```

由于在 .normal 中组合了 .base，所以编译后的 normal 会变成两个 class。

此外，使用 composes 还可以组合外部文件中的样式：

```
/* settings.css */
.primary-color {
  color: #f40;
}

/* components/Button.css */
.base { /* 所有通用的样式 */ }

.primary {
  composes: base;
  composes: $primary-color from './settings.css';
  /* primary 其他样式 */
}
```

对于大多数项目，有了 composes 后，已经不再需要预编译处理器了。但如果想用的话，由于 composes 不是标准的 CSS 语法，编译时会报错，此时就只能使用预处理器自己的语法来做样式复用了。

- **class 命名技巧**

CSS Modules 的命名规范是从 BEM 扩展而来的。BEM 把样式名分为 3 个级别，具体如下所示。

- Block：对应模块名，如 Dialog。
- Element：对应模块中的节点名 Confirm Button。
- Modifier：对应节点相关的状态，如 disabled 和 highlight。

BEM 最终得到的 `class` 名为 `dialog__confirm-button--highlight`。使用双符号 `__` 和 `--` 是为了与区块内单词间的分隔符区分开来。虽然看起来有些奇特，但 BEM 被非常多的大型项目采用。

CSS Modules 中 CSS 文件名恰好对应 Block 名，只需要再考虑 Element 和 Modifier 即可。BEM 对应到 CSS Modules 的做法是：

```
/* .dialog.css */
.ConfirmButton--disabled {}
```

我们也可以不遵循完整的命名规范，使用小驼峰的写法把 Block 和 Modifier 放到一起：

```
/* .dialog.css */
.disabledConfirmButton {}
```

- **实现 CSS 与 JavaScript 变量共享**

上面提到的 `:export` 关键字可以把 CSS 中的变量输出到 JavaScript 中，例如：

```
/* config.scss */
$primary-color: #f40;

:export {
  primaryColor: $primary-color;
}

/* app.js */
import style from 'config.scss';

// 会输出 #F40
console.log(style.primaryColor);
```

3. CSS Modules 使用技巧

CSS Modules 是对现有的 CSS 做减法。为了追求简单可控，作者建议遵循如下原则：

- 不使用选择器，只使用 `class` 名来定义样式；
- 不层叠多个 `class`，只使用一个 `class` 把所有样式定义好；
- 所有样式通过 `composes` 组合来实现复用；
- 不嵌套。

其中前两条原则相当于削弱了样式中最灵活的部分，初学者很难接受。第一条实践起来难度不大，但第二条中模块状态过多时，class 数量将成倍上升。

上面之所以说“建议”，是因为 CSS Modules 并不强制我们一定要这么做。这听起来有些矛盾。由于多数 CSS 项目存在深厚的历史遗留问题，过多的限制就意味着增加迁移成本和与外部合作的成本。初期使用肯定需要一些折中。幸运的是，CSS Modules 这点做得很好。下面我们来列举一些常见问题。

(1) 如果我对一个元素使用多个 class 呢？

样式照样生效。

(2) 如果我在一个 style 文件中使用同名 class 呢？

这些同名 class 编译后虽然可能是随机码，但仍是同名的。

(3) 如果我在 style 文件中使用了 id 选择器、伪类和标签选择器等呢？

所有这些选择器将不被转换，原封不动地出现在编译后的 CSS 中。也就是说，CSS Modules 只会转换 class 名相关的样式。

4. CSS Modules 结合历史遗留项目实践

好的技术方案除了功能强大、炫酷，还要能做到现有项目能平滑迁移，CSS Modules 在这一点上表现得非常灵活。

- **外部如何覆盖局部样式**

当生成混淆的 class 名后，可以解决命名冲突，但因为无法预知最终的 class 名，不能通过一般选择器覆盖。我们现在在项目中的实践是可以给组件关键节点加上 data-role 属性，然后通过属性选择器来覆盖样式：

```
// dialog.js
return (
  <div className={styles.root} data-role="dialog-root">
    <a className={styles.disabledConfirm} data-role="dialog-confirm-btn">Confirm</a>
    ...
  </div>
);

// dialog.css
[data-role="dialog-root"] {
  // override style
}
```

因为 CSS Modules 只会转变类选择器，所以这里的属性选择器不需要添加 :global。

- **如何与全局样式共存**

前端项目不可避免地会引入 normalize.css 或其他一类全局 CSS 文件，使用 webpack 可以让全局样式和 CSS Modules 的局部样式和谐共存。下面是具体项目中使用的 webpack 部分配置代码：

```
module: {
  loaders: [{
    test: /\.jsx?$/,
    loader: 'babel',
  }, {
    test: /\.scss$/,
    exclude: path.resolve(__dirname, 'src/views'),
    loader: 'style!css?modules&localIdentName=[name]__[local]!sass?sourceMap=true',
  }, {
    test: /\.scss$/,
    include: path.resolve(__dirname, 'src/styles'),
    loader: 'style!css!sass?sourceMap=true',
  }]
}

/* src/app.js */
import './styles/app.scss';
import Component from './view/Component'

/* src/views/Component.js */
import './Component.scss';
```

目录结构如下：

```
src
├── app.js
├── styles
│   ├── app.scss
│   └── normalize.scss
└── views
    ├── Component.js
    └── Component.scss
```

这样所有全局的样式都放到 src/styles/app.scss 中引入就可以了，其他所有目录（包括 src/views）中的样式都是局部的。

CSS Modules 很好地解决了 CSS 目前面临的模块化难题。支持与预编译语言搭配使用，能充分利用现有技术，同时也能和全局样式灵活搭配。CSS Modules 的实现也属轻量级，未来有标准解决方案后，可以低成本迁移。

5. CSS Modules 结合 React 实践

在 className 处直接使用 CSS 中的 class 名即可：

```
/* dialog.css */
.root {}
.confirm {}
.disabledConfirm {}

/* dialog.js */
```

```
import React, { Component } from 'react';
import classNames from 'classnames';
import styles from './dialog.css';

class Dialog extends Component {
  render() {
    const cx = classNames({
      confirm: !this.state.disabled,
      disabledConfirm: this.state.disabled,
    });

    return (
      <div className={styles.root}>
        <a className={styles[cx]}>Confirm</a>
        ...
      </div>
    );
  }
}
```

注意，一般把组件最外层节点对应的 `class` 名称为 `root`。

React 本身处理样式与其他 View 库并没有太多区别，主要是直接操作样式或是操作 classname 间接操作样式的不同罢了。而与 CSS Modules 的深度结合可能是 React 的一大特点。想象一下 CSS 模块化的远景，我们离成熟的 Web 组件化梦想的道路越来越近了。

如果不想频繁地输入 `styles.**`，可以使用 react-css-modules 库。它通过高阶组件的形式来避免重复输入 `styles.**`。我们来重写上述例子：

```
import React, { Component } from 'react';
import classNames from 'classnames';
import CSSModules from 'react-css-modules';
import styles from './dialog.css';

class Dialog extends Component {
  render() {
    const cx = classNames({
      confirm: !this.state.disabled,
      disabledConfirm: this.state.disabled,
    });

    return (
      <div styleName="root">
        <a styleName={cx}>Confirm</a>
        ...
      </div>
    );
  }
}

export default CSSModules(Dialog, styles);
```

此外，对比原始的 CSS Modules，有以下几个优点：

- 我们不用再关注是否使用驼峰来命名 class 名；
- 我们不用每一次使用 CSS Modules 的时候都关联 style 对象；
- 使用 CSS Modules，容易使用 :global 去解决特殊情况，使用 react-css-modules 可写成 <div className="global-css" styleName="local-module"></div>，这种形式轻松对应全局和局部；
- 当 styleName 关联了一个 undefined CSS Modules 时，我们会得到一个警告；
- 我们可以强迫使用单一的 CSS Modules。

2.4　组件间通信

React 是以组合组件的形式组织的，组件因为彼此是相互独立的，从传递信息的内容上看，几乎所有类型的信息都可以实现传递，例如字符串、数组、对象、方法或自定义组件等。所以，在嵌套关系上，就会有 3 种不同的可能性：父组件向子组件通信、子组件向父组件通信和没有嵌套关系的组件之间通信。

接下来，我们会重点讨论这 3 种不同的通信方式。其中在父组件向子组件通信后，我们还扩展了一种特殊形式——跨级组件通信。

2.4.1　父组件向子组件通信

这种方式在 1.4 节中已经有较为详细的说明，React 数据流动是单向的，父组件向子组件的通信也是最常见的方式。父组件通过 props 向子组件传递需要的信息。我们通过一个列表组件 List，并将其中的项抽象成 ListItem 组件来温习这个过程：

```
import React, { Component } from 'react';

function ListItem({ value }) {
  return (
    <li>
      <span>{value}</span>
    </li>
  );
}

function List({ list, title }) {
  return (
    <div>
      <ListTitle title={title} />
      <ul>
        {list.map((entry, index) => (
          <ListItem key={`list-${index}`} value={entry.text} />
        ))}
      </ul>
```

```
      </div>
    );
  }
```

当我们需要传递每一个 ListItem 的值时，先通过向 List 传递一个数组，然后遍历数组中的值传递给子组件 ListItem 来完成渲染。

2.4.2 子组件向父组件通信

在用 React 之前的组件开发模式时，常常需要接收组件运行时的状态，这时我们常用的方法有以下两种。

- **利用回调函数**：这是 JavaScript 灵活方便之处，这样就可以拿到运行时状态。
- **利用自定义事件机制**：这种方法更通用，使用也更广泛。设计组件时，考虑加入事件机制往往可以达到简化组件 API 的目的。

在 React 中，子组件向父组件通信可以使用上面的任意一种方法，但在这种简单的场景下利用自定义事件显然过于复杂，为了达到目的，一般会选择较为简单的方法。

现在我们在 ListItem 组件上加上 `checkbox`，并要求勾选动作触发后把选中的项暴露出来：

```
import React, { Component } from 'react';

class ListItem extends Component {
  static defaultProps = {
    text: '',
    checked: false,
  }

  render() {
    return (
      <li>
        <input type="checkbox" checked={this.props.checked}
          onChange={this.props.onChange} />
        <span>{this.props.value}</span>
      </li>
    );
  }
}

class List extends Component {
  static defaultProps = {
    list: [],
    handleItemChange: () => {},
  };

  constructor(props) {
    super(props);

    this.state = {
      list: this.props.list.map(entry => ({
```

```
        text: entry.text,
        checked: entry.checked,
      })),
    };
  }

  onItemChange(entry) {
    const { list } = this.state;

    this.setState({
      list: list.map(prevEntry => ({
        text: prevEntry.text,
        checked: prevEntry.text === entry.text ?
          !prevEntry.checked : prevEntry.checked,
      })),
    });

    this.props.handleItemChange(entry);
  }

  render() {
    return (
      <div>
        <ul>
          {this.state.list.map((entry, index) => (
            <ListItem
              key={`list-${index}`}
              value={entry.text}
              checked={entry.checked}
              onChange={this.onItemChange.bind(this, entry)}
            />
          ))}
        </ul>
      </div>
    );
  }
}
```

在上述例子中，我们在 List 组件中构造了 `handleItemChange` 方法，这样在使用 List 组件时，就可以在运行时拿到改变的项对应的值。比如：

```
import React, { Component } from 'react';

class App extends Component {
  constructor(props) {
    super(props);

    this.handleItemChange = this.handleItemChange.bind(this);
  }

  handleItemChange(item) {
    // console.log(item);
  }
```

```
  render() {
    return (
      <List
        list={[{text: 1}, {text: 2}]}
        handleItemChange={this.handleItemChange}
      />
    );
  }
}
```


观察一下实现方法，可以发现它与传统回调函数的实现方法一样。在前端开发过程中，普适的方法在任何库或框架下都是适用的。此外，我们看到 setState 一般与回调函数均会成对出现，这是因为回调函数即是转换内部状态时的函数传统。

2.4.3 跨级组件通信

当需要让子组件跨级访问信息时，我们可以像之前说的方法那样向更高级别的组件层层传递 props，但此时的代码显得不那么优雅，甚至有些冗余。在 React 中，我们还可以使用 context 来实现跨级父子组件间的通信：

```
class ListItem extends Component {
  static contextTypes = {
    color: PropTypes.string,
  };

  render() {
    const { value } = this.props;

    return (
      <li style={{background: this.context.color}}>
        <span>{value}</span>
      </li>
    );
  }
}

class List extends Component {
  static childContextTypes = {
    color: PropTypes.string,
  };

  getChildContext() {
    return {
      color: 'red',
    };
  }

  render() {
    const { list } = this.props;
```

```
      return (
        <div>
          <ListTitle title={title} />
          <ul>
            {list.map((entry, index) => (
              <ListItem key={`list-${index}`} value={entry.text} />
            ))}
          </ul>
        </div>
      );
    }
  }
```

可以看到，我们并没有给 ListItem 传递 props，而是在父组件中定义了 ChildContext，这样从这一层开始的子组件都可以拿到定义的 context，例如这里的 color。

事实上，context 一直存在于 React 的源码中，但直到 React 0.14 版本才被正式记录在官方文档里。不过 React 官方并不建议大量使用 context，因为尽管它可以减少逐层传递，但当组件结构复杂的时候，我们并不知道 context 是从哪里传过来的。Context 就像一个全局变量一样，而全局变量正是导致应用走向混乱的罪魁祸首之一，给组件带来了外部依赖的副作用。在大部分情况下，我们并不推荐使用 context 。使用 context 比较好的场景是真正意义上的全局信息且不会更改，例如界面主题、用户信息等。

Redux 作者 Dan Abramov 对于这个不稳定的属性总结了一个非常有意思的 cheatsheet：

```
function shouldIUseReactContextFeature() {
  if (amILirarayAuthor() && doINeedToPassSomethingDownDeeply()) {
    // 一个自定义的 <option> 组件可能想与它的 <select> 对话
    // 这是可以的，但要记住，这是一个实验性的 API，如果在一些情况下不能更新成功，
    // 那么可能需要回滚更改它
    return amIFineWith(API_CHANGES && BUGGY_UPDATES);
  }

  if (myUseCase === 'theming' || myUseCase === 'localization') {
    // 在应用中，context 一般用于不太会改变的全局变量
    // 如果你坚持使用它，可以提供一个高阶组件
    // 当我们要更改这个 API 的时候，只需要改一个地方就可以了
    return iPromiseToWriteHOCInsteadOfUsingItDirecly();
  }

  if (libraryAskMeToUseContext()) {
    // 向它们提供一个高阶组件
    throw new Error('File an issue with this library.');
  }

  // 祝你好运
  return yolo();
}
```

因此，总体的原则是如果我们真的需要它，那么建议写成高阶组件来实现。有关高阶组件的内容，在 2.5 节中就会讲到。

2.4.4 没有嵌套关系的组件通信

没有嵌套关系的，那只能通过可以影响全局的一些机制去考虑。刚才讲到的自定义事件机制不失为一种上佳的方法。

我们在处理事件的过程中需要注意，在 componentDidMount 事件中，如果组件挂载完成，再订阅事件；当组件卸载的时候，在 componentWillUnmount 事件中取消事件的订阅。

我们就以常用的发布/订阅模式来举例，这里借用 Node.js Events 模块的浏览器版实现。

对于 React 使用的场景来说，EventEmitter 只需要单例就可以了，因此我们需要单独初始化 EventEmitter 实例：

```
import { EventEmitter } from 'events';

export default new EventEmitter();
```

然后把 EventEmitter 实例输出到各组件中使用：

```
import ReactDOM from 'react-dom';
import React, { Component, PropTypes } from 'react';
import emitter from './events';

class ListItem extends Component {
  static defaultProps = {
    checked: false,
  }

  constructor(props) {
    super(props);
  }

  render() {
    return (
      <li>
        <input type="checkbox" checked={this.props.checked} onChange={this.props.onChange} />
        <span>{this.props.value}</span>
      </li>
    );
  }
}

class List extends Component {
  constructor(props) {
    super(props);

    this.state = {
      list: this.props.list.map(entry => ({
        text: entry.text,
        checked: entry.checked || false,
      })),
    };
```

```
  }

  onItemChange(entry) {
    const { list } = this.state;

    this.setState({
      list: list.map(prevEntry => ({
        text: prevEntry.text,
        checked: prevEntry.text === entry.text ?
          !prevEntry.checked : prevEntry.checked,
      }))
    });

    emitter.emit('ItemChange', entry);
  }

  render() {
    return (
      <div>
        <ul>
          {this.state.list.map((entry, index) => (
            <ListItem
              key={`list-${index}`}
              value={entry.text}
              checked={entry.checked}
              onChange={this.onItemChange.bind(this, entry)}
            />
          ))}
        </ul>
      </div>
    );
  }
}

class App extends Component {
  componentDidMount() {
    this.itemChange = emitter.on('ItemChange', (data) => {
      console.log(data);
    });
  }

  componentWillUnmount() {
    emitter.removeListener(this.itemChange);
  }

  render() {
    return (
      <List list={[{text: 1}, {text: 2}]} />
    );
  }
}
```

为了方便开发者对比，这里还是借用上述例子，尽管是有嵌套关系的，但原理是一致的。

一般情况下，组件之间的通信尽可能保持简洁。如果说程序中出现多级传递或跨级传递时，那么首先要重新审视一下是否有更合理的方式。Pub/Sub 模式实现的过程非常容易理解，即利用全局对象来保存事件，用广播的方式去处理事件。这种常规的设计方法在软件开发中处处可见，但这种模式带来的问题就是逻辑关系混乱。

在上述几种通信模式中，跨级通信往往是反模式的典型案例。对于应用开发来说，应该尽力避免仅仅通过例如 Pub/Sub 实现的设计思路，加入强依赖与约定来进一步梳理流程是更好的方法，这将在第 4 章再深入讨论。

2.5　组件间抽象

在 React 组件的构建过程中，常常有这样的场景，有一类功能需要被不同的组件公用，此时就涉及抽象的话题。在不同的设计理念下，有许多的抽象方法，而针对 React，我们重点讨论两种：mixin 和高阶组件。

2.5.1　mixin

首先，我们就从 mixin 的来源和含义来解说如何抽象公共方法。

1. 使用 mixin 的缘由

mixin 的特性一直广泛存在于各种面向对象语言中。尤其在脚本语言中，大都有原生的支持，比如 Perl、Ruby、Python，甚至连 Sass 也支持。先来看一个在 Ruby 中使用 mixin 的简单例子：

```
module D
  def initialize(name)
    @name = name
  end
  def to_s
    @name
  end
end

module Debug
  include D
  def who_am_i?
    "#{self.class.name} (\##{self.object_id}): #{self.to_s}"
  end
end

class Phonograph
  include Debug
  # ...
end

class EightTrack
  include Debug
```

```
  # ...
end

ph = Phonograph.new("West End Blues")
et = EightTrack.new("Real Pillow")
puts ph.who_am_i?  # Phonograph (#-72640448): West End Blues
puts et.who_am_i?  # EightTrack (#-72640468): Real Pillow
```

在 Ruby 中，include 关键词即是 mixin，是将一个模块混入到一个另一个模块中，或是一个类中。为什么编程语言要引入这样一种特性呢？事实上，包括 C++ 等一些年龄较大的 OOP 语言，它们都有一个强大但危险的多重继承特性。现代语言为了权衡利弊，大都舍弃了多重继承，只采用单继承，但单继承在实现抽象时有诸多不便之处。为了弥补缺失，Java 引入了接口（interface），其他一些语言则引入了像 mixin 的技巧，方法虽然不同，但都是为创造一种类似多重继承的效果，事实上说它是组合更为贴切。

在 ECMAScript 历史中，并没有严格的类实现，早期 YUI、MooTools 这些类库中都有自己封装类的实现，并引入了 mixin 混用模块的方法。直到今天，ES6 引入 class 语法，各种类库也在向着标准化靠拢。

2. 封装 mixin 方法

看到这里，我们已经知道了广义的 mixin 方法的作用，现在试着自己封装一个 mixin 方法来感受一下：

```
const mixin = function(obj, mixins) {
  const newObj = obj;
  newObj.prototype = Object.create(obj.prototype);

  for (let prop in mixins) {
    if (mixins.hasOwnProperty(prop)) {
      newObj.prototype[prop] = mixins[prop];
    }
  }

  return newObj;
}

const BigMixin = {
  fly: () => {
    console.log('I can fly');
  }
};

const Big = function() {
  console.log('new big');
};

const FlyBig = mixin(Big, BigMixin);

const flyBig = new FlyBig(); // => 'new big'
```

```
flyBig.fly(); // => 'I can fly'
```

对于广义的 mixin 方法，就是用赋值的方式将 mixin 对象里的方法都挂载到原对象上，来实现对对象的混入。

看到上述实现，是否会联想到 underscore 库中的 `extend` 或 lodash 库中的 `assign` 方法，或者说 ES6中的 `Object.assign()` 方法？它的作用是什么呢？MDN 上的解释是把任意多个源对象所拥有的自身可枚举属性复制给目标对象，然后返回目标对象。

因为 JavaScript 这门语言比较特别，在没有提到 ES6 classes 之前，并没有真正的类，仅是用方法去模拟对象，其中 `new` 方法用于创建实例。正因为对类的支持或限制这样弱，它才会那么灵活，上述 mixin 的过程就像复制对象一样。

那问题是组件中的 mixin 也是这样的吗？

3. 在 React 中使用 mixin

React 在使用 `createClass` 构建组件时提供了 mixin 属性，比如官方封装的 `PureRenderMixin`：

```
import React from 'react';
import PureRenderMixin from 'react-addons-pure-render-mixin';

React.createClass({
  mixins: [PureRenderMixin],

  render() {
    return <div>foo</div>;
  }
});
```

在 `createClass` 对象参数中传入数组 `mixins`，里面封装了我们所需要的模块。`mixins` 数组也可以增加多个 mixin，其每一个 mixin 方法之间的有重合，对于普通方法和生命周期方法是有所区分的。

在不同的 mixin 里实现两个名字一样的普通方法，按理说，后面的方法应该会覆盖前面的方法。那么，在 React 中是否一样会覆盖呢？事实上，它并不会覆盖，而是在控制台里报了一个在 `ReactClassInterface` 里的错误，指出你尝试在组件中多次定义一个方法，这会造成冲突。因此，在 React 中是不允许出现重名普通方法的 mixin。

如果是 React 生命周期定义的方法，则会将各个模块的生命周期方法叠加在一起顺序执行。

我们看到，使用 `createClass` 实现的 mixin 为组件做了两件事。

- **工具方法**。这是 mixin 的基本功能，如果你想共享一些工具类方法，就可以定义它们，直接在各个组件中使用。
- **生命周期继承**，props 与 state 合并。这是 mixin 特别重要的功能，它能够合并生命周期方法。如果有很多 mixin 来定义 `componentDidMount` 这个周期，那么 React 会非常智能地将它们都合并起来执行。同样，mixin 也可以作用在 getInitialState 的结果上，作 state 的合并，而 props 也是这样合并的。

4. ES6 Classes 与 decorator

然而，使用我们推荐的 ES6 classes 形式构建组件时，它并不支持 mixin。React 文档中也未能给出解决方法，但如此重要的特性没有解决方案，也是一件令人十分困扰的事情。为了可以使用这个强大的功能，我们还得想想是否有其他方法，可以用来达到重用模块的目的。先回归到 ES6 classes，我们来想想如何封装 mixin。

要在 class 的基础上封装 mixin，就要说到 class 的本质。ES6 并没有改变 JavaScript 面向对象方法基于原型的本质，不过在此之上提供了一些语法糖，class 就是其中之一。

对于实现 mixin 方法来说，这就没什么不一样了。但既然讲到了语法糖，就来讲讲另一个语法糖 decorator，正巧可以用来实现 class 上的 mixin。

decorator 是在 ES7 中定义的新特性，与 Java 中的 pre-defined annotation（预定义注解）相似。但与 Java 的 annotation 不同的是，decorator 是运用在运行时的方法。在 Redux 或其他一些应用层框架中，越来越多地使用 decorator 以实现对组件的“修饰”。现在，我们使用 decorator 来实现 mixin。

core-decorators 库为开发者提供了一些实用的 decorator，其中实现了我们正想要的 @mixin。下面解读一下其核心实现：

```
import { getOwnPropertyDescriptors } from './private/utils';

const { defineProperty } = Object;

function handleClass(target, mixins) {
  if (!mixins.length) {
    throw new SyntaxError(`@mixin() class ${target.name} requires at least one mixin as an argument`);
  }

  for (let i = 0, l = mixins.length; i < l; i++) {
    // 获取 mixins 的 attributes 对象
    const descs = getOwnPropertyDescriptors(mixins[i]);

    // 批量定义 mixins 的 attributes 对象
    for (const key in descs) {
      if (!(key in target.prototype)) {
        defineProperty(target.prototype, key, descs[key]);
      }
    }
  }
}

export default function mixin(...mixins) {
  if (typeof mixins[0] === 'function') {
    return handleClass(mixins[0], []);
```

```
    } else {
      return target => {
        return handleClass(target, mixins);
      };
    }
  }
```

可以看到，源代码十分简单，它将每一个 mixin 对象的方法都叠加到 `target` 对象的原型上以达到 mixin 的目的。这样，就可以用 `@mixin` 来做多个重用模块的叠加了。比如：

```
import React, { Component } from 'react';
import { mixin } from 'core-decorators';

const PureRender = {
  shouldComponentUpdate() {}
};

const Theme = {
  setTheme() {}
};

@mixin(PureRender, Theme)
class MyComponent extends Component {
  render() {}
}
```

细心的你应该已经发现了这个 mixin 与 `createClass` 中的 mixin 的区别。上述实现中，mixin 的逻辑和最早实现的简单逻辑很相似，之前直接给对象的 `prototype` 属性赋值，但这里用了 `getOwnPropertyDescriptor` 和 `defineProperty` 这两个方法，有什么区别呢？

事实上，这样实现的好处在于 `defineProperty` 这个方法，也就是定义与赋值的区别，定义是对已有的定义，赋值则是覆盖已有的定义。所以说前者并不会覆盖已有方法，但后者会。本质上与官方的 mixin 方法都很不一样，除了定义方法级别不能覆盖之外，还得加上对生命周期方法的继承，以及对 state 的合并。

再回到 decorator 身上，上述只是作用在类上的方法，还有作用在方法上的，它可以控制方法的自有属性，也可以作 decorator 的工厂方法。在其他语言里，decorator 用途广泛，具体扩展不在本书讨论的范围。

对于 React，我们自然可以用上述方法来实现 mixin。但不幸的是，社区从 0.14 版本开始渐渐开始剥离 mixin。那么，到底是什么原因导致 mixin 成为反模式了呢？

5. mixin 的问题

我们认可 mixin 给组件开发带来抽象的好处，但随着大量使用 mixin，它的问题也渐渐暴露出来了。Dan Abramov 是最早提出这个问题的人，他总结了 mixin 最大的一些问题①。

---

① Mixins Considered Harmful，详见 https://facebook.github.io/react/blog/2016/07/13/mixins-considered-harmful.html。

● **破坏了原有组件的封装**

我们知道 mixin 方法会混入方法，给原有组件带来新的特性，比如 mixin 中有一个 `renderList` 方法，给我们带来了渲染 List 的能力，但它也可能带来了新的 state 和 props，这意味着组件有一些“不可见”的状态需要我们去维护，但我们在使用的时候并不清楚。此外，`renderList` 中的方法会有调用组件中的方法，但很可能被其他 mixin 截获，带来很多不可知。

另外，mixin 也有可能去依赖其他的 mixin，这样会建立一个 mixin 的依赖链，当我们改动其中一个 mixin 的状态时，很可能会直接影响其他的 mixin。解决方法是可以约定好输入和输出。但不幸的是，mixin 是平面结构，所有方法都在同一个环境中，我们没法做到很好的约定。

● **命名冲突**

刚才也提到了，mixin 是平面结构，那么不同 mixin 中的命名在不可知的情况，重用的情况是不可控的。尤其是像 `handleChange` 这样常见的名字，我们不能在两个 mixin 中同时使用，也不能在自己的组件中使用这个名字的方法。

尽管我们可以通过更改名字来解决，但遇到第三方引用，或已经引用了几个 mixin 的情况下，总是要花一定的成本去解决冲突。

● **增加复杂性**

在过去写 mixin 的时候，是不是常遇到这样的情形：我们设计一个组件，引入名为 `PopupMixin` 的 mixin，这样就给组件引进了 `PopupMixin` 生命周期方法，还有 `hidePopup()`、`startPopup()` 等方法。当我们再引入`HoverMixin`时，将有更多的方法被引进，比如 `handleMouseEnter()`、`handleMouseLeave()`、`isHovering()`方法。当然，我们可以进一步抽象出 `TooltipMixin`，将两个整合在一起，但我们发现它们都有 `componentDidUpdate` 方法。

几个月后，再去看组件的实现时，会发现代码已经没法维护，它的逻辑已经复杂到难以理解。写 React 组件时，我们首先考虑的往往是单一的功能、简洁的设计和逻辑。当加入功能的时候，可以继续控制组件的输入和输出。如果说因为复杂性，我们不断加入新的状态，那么组件肯定会因此变得非常难以维护。

针对这些困扰，React 社区提出了新的方式来取代 mixin，那就是高阶组件。

2.5.2　高阶组件

higher-order 这个单词相信各位开发者都很熟悉，higher-order function（高阶函数）在函数式编程中是一个基本的概念，它描述的是这样一种函数：这种函数接受函数作为输入，或是输出一个函数。比如，常用的工具方法 `map`、`reduce` 和 `sort` 等都是高阶函数。

高阶组件（higher-order component），类似于高阶函数，它接受 React 组件作为输入，输出一个新的 React 组件。我们用 Haskell 的函数签名来表达，那就是：

```
hocFactory:: W: React.Component => E: React.Component
```

用通俗的语言解释就是，当 React 组件被包裹时（wrapped），高阶组件会返回一个增强（enhanced）的 React 组件。可以想象，高阶组件让我们的代码更具有复用性、逻辑性与抽象特性。它可以对 `render` 方法作劫持，也可以控制 props 与 state。

实现高阶组件的方法有如下两种。

- **属性代理（props proxy）**。高阶组件通过被包裹的 React 组件来操作 props。
- **反向继承（inheritance inversion）**。高阶组件继承于被包裹的 React 组件。

接着，我们来讲述这两种方法。

1. 属性代理

属性代理是常见高阶组件的实现方法，我们通过一个例子来说明：

```
import React, { Component } from 'react';

const MyContainer = (WrappedComponent) =>
  class extends Component {
    render() {
      return <WrappedComponent {...this.props} />;
    }
  }
```

从这里看到最重要的部分是 `render` 方法中返回了传入 WrappedComponent 的 React 组件。这样，我们就可以通过高阶组件来传递 props，这种方法即为属性代理。

自然，我们想要使用 MyContainer 这个高阶组件就变得非常容易：

```
import React, { Component } from 'react';

class MyComponent extends Component {
  // ...
}

export default MyContainer(MyComponent);
```

这样组件就可以一层层地作为参数被调用，原始组件就具备了高阶组件对它的修饰。就这么简单，保持单个组件封装性的同时还保留了易用性。当然，我们也可以用 decorator 来转换：

```
import React, { Component } from 'react';

@MyContainer
class MyComponent extends Component {
  render() {}
}

export default MyComponent;
```

简单地替换成作用在类上的 decorator，即接收需要装饰的类为参数，返回一个新的内部类。这与高阶组件的定义完全一致。因此，可以认为作用在类上的 decorator 语法糖简化了高阶组件的调用。

当使用属性代理构建高阶组件时，调用顺序不同于 mixin。上述执行生命周期的过程类似于**堆栈调用**：

```
didmount→HOC didmount→(HOCs didmount)→(HOCs will unmount)→HOC will unmount→unmount
```

从功能上，高阶组件一样可以做到像 mixin 对组件的控制，包括控制 props、通过 `refs` 使用引用、抽象 state 和使用其他元素包裹 WrappedComponent。

接着，我们对它的功能一一进行解释。

- **控制 props**

我们可以读取、增加、编辑或是移除从 WrappedComponent 传进来的 props，但需要小心删除与编辑重要的 props。我们应该尽可能对高阶组件的 props 作新的命名以防止混淆。

例如，我们需要增加一个新的 prop：

```
import React, { Component } from 'react';

const MyContainer = (WrappedComponent) =>
  class extends Component {
    render() {
      const newProps = {
        text: newText,
      };
      return <WrappedComponent {...this.props} {...newProps} />;
    }
  }
```

当调用高阶组件时，可以用 `text` 这个新的 props 了。对于原组件来说，只要套用这个高阶组件，我们的新组件中就会多一个 `text` 的 prop。

- **通过 `refs` 使用引用**

在高阶组件中，我们可以接受 `refs` 使用 WrappedComponent 的引用。例如：

```
import React, { Component } from 'react';

const MyContainer = (WrappedComponent) =>
  class extends Component {
    proc(wrappedComponentInstance) {
      wrappedComponentInstance.method();
    }

    render() {
      const props = Object.assign({}, this.props, {
        ref: this.proc.bind(this),
```

```
    });
    return <WrappedComponent {...props} />;
  }
}
```

当 WrappedComponent 被渲染时，`refs` 回调函数就会被执行，这样就会拿到一份WrappedComponent 实例的引用。这就可以方便地用于读取或增加实例的 props，并调用实例的方法。

- **抽象 state**

我们可以通过 WrappedComponent 提供的 props 和回调函数抽象 state，这个功能将在 4.1 节中解释。高阶组件可以将原组件抽象为展示型组件，分离内部状态。

下面通过抽象一个 input 组件来举例：

```
import React, { Component } from 'react';

const MyContainer = (WrappedComponent) =>
  class extends Component {
    constructor(props) {
      super(props);
      this.state = {
        name: '',
      };

      this.onNameChange = this.onNameChange.bind(this);
    }

    onNameChange(event) {
      this.setState({
        name: event.target.value,
      })
    }

    render() {
      const newProps = {
        name: {
          value: this.state.name,
          onChange: this.onNameChange,
        },
      }
      return <WrappedComponent {...this.props} {...newProps} />;
    }
  }
```

在这个例子中，我们把 input 组件中对 `name` prop 的 `onChange` 方法提取到高阶组件中，这样就有效地抽象了同样的 state 操作。可以这么来使用它：

```
import React, { Component } from 'react';

@MyContainer
class MyComponent extends Component {
```

```
    render() {
      return <input name="name" {...this.props.name} />;
    }
  }
```

通过这样的封装，我们就得到了一个被控制的 input 组件。

● **使用其他元素包裹 WrappedComponent**

此外，我们还可以使用其他元素来包裹 WrappedComponent，这既可以是为了加样式，也可以是为了布局。比如，我们增加一层来定义样式：

```
import React, { Component } from 'react';

const MyContainer = (WrappedComponent) =>
  class extends Component {
    render() {
      return (
        <div style={{display: 'block'}}>
          <WrappedComponent {...this.props} />
        </div>
      )
    }
  }
```

下面我们再来讨论一下高阶组件与 mixin 的不同之处，如图 2-1 所示。

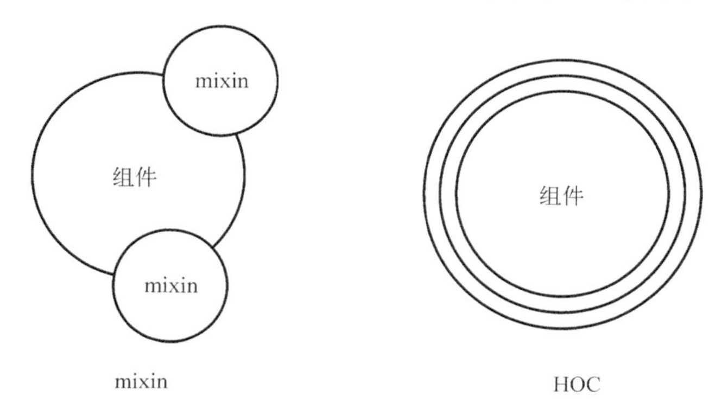

图 2-1　mixin 与高阶组件的区别

图 2-1 其实已经很清晰地表达了 mixin 与高阶组件的不同之处。简单来说，高阶组件符合函数式编程思想。对于原组件来说，并不会感知到高阶组件的存在，只需要把功能套在它之上就可以了，从而避免了使用 mixin 时产生的副作用。

2. 反向继承

另一种构建高阶组件的方法称为反向继承，从字面意思上看，它一定与继承特性相关。我们同样来看一个简单的实现：

```
const MyContainer = (WrappedComponent) =>
  class extends WrappedComponent {
    render() {
      return super.render();
    }
  }
```

正如所见，高阶组件返回的组件继承于 WrappedComponent。因为被动地继承了 WrappedComponent，所有的调用都会反向，这也是这种方法的由来。

2

这种方法与属性代理不太一样。它通过继承 WrappedComponent 来实现，方法可以通过 super 来顺序调用。因为依赖于继承的机制，HOC 的调用顺序和队列是一样的：

```
didmount→HOC didmount→(HOCs didmount)→will unmount→HOC will unmount→(HOCs will unmount)
```

在反向继承方法中，高阶组件可以使用 WrappedComponent 引用，这意味着它可以使用 WrappedComponent 的 state、props 、生命周期和 render 方法。但它不能保证完整的子组件树被解析。

它有两个比较大的特点，下面我们展开来讲一讲。

- **渲染劫持**

渲染劫持指的就是高阶组件可以控制 WrappedComponent 的渲染过程，并渲染各种各样的结果。我们可以在这个过程中在任何 React 元素输出的结果中读取、增加、修改、删除 props，或读取或修改 React 元素树，或条件显示元素树，又或是用样式控制包裹元素树。

正如之前说到的，反向继承不能保证完整的子组件树被解析，这意味着将限制渲染劫持功能。渲染劫持的经验法则是我们可以操控 WrappedComponent 的元素树，并输出正确的结果。但如果元素树中包括了函数类型的 React 组件，就不能操作组件的子组件。

我们先来看条件渲染的示例：

```
const MyContainer = (WrappedComponent) =>
  class extends WrappedComponent {
    render() {
      if (this.props.loggedIn) {
        return super.render();
      } else {
        return null;
      }
    }
  }
```

第二个示例是我们可以对 render 的输出结果进行修改：

```
const MyContainer = (WrappedComponent) =>
  class extends WrappedComponent {
    render() {
      const elementsTree = super.render();
      let newProps = {};
```

```
      if (elementsTree && elementsTree.type === 'input') {
        newProps = {value: 'may the force be with you'};
      }
      const props = Object.assign({}, elementsTree.props, newProps);
      const newElementsTree = React.cloneElement(elementsTree, props, elementsTree.props.children);
      return newElementsTree;
    }
  }
```

在这个例子中，WrappedComponent 的渲染结果中，顶层的 input 组件的 `value` 被改写为 `may the force be with you`。因此，我们可以做各种各样的事，甚至可以反转元素树，或是改变元素树中的 props。这也是 Radium 库构造的方法。

● **控制 state**

高阶组件可以读取、修改或删除 WrappedComponent 实例中的 state，如果需要的话，也可以增加 state。但这样做，可能会让 WrappedComponent 组件内部状态变得一团糟。大部分的高阶组件都应该限制读取或增加 state，尤其是后者，可以通过重新命名 state，以防止混淆。

我们来看一个例子：

```
const MyContainer = (WrappedComponent) =>
  class extends WrappedComponent {
    render() {
      return (
        <div>
          <h2>HOC Debugger Component</h2>
          <p>Props</p> <pre>{JSON.stringify(this.props, null, 2)}</pre>
          <p>State</p><pre>{JSON.stringify(this.state, null, 2)}</pre>
          {super.render()}
        </div>
      );
    }
  }
```

在这个例子中，显示了 WrappedComponent 的 props 和 state，以方便我们在程序中去调试它们。

3. 组件命名

当包裹一个高阶组件时，我们失去了原始 WrappedComponent 的 `displayName`，而组件名字是方便我们开发与调试的重要属性。

那可以怎么做呢？这里可以参考 react-redux 库中的实现：

```
HOC.displayName = `HOC(${getDisplayName(WrappedComponent)})`;

// 或者

class HOC extends ... {
  static displayName = `HOC(${getDisplayName(WrappedComponent)})`;
  ...
```

```
}
```

getDisplayName 方法可以这样来实现：

```
function getDisplayName(WrappedComponent) {
  return WrappedComponent.displayName ||
         WrappedComponent.name ||
         'Component';
}
```


或可以使用 recompose 库，它已经帮我们实现了相应的方法。

4. 组件参数

有时，我们调用高阶组件时需要传入一些参数，这可以用非常简单的方式来实现：

```
import React, { Component } from 'react';

function HOCFactoryFactory(...params) {
  // 可以做一些改变 params 的事
  return function HOCFactory(WrappedComponent) {
    return class HOC extends Component {
      render() {
        return <WrappedComponent {...this.props} />;
      }
    }
  }
}
```

当你使用的时候，可以这么写：

```
HOCFactoryFactory(params)(WrappedComponent)

// 或者

@HOCFatoryFactory(params)
class WrappedComponent extends React.Component{}
```

这也是利用了函数式编程的特性。可见，在 React 抽象的过程中，处处可见它的影子。

2.5.3 组合式组件开发实践

之前我们多次提到，使用 React 开发组件时利用 props 传递参数。也就是说，用参数来配置组件是我们最常用的封装方式。在一般场景中，仅修改组件用于配置的 props，就可以满足需求。但随着场景发生变化，组件的形态也发生变化时，我们就必须不断增加 props 去应对变化，此时便会导致 props 的泛滥，而在扩展过程中又必须保证组件向下兼容，只增不减，使组件的可维护性降低。

因此，我们就可以利用上述高阶组件的思想，提出组件组合式开发模式，有效地解决了配置式所存在的一些问题。

1. 组件再分离

当然，我们期望组件是没有冗余的，组件与组件间视图重叠的部分应当被抽离出来，形成颗粒度更细小的原子组件，使组件组合充满更多的可能。先来看一下比较典型的 3 个公共组件，如图 2-2 所示。

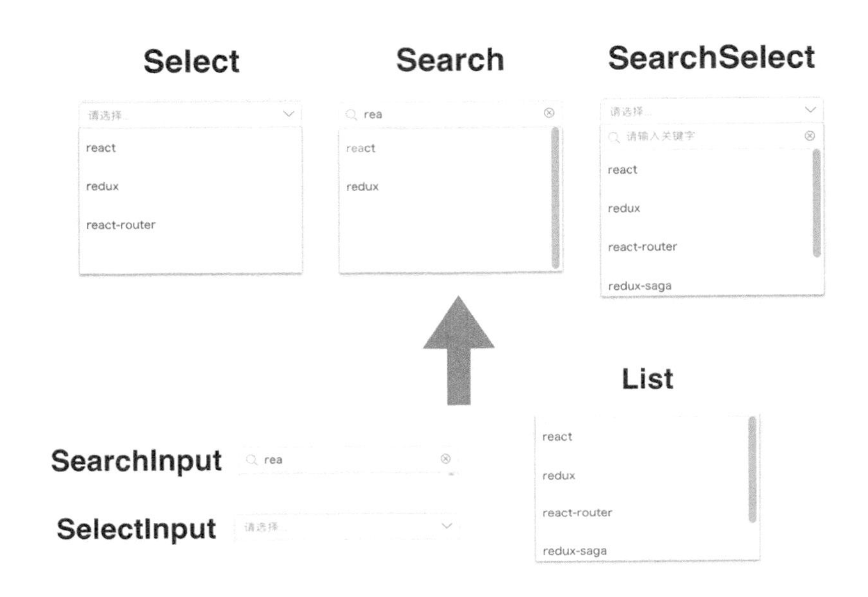

图 2-2　3 个公共组件

这 3 个组件无论从 UI 还是逻辑上均存在一定的共性。在配置方式中，我们会将这 3 个组件通过一个组件的配置变换来实现，但这么做无疑会提高单个组件内部逻辑的复杂性。

我们来做一次分离，它们可由 SelectInput、SearchInput 与 List 三个颗粒度更细的组件来组合。对于颗粒度最小的组件而言，我们希望它是纯粹的、木偶式的组件。

例如，对于 SelectInput 组件，其状态完全依赖传入的 props，包括 `selectedItem`（显示用户所选项）、`isActive`（当前下拉状态）、`onClickHeader`（反馈下拉状态）以及 `placeholder`（下拉框提示）。我们来看一下它的简要实现：

```
class SelectInput extends Component {
  static displayName = 'SelectInput';

  render() {
    const { selectedItem, isActive, onClickHeader, placeholder } = this.props;
    const { text } = selectedItem;

    return (
      <div>
```

```
          <div onClick={onClickHeader}>
            <Input
              type="text"
              disabled
              value={text}
              placeholder={placeholder}
            />
            <Icon className={isActive} name="angle-down" />
          </div>
        </div>
      );
    }
  }
```

组件再次分离后，我们就可以根据在现实中的组件形态对其进行任意组合，形成统一层，摆脱在原有组件上扩展的模式，有效提高组件的灵活性。

2. 逻辑再抽象

组件层面的抽象不仅仅只停留在界面上，组件中的相同交互逻辑和业务逻辑也应该进行抽象。在组件中，同样贯穿着这种函数式思想，只是实现方式略有不同。现在基于高阶组件来完成组件逻辑上的抽象：

```
// 完成 SearchInput 与 List 的交互
const searchDecorator = WrappedComponent => {
  class SearchDecorator extends Component {
    constructor(props) {
      super(props);

      this.handleSearch = this.handleSearch.bind(this);
    }

    handleSearch(keyword) {
      this.setState({
        data: this.props.data,
        keyword,
      });
      this.props.onSearch(keyword);
    }

    render() {
      const { data, keyword } = this.state;
      return (
        <WrappedComponent
          {...this.props}
          data={data}
          keyword={keyword}
          onSearch={this.handleSearch}
        />
      );
    }
  }
```

```
    return SearchDecorator;
  }

  // 完成 List 数据请求
  const asyncSelectDecorator = WrappedComponent => {
    class AsyncSelectDecorator extends Component {
      componentDidMount() {
        const { url, params } = this.props;

        fetch(url, { params }).then(data => {
          this.setState({
            data,
          });
        });
      }

      render() {
        return (
          <WrappedComponent
            {...this.props}
            data={this.state.data}
          />
        );
      }
    }

    return AsyncSelectDecorator;
  }
```

最终，我们既可以用 decorator 的方式叠加套用，也可以利用 `compose` 方法将高阶组件层层包裹，将界面与逻辑完美地结合在一起：

```
const FinalSelector = compose(asyncSelectDecorator, searchDecorator,
selectedItemDecorator)(Selector);

class SearchSelect extends Component {
  render() {
    return (
      <FinalSelector {...this.props}>
        <SelectInput />
        <SearchInput />
        <List />
      </FinalSelector>
    );
  }
}
```

在配置式组件内部，组件与组件间以及组件与业务间是紧密关联的，而我们需要完成的仅仅是配置工作。如图 2-3 所示，组合式的方式意图打破这种关联，寻求单元化，通过颗粒度更细的基础组件与抽象组件共有交互与业务逻辑的高阶组件，使组件更灵活，更易扩展，也使我们能够完成对于基础组件的自由支配。

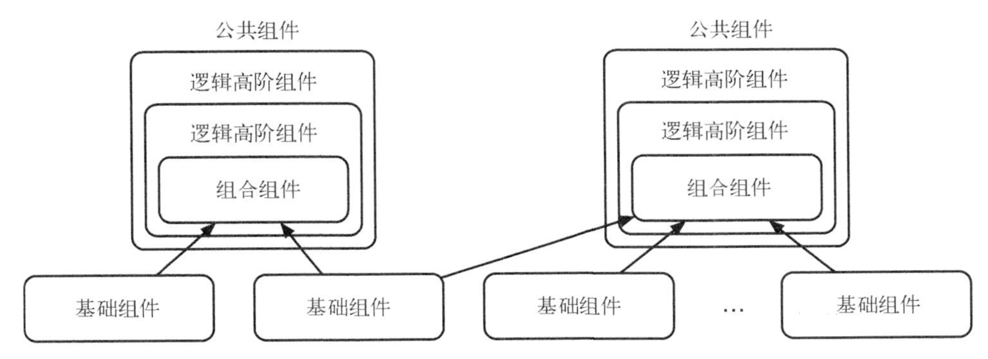

图 2-3 组合式组件架构

从侵入组件到与组件解耦，React 一直推崇的声明式编程都优于命令式编程，正如 mixin 到高阶组件的发展。对于“重用”，从语言层面上来讲，都是为了可以更好地实现抽象，而实现的灵活性与写法之间也存在着一个微妙的平衡。

2.6 组件性能优化

从过往的经验与实践中，我们都知道影响网页性能最大的因素是浏览器的重绘（reflow）和重排版（repaint）。React 背后的 Virtual DOM 就是尽可能地减少浏览器的重绘与重排版。

对于性能优化这个主题，我们往往会基于“不信任”的前提，即我们需要提高 React Virtual DOM 的效率。从 React 的渲染过程来看，如何防止不避要的渲染可能是最需要去解决的问题。然而，针对这个问题，React 官方提供了一个便捷的方法来解决，那就是 PureRender。

2.6.1 纯函数

要理解 PureRender 中的 Pure，还要从函数式编程的基本概念“纯函数”讲起。纯函数由三大原则构成：

- 给定相同的输入，它总是返回相同的输出；
- 过程没有副作用（side effect）[1]；
- 没有额外的状态依赖。

我们都喜欢这样的方法。记得在计算机科学中有这样一条设计原则 KISS（Keep It Simple, Stupid），而纯函数正是在简洁性与傻瓜化方面做到了极致。

纯函数也是函数式编程的基础，它完全独立于外部状态，这样就避免了因为共享外部状态而导致的 bug。这种独立，让我们可以利用 CPU 在分布式集群上作并行计算，这对于多种科学计

① side effect (computer science)，详见 https://en.wikipedia.org/wiki/Side_effect_(computer_science)。

算和资源密集型计算任务是非常核心的一点，让计算机高效地处理这类任务变得可能。

此外，纯函数非常方便进行方法级别的测试以及重构，可以让程序具有良好的扩展性及适应性。

我们再来看看纯函数的第一个条件“给定相同的输入，它总是返回相同的输出”，这是什么意思呢？

假如我们定义一个“定义加法”的方法 f，然后改变它的输入为 f(2, 5)，那么不管方法的上下文，不论什么时间调用或多少次的调用，它总是返回 7。用数学语言表达即为 $f(x, y) = z$，当给定变量 x 和 y，作用在 f 上，结果始终为 z。

但并不是所有方法都适应这个条件，有些方法的结果并不完全依赖于你所传入的参数。比如，

```
Math.random(); // => 0.8982946265648812
Math.random(); // => 0.5326573647965065
Math.random(); // => 0.08841438748355146
```

就算我们不传任何参数到方法中，该方法也依然总是会输出不同的结果。从这个意义上说，`Math.random()` 就不满足纯函数的条件。还有下面的例子：

```
function time() { return new Date().toLocaleTimeString(); }
```

看到 `time` 一定恍然大悟了吧。获取时间的方法也是同样的，不论我们限定更新时间的区间在秒、分、时，甚至是年，它总是会在这个范围之外改变值而导致不能做到输入和输出一致。

还有我们常用的 `slice` 和 `splice` 方法，它们有相似的功能，都可以用来作数据截取。那么，它们的执行结果是一致的么？比如：

```
const stars = ['Earth', 'Mars', 'Mercury', 'Venus'];

stars.slice(0, 2); // => ['Earth', 'Mars']
stars.slice(0, 2); // => ['Earth', 'Mars']
stars.slice(0, 2); // => ['Earth', 'Mars']

stars.splice(0, 2) // => ['Earth', 'Mars']
stars.splice(0, 2) // => ['Mercury', 'Venus']
stars.splice(0, 2) // => []
```

我们清晰地看到 `slice` 方法在参数一定的情况下输出是完全一样的，而 `splice` 方法的执行结果会改变原数组。对于程序来说，`splice` 的隐藏行为是危险的，因为这是常会令人疏忽的隐式改变。在 Ruby 语言的设计中，会用 ! 号来区分是否改变原始值，这是一个很好的提醒。

当然，还有很多情况是在不同的输入下会有相同的输出，但从概念上说，这个方法也还是纯函数。例如：

```
function compare(val, comparedVal) { return val <= comparedVal; }

compare(1, 3); // => true
compare(1, 5); // => true
```

```
compare(1, 7); // => true

compare(7, 1); // => false
compare(9, 1); // => false
compare(11, 1); // => false
```

第二个条件“过程没有副作用”，其实很好理解，就是说在纯函数中我们不能改变外部状态。而在 JavaScript 中改变外部状态的情况比比皆是，就比如方法的参数是对象或数组，那么它本身就有可能被方法执行的过程改变。例如，


```
const addToCart = (cart, item, quantity) => {
  cart.items.push({
    item,
    quantity,
  });
  return cart;
};
```

当我们调用方法的时候，

```
const originalCart = {
  items: [],
};

const cart = addToCart(
  originalCart,
  {
    name: "Digital SLR Camera",
    price: '1495',
  },
  1
);
```

这个例子很简单。这是一个加入到“购物车”的方法，但在执行 `addToCart` 方法的时候，改变了 `originalCart` 对象。尽管我们返回了新对象，但因为在 JavaScript 中对象是引用，因此原来的对象也改变了。这就产生了副作用。

因此，我们提出了 Immutable 的概念，让参数中的引用重新复制。这里我们借用了 lodash 的 `cloneDeep` 方法来作深拷贝：

```
import '_' from 'lodash';

const addToCart = (cart, item, quantity) => {
  const newCart = _.cloneDeep(cart);

  newCart.items.push({
    item,
    quantity,
  });

  return newCart;
};
```

这样，我们就不会担心方法影响了外部参数。这也告诉了我们 Immutable 是多么重要。在本节后续部分，我们会重点讲述这一概念及其运用。

第三个条件“没有额外的状态依赖”，就是指方法内的状态都只在方法的生命周期内存活，这意味着我们不能在方法内使用共享变量，因为这会给方法带来不可知因素。

React 在设计时带有函数式编程的基因，因为 React 组件本身就是纯函数。React 的 `createElement` 方法保证了组件是纯净的，即传入指定 props 得到一定的 Virtual DOM，整个过程都是可预测的。

我们可以通过拆分组件为子组件，进而对组件做更细粒度的控制。这也是函数式编程的魅力之一，保持纯净状态，可以让方法或组件更加专注（focused），体积更小（small），更独立（independent），更具有复用性（reusability）和可测试性（testability）。

2.6.2　PureRender

PureRender 是 React 组件开发中一个重要的概念。上一节我们详解了纯函数，PureRender 中的 Pure 指的就是组件满足纯函数的条件，即组件的渲染是被相同的 props 和 state 渲染进而得到相同的结果。这个概念与上述给定相同的输入，它总是返回相同的输出一致。

1. PureRender 本质

怎么实现 PureRender 的过程呢？官方在早期就为开发者提供了名为 react-addons-pure-render-mixin 的插件。其原理为重新实现了 `shouldComponentUpdate` 生命周期方法，让当前传入的 props 和 state 与之前的作浅比较，如果返回 `false`，那么组件就不会执行 `render` 方法。

这里讲到了用 `shouldComponentUpdate` 来作性能优化的方法。在理想情况下，不考虑 props 和 state 的类型，那么要作到充分比较，只能通过深比较，但是它实在是太昂贵了：

```
shouldComponentUpdate(nextProps, nextState) {
  // 太昂贵了
  return !isDeepEqual(this.props, nextProps) &&
    !isDeepEqual(this.state, nextState);
}
```

然而，PureRender 对 object 只作了引用比较，并没有作值比较。对于实现来说，这是一个取舍问题。PureRender 源代码中只对新旧 props 作了浅比较。以下是 `shallowEqual` 的示例代码：

```
function shallowEqual(obj, newObj) {
  if (obj === newObj) {
    return true;
  }

  const objKeys = Object.keys(obj);
  const newObjKeys = Object.keys(newObj);
```

```
  if (objKeys.length !== newObjKeys.length) {
    return false;
  }

  // 关键代码，只需关注 props 中每一个是否相等，无需深入判断
  return objKeys.every(key => {
    return newObj[key] === obj[key];
  });
}
```


2. 运用 PureRender

利用 `createClass` 构建组件时，可以使用官方的插件，其名为 react-addons-pure-render-mixin。此外，用 ES6 classes 语法一样可以使用这个插件，比如：

```
import React, { Component } from 'react';
import PureRenderMixin from 'react-addons-pure-render-mixin';

class App extends Component {
  constructor(props) {
    super(props);

    this.shouldComponentUpdate = PureRenderMixin.shouldComponentUpdate.bind(this);
  }

  render() {
    return <div className={this.props.className}>foo</div>;
  }
}
```

当然，我们也可以用前面介绍的 decorator 来实现，其中 pure-render-decorator 库已经帮我们实现了所需要的功能。在组件化开发过程中，要尽可能地满足 Pure，这样才能保证对相应的变更作出最少的渲染。

3. 优化 PureRender

在使用 React 写组件的过程中，PureRender 可能是最重要也是最常见的性能优化方法。试想在数据可变的情况下，深比较的成本是相当昂贵的。但事实上，浅比较可以覆盖的场景并不是那么多。如果说 props 或 state 中有以下几种类型的情况，那么无论如何，它都会触发 PureRender 为`true`。

- **直接为 props 设置对象或数组**

我们知道，每次调用 React 组件其实都会重新创建组件。就算传入的数组或对象的值没有改变，它们引用的地址也会发生改变。比如，下面为 Account 组件设置一个 `style` prop：

```
<Account style={{ color: 'black' }} />
```

这样设置 prop，则每次渲染时 `style` 都是新对象。对于这样的赋值操作，我们只需要提前赋值成常量，不直接使用字面量即可。再比如，我们为 `style` prop 设置一个默认值也是一样的道理：

```
<Account style={this.props.style || {}} />
```

此时，我们只需要将默认值保存成同一份引用，就可以避免这个问题：

```
const defaultStyle = {};
<Account style={this.props.style || defaultStyle} />
```

同样，像在 props 中为对象或数据计算新值会使 PureRender 无效：

```
<Item items={this.props.items.filter(item => item.val > 30)} />
```

我们可以马上想到始终让对象或数组保持在内存中就可以增加命中率。但保持对象引用不符合函数式编程的原则，这为函数带来了副作用，下一节介绍的 Immutable.js 可以优雅地解决这类问题。

- **设置 props 方法并通过事件绑定在元素上**

这与 2.1.2 节讲述的是同一件事，只是从优化的角度重新提起。比如：

```
import React, { Component } from 'react';

class MyInput extends Component {
  constructor(props){
    super(props);

    this.handleChange = this.handleChange.bind(this);
  }

  handleChange(e) {
    this.props.update(e.target.value);
  }

  render() {
    return <input onChange={this.handleChange} />;
  }
}
```

我们不用每次都绑定事件，因此把绑定移到构造器内。如果绑定方法需要传递参数，那么可以考虑通过抽象子组件或改变现有数据结构解决。

- **设置子组件**

对于设置了子组件的 React 组件，在调用 `shouldComponentUpdate` 时，均返回 true。为什么呢？下面以 NameItem 组件为例来介绍：

```
import React, { Component } from 'react';

class NameItem extends Component {
  render() {
    return (
      <Item>
        <span>Arcthur</span>
      <Item/>
    )
```

```
  }
}
```

上面的子组件 JSX 部分翻译过来，其实是：

```
<Item
  children={React.createElement('span', {}, 'Arcthur')}
/>
```


显然，Item 组件不论什么情况下都会重新渲染。那么，怎么避免 Item 组件的重复渲染呢？很简单，我们给 NameItem 设置 PureRender，也就是说提到父级来判断：

```
import React, { Component } from 'react';
import PureRenderMixin from 'react-addons-pure-render-mixin';

class NameItem extends Component {
  constructor(props) {
    super(props);

    this.shouldComponentUpdate = PureRenderMixin.shouldComponentUpdate.bind(this);
  }

  render() {
    return (
      <Item>
        <span>Arcthur</span>
      </Item>
    );
  }
}
```

如果 NameItem 再加兄弟组件，Item 组件不得不被影响到，解决方法同样是将 Item 抽象的 NameItem 提出。

2.6.3 Immutable

在传递数据时，可以直接使用 Immutable Data 来进一步提升组件的渲染性能。

JavaScript 中的对象一般是可变的（mutable），因为使用了引用赋值，新的对象简单地引用了原始对象，改变新的对象将影响到原始对象。比如：

```
foo = { a: 1 };
bar = foo;
bar.a = 2;
```

我们给 `bar.a` 赋值后，会发现此时 `foo.a` 也改成了 `2`。虽然这样做可以节约内存，但当应用复杂后，这就造成了非常大的隐患，可变性带来的优点变得得不偿失。为了解决这个问题，一般的做法是使用浅拷贝（shallowCopy）或深拷贝（deepCopy）来避免被修改，但这样做又造成了 CPU 和内存的浪费。

这时 Immutable 的出现很好地解决这些问题。

1. Immutable Data

Immutable Data 就是一旦创建，就不能再更改的数据。对 Immutable 对象进行修改、添加或删除操作，都会返回一个新的 Immutable 对象。Immutable 实现的原理是持久化的数据结构（persistent data structure），也就是使用旧数据创建新数据时，要保证旧数据同时可用且不变。同时为了避免深拷贝把所有节点都复制一遍带来的性能损耗，Immutable 使用了结构共享（structural sharing），即如果对象树中一个节点发生变化，只修改这个节点和受它影响的父节点，其他节点则进行共享。

Facebook 工程师 Lee Byron 花费三年时间打造 Immutable.js 库，与 React 同期出现，但没有被默认放到 React 工具集里（React 提供了简化的 Helper）。它内部实现了一套完整的持久化数据结构，还有很多易用的数据类型，比如 `Collection`、`List`、`Map`、`Set`、`Record`、`Seq`。有非常全面的 `map`、`filter`、`groupBy`、`reduce`、`find` 等函数式操作方法。同时，API 也尽量与 JavaScript 的 `Object` 或 `Array` 类似。

其中有 3 种最重要的数据结构说明一下。

- **`Map`**：键值对集合，对应于 `Object`，ES6 也有专门的 `Map` 对象。
- **`List`**：有序可重复的列表，对应于 `Array`。
- **`ArraySet`**：无序且不可重复的列表。

2. Immutable 的优点

Immutable 的优点有如下几点。

- **降低了“可变”带来的复杂度**。可变数据耦合了 time 和 value 的概念，造成了数据很难被回溯。比如：

```
function touchAndLog(touchFn) {
  let data = { key: 'value' };
  touchFn(data);
  console.log(data.key);
}
```

  在不查看 `touchFn` 的代码的情况下，因为不确定方法对 `data` 做了什么，我们是不可能知道结果是什么。但如果 `data` 是不可变的呢，你会很肯定地知道打印的结果是 `value`。

- **节省内存**。Immutable 使用结构共享尽量复用内存。没有被引用的对象会被垃圾回收：

```
import { Map } from 'immutable';

let a = Map({
  select: 'users',
  filter: Map({ name: 'Cam' }),
});
let b = a.set('select', 'people');
```

```
a === b; // => false

a.get('filter') === b.get('filter'); // => true
```

上面 a 和 b 共享了没有变化的 filter 节点。

- **撤销/重做，复制/粘贴，甚至时间旅行这些功能做起来都是小菜一碟**。因为每次数据都是不一样的，那么只要把这些数据放到一个数组里存储起来，想回退到哪里，就拿出对应的数据，这很容易开发出撤销及重做这两种功能。
- **并发安全**。传统的并发非常难做，因为要处理各种数据不一致的问题，所以“聪明人”发明了各种锁来解决。但使用了 Immutable 之后，数据天生是不可变的，**并发锁就不再需要了**。然而现在并没有用，因为 JavaScript 还是单线程运行的。
- **拥抱函数式编程**。Immutable 本身就是函数式编程中的概念。只要输入一致，输出必然一致，这样开发的组件更易于调试和组装。

像 ClojureScript、Elm 等函数式编程语言中的数据类型天生都是不可变的，这也是基于 ClojureScript 的 React 框架 Om 性能比 React 好的原因。

3. 使用 Immutable 的缺点

容易与原生对象混淆是使用 Immutable 的过程中遇到的最大的问题。

虽然 Immutable 尽量把 API 设计的原生对象类似，但还是很难区分到底是 Immutable 对象还是原生对象。

Immutable 中的 Map 和 List 虽然对应的是 JavaScript 的 Object 和 Array，但操作完全不同，比如取值时要用 map.get('key') 而不是 map.key，要用 array.get(0) 而不是 array[0]。另外，Immutable 每次修改都会返回新对象，很容易忘记赋值。

当使用第三方库的时候，一般需要使用原生对象，同样容易忘记转换对象。下面给出一些办法来避免类似问题的发生：

- 使用 FlowType 或 TypeScript 静态类型检查工具；
- 约定变量命名规则，如所有 Immutable 类型对象以 $$ 开头；
- 使用 Immutable.fromJS 而不是 Immutable.Map 或 Immutable.List 来创建对象，这样可以避免 Immutable 对象和原生对象间的混用。

4. Immutable.is

两个 Immutable 对象可以使用 === 来比较，这样是直接比较内存地址，其性能最好。但是即使两个对象的值是一样的，也会返回 false：

```
let map1 = Immutable.Map({a:1, b:1, c:1});
let map2 = Immutable.Map({a:1, b:1, c:1});
map1 === map2; // => false
```

为了直接比较对象的值，Immutable 提供了 `Immutable.is` 来作“值比较”：

```
Immutable.is(map1, map2);  // => true
```

`Immutable.is` 比较的是两个对象的 `hashCode` 或 `valueOf`（对于 JavaScript 对象）。由于 Immutable 内部使用了 `trie` 数据结构来存储，只要两个对象的 `hashCode` 相等，值就是一样的。这样的算法避免了深度遍历比较，因此性能非常好。

另外，还有 mori、cortex 等库。因为它们与 `Immutable.is` 类似，所以这里就不再一一介绍了。

5. Immutable 与 cursor

这里的 cursor 和数据库中的游标是完全不同的概念。由于 Immutable 数据一般嵌套非常深，所以为了便于访问深层数据，cursor 提供了可以直接访问这个深层数据的引用：

```
import Immutable from 'immutable';
import Cursor from 'immutable/contrib/cursor';

let data = Immutable.fromJS({ a: { b: { c: 1 } } });
// 让 cursor 指向 { c: 1 }
let cursor = Cursor.from(data, ['a', 'b'], newData => {
  // 当 cursor 或其子 cursor 执行更新时调用
  console.log(newData);
});

cursor.get('c'); // 1
cursor = cursor.update('c', x => x + 1);
cursor.get('c'); // 2
```

6. Immutable 与 PureRender

前面已经介绍过，React 做性能优化时最常用的就是 `shouldComponentUpdate` 方法，但它默认返回 `true`，即始终会执行 `render` 方法，然后做 Virtual DOM 比较，并得出是否需要做真实 DOM 的更新，这里往往会带来很多没必要的渲染。

当然，我们也可以在 `shouldComponentUpdate` 中使用深拷贝和深比较来避免无必要的 `render`，但深拷贝和深比较一般都是非常昂贵的选择。

Immutable.js 则提供了简洁、高效的判断数据是否变化的方法，只需 `===` 和 `is` 比较就能知道是否需要执行 `render`，而这个操作几乎零成本，所以可以极大提高性能。修改后的 `shouldComponentUpdate` 是这样的：

```
import React, { Component } from 'react';
import { is } from 'immutable';

class App extends Component {
  shouldComponentUpdate(nextProps, nextState) {
    const thisProps = this.props || {};
```

```
    const thisState = this.state || {};

    if (Object.keys(thisProps).length !== Object.keys(nextProps).length ||
        Object.keys(thisState).length !== Object.keys(nextState).length) {
      return true;
    }

    for (const key in nextProps) {
      if (nextProps.hasOwnProperty(key) &&
          !is(thisProps[key], nextProps[key])) {
        return true;
      }
    }

    for (const key in nextState) {
      if (nextState.hasOwnProperty(key) &&
          !is(thisState[key], nextState[key])) {
        return true;
      }
    }

    return false;
  }
}
```

使用 Immutable 后，当灰色节点的 state 变化后，不会再渲染树中的所有节点，而是只渲染图右侧灰色的部分，如图 2-4 所示。

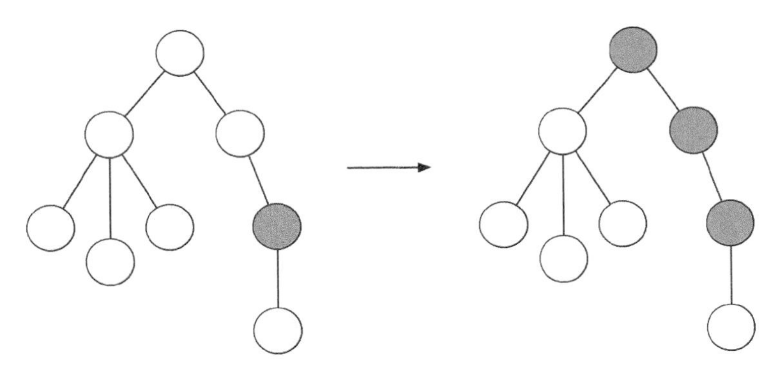

图 2-4 Immutable 渲染

7. Immutable 与 setState

React 建议把 this.state 当作不可变的，因此修改前需要做一个深拷贝：

```
import React, { Component } from 'react';
import '_' from 'lodash';

class App extends Component {
  constructor(props) {
    super(props);
```

```
    this.state = {
      data: { times: 0 },
    }
  }

  handleAdd() {
    let data = _.cloneDeep(this.state.data);
    data.times = data.times + 1;
    this.setState({ data: data });
    // 如果上面不做 cloneDeep，下面打印的结果会是加 1 后的值
    console.log(this.state.data.times);
  }
}
```

但在使用 Immutable 后，操作变得很简单：

```
import React, { Component } from 'react';
import Immutable from 'immutable'

class App extends Component {
  constructor(props) {
    super(props);

    this.state = {
      data: Map({ times: 0 }),
    }
  }

  handleAdd() {
    this.setState(({ data }) => ({
      data: data.update('times', v => v + 1),
    }));
    // 这时的 times 并不会改变
    console.log(this.state.data.get('times'));
  }
}
```

Immutable 可以给应用带来极大的性能提升，但是否使用还要看项目情况。由于侵入性较强，新项目引入比较容易，老项目迁移需要谨慎地评估迁移成本。对于一些提供给外部使用的公共组件，最好不要把 Immutable 对象直接暴露在对外的接口中。

2.6.4　key

写动态子组件的时候，如果没有给动态子项添加 key prop，则会报一个警告：

```
Warning: Each child in an array or iterator should have a unique "key" prop. Check the render method
of 'App'. See https://fb.me/react-warning-keys for more information.
```

这个警告指的是，如果每一个子组件是一个数组或迭代器的话，那么必须有一个唯一的 key prop。这个 key prop 究竟是做什么的呢？

我们想象一下，假如需要渲染一个有 5000 项的成绩排名榜单，而且每隔几秒就会更新一次排名，其中大部分排名只是位置变了，还有少部分的是完全更新了，少部分则是清出榜单了。

此时 key 就发挥作用了，它是用来标识当前项的唯一性的 props。现在尝试来描述这一场景，我们有一份学生的成绩数组：

```
[{
  sid: '600211',
  name: 'Cam',
}, {
  sid: '600243',
  name: 'Arcthur',
}, {
  sid: '600225',
  name: 'Echo',
}]
```

其中，sid 是学号，name 是名字。那么，我们来实现成绩排名的榜单：

```
import React from 'react';

function Rank({ list }) {
  return (
    <ul>
      {list.map((entry, index) => (
        <li key={index}>{entry.name}</li>
      ))}
    </ul>
  );
}
```

我们把 key 设成了序号，这么做的确不会报警告了，但这是非常低效的做法。我们在生产环境下常常犯这样的错误，这个 key 是每次用来做 Virtual DOM diff 的，每一位同学都用序号来更新的问题是它没有和同学的唯一信息相匹配，相当于用了一个随机键，那么不论有没有相同的项，更新都会重新渲染。

正确的做法也很简单，只需要把 key 的内容换成 sid 就可以了：

```
import React from 'react';

function Rank({ list }) {
  return (
    <ul>
      {list.map((entry, index) => (
        <li key={entry.sid}>{entry.name}</li>
      ))}
    </ul>
  );
}
```

当 key 相同时，React 会怎么渲染呢？答案是只渲染第一个相同 key 的项，且会报一个警告：

```
Warning: flattenChildren(…): Encountered two children with the same key, `.$a`. Child keys must be unique;
when two children share a key, only the first child will be used.
```

因此，对 key 有一个原则，那就是独一无二，且能不用遍历或随机值就不用，除非列表内容也并不是唯一的表示，且没有可以相匹配的属性。

关于 key，我们还需要知道的一种情况是，有两个子组件需要渲染的时候，我们没法给它们设 key。这时需要用到 React 插件 createFragment 来解决：

```
import React from 'react';
import createFragment from 'react-addons-create-fragment';

function Rank({ first, second }) {
  const children = createFragment({
    first: first,
    second: second,
  });

  return (
    <ul>
      {children}
    </ul>
  );
}
```

上述代码中，first 和 second 两个 prop 的 key 就是我们设置对象的 key。

2.6.5 react-addons-perf

做了这么多工作，怎么才能量化以上所做的性能优化的效果呢？这里介绍一个性能检测工具来帮助我们找到应用的性能瓶颈之所在。

react-addons-perf 是官方提供的插件。通过 Perf.start() 和 Perf.stop() 两个 API 设置开始和结束的状态来作分析。它会把各组件渲染的各个阶段的时间统计出来，然后打印出一张表格。

react-addons-perf 可以打印组件渲染的各个阶段，如图 2-5 所示。

- **Perf.printInclusive(measurements)**：所有阶段的时间。
- **Perf.printExclusive(measurements)**：不包含挂载组件的时间，即初始化 props、state，调用 componentWillMount 和 componentDidMount 方法的时间等。
- **Perf.printWasted(measurements)**：监测渲染的内容保持不变的组件（可以查看哪些组件没有被 shouldComponentUpdate 命中）。

(index)	Owner > component	Inclusive time (ms)	Instances
0	"<root> > App"	12.19	1

图 2-5　react-addons-perf 打印结果

无论是 PureRender 还是 key 值，整个 React 组件的优化逻辑都是针对 Virtual DOM 的更新优化。如果需要用到更复杂的方法，推荐先阅读第 3 章，深度探究 Virtual DOM 的运行原理。

2.7 动画

动画就是使用页面局部的快速更新让人们产生动态效果的感觉。

动画可以帮助用户理解页面，增加应用的趣味性和可玩性，提高用户体验。有时候，一个好的加载动画甚至要比优化数据库、减少等待时间要有效得多。

React 通过 `setState` 让界面迅速发生变化，但动画的哲学告诉我们，变化要慢，得用一个逐渐变化的过程来过渡，从而帮助用户理解页面。

界面的变化可以分为 DOM 节点（或组件）的增与减以及 DOM 节点（或组件）属性的变化。其中 React 提供的 TransitionGroup 能够帮助我们便捷地识别出增加或删除的组件，从而让我们能够专注于更加简单的属性变化的动画。

关于 JavaScript 动画与 CSS 动画的说法不一，为了方便起见，这里统一将缓动函数通过 JavaScript 实现的动画称作 JavaScript 动画，缓动函数由 CSS 提供（浏览器实现）的动画称作 CSS 动画。

2.7.1 CSS 动画与 JavaScript 动画

总的来说，使用 CSS 动画，能够得到更好的性能和更快的开发效率。尽管运用 CSS 更加方便，但必然有其作为 DSL 的局限性。当碰到 CSS 的局限性，导致用 CSS 无法实现或者实现起来十分烦琐时，就是使用 JavaScript 动画的时候了。

1. CSS 动画的局限性

CSS 动画的局限性如下所示。

- CSS 只支持 cubic-bezier 的缓动，如果你的动画对缓动函数有要求，就必须使用 JavaScript 动画。
- CSS 动画只能针对一些特有的 CSS 属性。仍然有一些属性是 CSS 动画不支持的，例如 SVG 中 `path` 的 `d` 属性。
- CSS 把 `translate`、`rotate`、`skew` 等都归结为一个属性——`transform`。因此，这些属性只能共用同一个缓动函数。例如，我们想要动画的轨迹是一条贝塞尔曲线，可以通过给 `left` 和 `top` 这两个属性加两个不同的 cubic-bezier 缓动来实现，但是 `left` 和 `top` 实现的动画性能不如 `translateX` 和 `translateY`。

2. CSS animation

CSS transition 设计得非常简洁，因此适用于比较简单的动画。而 CSS animation 弥补了 CSS transition 在控制上的不足。利用 CSS animation，我们可以：

- ❑ 使用多步动画（多关键帧动画）；
- ❑ 弥补 CSS transition 在控制上的不足，设置动画的反转、暂停、次数（可以设置为永久）等。

3. 用 JavaScript 包装过的 CSS 动画

有些文章也把用 JavaScript 包装过的 CSS 动画归结为 JavaScript 动画，这样 CSS 动画的范畴就太小了。原生的 CSS 动画可以很方便地实现一些微互动，如：

```
el {
  opacity: 1;

  &:hover {
    opacity: 0.8;
    transition: opacity .4s ease;
  }
}
```

但是对于大多数情况而言，使用原生 CSS 动画，流程比较烦琐。首先，我们要给 DOM 节点在不同状态下加不同的复杂的 className 。然后在 CSS 中给不同的 className 写不同的样式以及动画逻辑。这里就有必要用 JavaScript 做一些包装，来做一些共同的逻辑，简化动画的开发。

这里我们介绍使用 react-smooth 库来写动画。它不仅支持 CSS 动画，也支持各种缓动类型的 JavaScript 动画，并且提供定制化缓动函数的插件入口：

```
<Animate from={1} to={0.8} attributeName="opacity">
  // ...
</Animate>
```

4. JavaScript 动画

这里将 JavaScript 动画定义为缓动函数用 JavaScript 实现的动画，因此 JavaScript 动画包含缓动函数部分和渲染部分。

2.7.3 节将详细说明缓动函数以及如何用 JavaScript 实现缓动函数。而在渲染部分，可以在 View 层利用强大的 React 来帮助我们渲染。这样只要在缓动函数中执行 setState 来更新动画进度，从而触发页面重绘。

5. SVG 线条动画

说起 SVG 线条动画，最出名的恐怕是 vivus.js，它巧妙地利用了 SVG path 的 stroke-dasharray 属性和 getTotalLength 方法。

stroke-dasharray 是设置 SVG path 虚线的属性。因此，要做一个简单的线条动画，只需：

```
el {
  stroke-dasharray: 0, 1px;

  &.active {
    stroke-dashoffset: totalLength, 0;
    transition: stroke-dasharray .4s ease;
  }
}
```

然而 vivus 有两个缺陷：

- 它用 JavaScript 动画实现 stroke-dasharray 的缓动，而实际上 CSS 动画是支持 stroke-dasharray 属性的；
- vivus 不支持虚线动画。

那么，如何利用 stroke-dasharray 来实现虚线动画呢？

stroke-dasharray，顾名思义，其值其实是一个数组。因此，我们可以利用这一特性逐渐改变这个数组的长度，如：

```
1px, 0px;
2px, 0px;
2px, 1px;
2px, 2px, 1px;
2px, 2px, 2px;
2px, 2px, 2px, 1px;
2px, 2px, 2px, 2px;
...
```

2.7.2 玩转 React Transition

2015 年，React 给整个前端界带来了一种新的开发方式，我们抛弃了无所不能的 DOM 操作。对于 React 实现动画这个命题，DOM 操作已经是一条死路，而 CSS3 动画又只能实现一些最简单的功能。这时候 ReactCSSTransitionGroup 插件无疑是一枚强心剂。

React 渲染结果的任何变化，无非是组件节点的增、添、删除和组件属性的变化。React Transition 帮助开发者识别组件的子组件们的增与删。下面让我们来谈谈 React Transition 的设计、用法、实现原理，以及基于 React Transition 封装的又一个好工具 React CSS Transition。

1. React Transition 的设计及用法

学习 API 或者用法很简单，但是在学习 API 的时候，我们不妨也来思考一下 React Transition API 的设计，说不定会有更多的收获。

React Transition 如何帮助开发者识别增删的节点呢？方法有很多，而 React 结合自己的特点，设计了以生命周期函数的方式来实现，即让子组件的每一个实例都实现相应的生命周期函数。当 React Transition 识别到某个子组件增或删时，则调用它相应的生命周期函数。我们可以在生命周期函数中实现动画逻辑。

事实上，一个组件中所有子组件的增删动画逻辑大同小异（动效的统一性）。如果每一个子组件的动效相同，那么每一个子组件可以共用同一个生命周期函数。因此，React Transition 提供了 childFactory 配置，让用户自定义一个封装子组件的工厂方法，为子组件加上相应的生命周期函数。

React Transition 提供了哪些生命周期呢？想想也知道，它们无非是：

- componentWillAppear
- componentDidAppear
- componentWillEnter
- componentDidEnter
- componentWillLeave
- componentDidLeave

componentWillxxx 在什么时候触发很容易判断，只需在 componentWillReceiveProps 中对 this.props.children 和 nextProps.children 做一个比较即可。而 componentDidxxx 要何时触发呢？

可以给 componentWillxxx 提供一个回调函数，用来执行 componentDidxxx。

React Transition 的 API 设计正是这样的，你若感到迷惑，可以先来看一个例子。

之前说过，React Transition 对 CSS 动画做了封装，因此我们来实现一个 React Transition 的 JavaScript 动画。在实现 React Transition 的 childFactory 工厂方法的时候，我们可以先实现一个 JSTransitionChild 的类：

```
update(done, now) {
  if (!this.leaveTime) {
    this.leaveTime = now;
  }

  const { duration } = this.props;
  const passedTime = now - this.enterTime;

  if (passedTime > duration) {
    if (this.cafId) {
      caf(this.cafId);
      this.leaveTime = null;
    }

    done();

    return;
  }
```

```
    const progress = ease(passedTime / duration);

    this.setState({
      progress,
    })

    this.cafId = raf(this.enter.bind(this, done));
  }

  componentWillLeave(done) {
    if (this.cafId) {
      caf(this.cafId);
      this.leaveTime = null;
    }

    raf(this.update.bind(this, done));
  }
```

虽然我们没有实现 componentDidLeave 函数，但是仍然如实地在正确的地方执行了 done 回调，确保 componentDidLeave 执行。这是为什么呢?

componentWillLeave 中的回调函数（即这里的 done）有点特殊。我们知道，React 动画归根结底是让状态变化变慢，或者说延迟变化。那么对于消失的动画来说，我们要花费一段时间展现消失的动画，就必须让消失的子组件延迟消失，在这段时间内暂时保留。因此，这里的回调函数不仅仅是执行 componentDidLeave，也执行了让这个子组件从子组件集中消失的操作。

2. React CSS Transition 设计及用法

React Transition 还对 CSS 动画做了专门的封装。用 CSS3 来做 React 动画简直完美！我们不用像 JavaScript 动画那样用 setState 来让状态延缓更新，CSS3 中就有让状态延迟更新的方法。我们把延迟更新状态的逻辑交给 CSS，不仅可以让代码更加专注于业务逻辑，更为简洁，还能提高动画的性能。

React CSS Transition 为子组件的每个生命周期加了不同的 className，这样用户可以很方便地根据 className 的变化来实现动画。例如：

```
<ReactCSSTransitionGroup
  transitionName="example"
  transitionEnterTimeout={400}
>
  {items}
</ReactCSSTransitionGroup>
```

对应的 SCSS 代码为：

```
.example-enter {
  transform: scaleY(0);

  &.example-enter-active {
```

```
    transform: scaleY(1);
    transition: transform .4s ease;
  }
}
```

这样便轻松地实现了 `items` 中新增元素的动画。

在使用 React Transition 时，如何设定子组件集的 `key` 也颇有学问，毕竟代表一个元素的不是它的位置，而是它的 `key` 值。

例如：我们要展现 10 年来 GDP 排名前 10 的省份，把动画加在某个名次省份发生更新的元素上，此时可以把 `key` 设置为 `${名次}-${省份id}`。

当然，如果使用 react-smooth 来实现，会更简洁：

```
const enter = {
  from: 'scaleY(0)',
  to: 'scaleY(1)',
  attributeName: 'transform',
  duration: 400,
};

// 支持列表动画
<AnimateGroup enter={enter}>
  {items}
</AnimateGroup>
```

2.7.3　缓动函数

虽然 CSS 动画简单易用而且性能高，但是 JavaScript 动画依然有其必要性，而且也非常重要。而谈到 JavaScript 动画，不得不说一说缓动函数。

缓动函数是什么，它是一个返回当前帧动画进度的函数。

1. 缓动函数用户体验

从动画体验的角度来说，不同的缓动函数会带给用户不同的缓动体验。以我们常见的缓动函数 `linear`、`ease` 和 `spring` 为例，缓动体验一般为 `linear < ease < spring`。

为什么这么说呢？`linear`、`ease` 和 `spring` 其实刚好代表 3 种缓动函数类型。其中，`linear` 是一种匀速运动，给人的感觉是机械、呆板、没有生机，只有工厂里的机器是保持速度一成不变的！人们喜欢有生命的运动。

`ease`、`spring` 都是变速运动，那么为什么 `spring` 的缓动体验要比 `ease` 更好呢？物理原则是优秀用户体验（UX）的核心原则之一，界面设计遵从物体在真实世界中的运动规律，会让人们感觉更加自然、舒适。

`spring` 是最经典、最常用的物理缓动过程。而 cubic-bezier（三次贝塞尔曲线）因为具有很强的控制能力，人们可以非常简单、直观地配置一条 `y - t` 曲线作为缓动过程。因此，`spring` 和 cubic-bezier（如 `ease`、`ease-in`、`ease-out`、`ease-in-out`、`linear`）在动画中最为常用。所以下面先以 `spring` 为例探讨一种通用的物理缓动的实现方法，然后谈谈如何实现 cubic-bezier 的缓动过程。

2. 物理缓动

根据经典力学的观点，世界上所有的原子每时每刻仿佛都会根据当前速度、受力和位置计算出下一刻的速度、受力和位置。上帝有一台超级计算机吗？非也，计算机反而是我们利用原子的这些特性拼装出来的。不过现在，我们要用计算机，像上帝那样再造一个世界。

物理缓动是模仿现实世界物体运动的缓动，我们可以先模拟物理规律，然后用最简洁的物理法则的表述方式——物理公式来计算物体状态。一个简单的思路跃然纸上：

- 在每一帧中对动画对象进行受力分析，计算该帧动画对象的加速度；
- 如果知道该帧的速度、位置，就可以根据该帧的加速度、速度、位置，计算下一帧的速度、位置；
- 当我们知道第一帧的速度和位置，就可以像多米诺骨牌那样算出动画对象每一帧的位置！任何物理缓动都可以这样完成！

- **模拟物理规律**

以 `spring` 为例，我们先来描述一下其物理环境。

有一个弹簧，弹簧上绑了一个砝码，砝码在运动的时候受到空气阻力（空气阻力 F_{damping} 与砝码当前的速度 v_t 呈正相关）。

- **受力分析**

回到初中物理，根据胡克定律，砝码受到弹簧的拉力为：

$F_{\text{spring}} = k\Delta x$（$k$ 为弹簧的劲度系数）

我们假设该砝码受到的空气阻力的阻尼系数为 k_{damping}。

对砝码进行受力分析，得到：

$$F = F_{\text{spring}} - F_{\text{damping}} = k_{\text{spring}}\Delta x - k_{\text{damping}} \times v_t$$

- **建立相邻两帧前后物理状态的关系式**

设 a_t 为砝码当前加速度，得到：

$$F = ma_t$$

设 v' 和 x' 分别为经过 $\mathrm{d}t$ 时间后，砝码新的速度和位移，得到：

$$a_t = \lim_{dt \to 0} \frac{dv}{dt} = \lim_{dt \to 0} \frac{v' - v_t}{dt}$$

$$v_t = \lim_{dt \to 0} \frac{dx}{dt} = \lim_{dt \to 0} \frac{x' - x_t}{dt}$$

即：

$$v' = \lim_{dt \to 0} a_t * dt + v_t$$

$$x' = \lim_{dt \to 0} v_t * dt + x_t$$

然而这并不是相邻两帧前后物理状态的关系式子，因为 dt 不是一帧的时间，而是无限小。

幸好我们可以知道当 dt 越趋近于 0 时，等式两边的值越接近（极限的单调有界性）。

别忘了我们不是来做物理实验的，我们的目的是做一个能够骗过人类眼睛的物理运动过程。因此，我们可以把 dt 设置为一个很小的常量值来拟合这个运动过程，把等号变成约等号（设置为常量也是为了降低误差）。

越来越接近了！然而这里还有一个小小的波折：这个很小的常量 dt 的值也不是一帧的时间。简单地说，我们可以用 dt 去拼凑一帧的时间（以下表述为 Δt ），如图 2-6 所示。

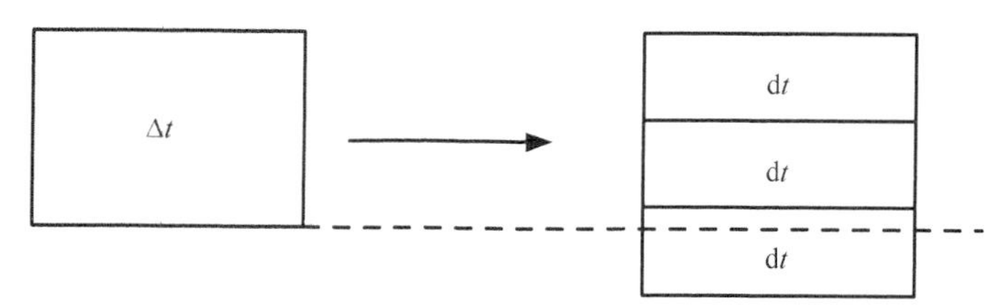

图 2-6　拼凑帧原理

当 Δt 不是 dt 的整数倍时，最后多出来的那一小块时间可以用一个简单的插值算法，比如线性插值，来计算那一小块时间的物理状态改变量。

至此，一个简单的 Web 动画物理引擎就实现了。

万变不离其宗，这里 `spring` 只是一个简单的例子。使用这种通用的模拟物理规律的方法，我们可以实现任意物理动画的缓动，比如一个复杂而炫酷的用 three.js 实现的动画[①]。

现在，我们利用 react-smooth 来实现弹簧动画：

```
<Animate from={{left: 0}} to={{left: 10}} ease="spring">
  {style => <div style={style}>test</div>}
</Animate>
```

不过说到 `spring` 动画，不得不提起 react-motion 库。下面是使用 react-motion 库实现一个开

① webgl animation cloth，详见 http://threejs.org/examples/#webgl_animation_cloth。

关的例子：

```
import React, { Component } from 'react';

class Switch extends Component {
  constructor(props) {
    super(props);

    this.handleClick = this.handleClick.bind(this);

    this.state = {
      open: false,
    };
  }

  handleClick() {
    this.setState({
      open: !this.state.open,
    });
  }

  render() {
    return (
      <Motion style={{x: spring(this.state.open ? 400 : 0)}}>
        {({x}) =>
          <div className="demo">
            <div
              className="demo-block"
              onClick={this.handleClick}
              style={{
                transform: `translate3d(${x}px, 0, 0)`,
              }}
            />
          </div>
        }
      </Motion>
    );
  }
}
```


3. cubic-bezier 缓动

物理动画固然炫酷，但是 cubic-bezier 同样是一个非常优秀的缓动过程。

cubic-bezier 可以非常直观、方便地配置一条变速运动的缓动曲线。由于 CSS 原生提供 cubic-bezier 的缓动函数，所以 cubic-bezier 在 Web 动画中得到大量使用。

然而，由于 CSS 这种 DSL 的局限性，我们经常不得不用程序语言来实现一个缓动过程。举一个最简单的例子，由于 CSS 的缓动只能作用于值类型的 CSS 属性，所以假设要根据某种规则对 SVG path 的 d 属性做动画，CSS 便毫无用武之地。此时人们往往会用丑陋的 `linear` 缓动实现一个 JavaScript 动画，说好的变速运动呢？

因此，有必要用程序语言实现一个 cubic-bezier。

- **cubic-bezier 函数表达式**

我们先来看看 cubic-bezier 的函数表达式：

$$(x,y)=t^3+3t^2(1-t)\cdot(x_1,y_1)+3t(1-t)^2\cdot(x_2,y_2)+(1-t)^3$$

乍看之下，我们可能会觉得这个问题非常简单，上式不就是 cubic-bezier 的缓动函数吗？

当然不是这么简单，我想你已经发现了，此 t 非彼 t。cubic-bezier 的缓动过程的时间是贝塞尔曲线的 x 坐标，也就是式中的 x。

也就是说，我们要根据这个 $(x,y)=f(t)$（或者说 $x=f_x(t),y=f_y(t)$），得到 $x\rightarrow y$ 的函数。

假设 $x\rightarrow t$: f_x 的反函数为 $t\rightarrow x$: g，即：

$$t=g(x)$$

可得：

$$y=f_y(t)=f_y(g(x))$$

所以问题简化为求 f_x 的反函数，或者说解方程，可是这个一元三次方程与大多数方程一样，不存在求根公式。所以，我们只能用区间逼近的方法来求近似解。

换成计算机术语来说，任何数学函数都是程序语言中的纯函数，任何纯函数都可以当成一个散列表，表中的键是参数，表中的值是函数返回结果。我们知道 f_x 这个函数都是单调递增的，也就是说，这个表是已经排序的，所以可以用最简单的二分查找方法，不断缩减 t 的范围，从而求出在一定精度内的 t 的值。

为了提高时间复杂度和动画性能，我们可以优化这个区间逼近的方法，即根据曲线的导数（即 x 在某个时刻的变化率）来更合理地逼近区间。

说明　读者可以查阅牛顿法[①]和泰勒级数[②]的相关数学知识，使用 cubic-bezier 的二阶导和三阶导（四阶导开始为 0），进一步提高时间复杂度。

或许 CSS 只提供了 cubic-bezier 也是考虑到了其实现较为复杂，属于计算密集型，并不适合用 JavaScript 来实现。但经我们实验统计后发现，JavaScript 版 cubic-bezier 函数平均计算时间仅为 0.33 ms。

① Newton's method，详见 https://en.wikipedia.org/wiki/Newton%27s_method。

② Taylor series，详见 https://en.wikipedia.org/wiki/Taylor_series。

利用 react-smooth 实现 cubic-bezier 动画的代码如下：

```
<Animate from={{left: 0}} to={{left: 10}} ease="ease">
  {style => <div style={style}>test</div>}
</Animate>
```

要开发出好的动画，我们不仅要懂动画的设计，要有基本的数值分析及图形图像学知识，更重要的还是要能写出优雅的、可维护的、易扩展的代码。

2.8 自动化测试

测试可以让项目保持健壮，在后期维护和扩展的过程中，减少犯错的几率。当项目发布时，代码能通过所有测试也代表所覆盖到的场景全部通过。自动化测试就是把整个流程自动化，代替复杂的人工点击。同时通过配置回调钩子，可以让测试定期执行或在每次发布前执行。自动化测试包含很多内容，本节主要指对 React 渲染的 UI 层功能的自动化测试。

写测试之前需要了解测试工具。首先需要一个测试执行器，用于执行测试用例，Mocha 是最流行的测试执行器之一。除此之外，还要使用 Chai 等库来做测试断言。熟悉这两个工具后，我们就可以搭建完整的测试环境了。

React 对测试有完善的支持，目前比较完善的 React 测试框架有 Jest 和 Enzyme，下面会介绍这两个框架。

2.8.1 Jest

Jest 是由 Facebook 开源的 React 单元测试框架，内部 DOM 操作基于 JSDOM，语法和断言基于 Jasmine 框架。它有以下 4 个特点：

- 自动找到测试；
- 自动 mock 模拟依赖包，达到单元测试的目的；
- 并不需要真实 DOM 环境执行，而是 JSDOM 模拟的 DOM；
- 多进程并行执行测试。

当使用 Jest 来测试 React 组件时，还要引入 react-addons-test-utils 插件，用于模拟浏览器事件和对 DOM 进行校验。它提供的常用方法如下。

- **`Simulate.{eventName} (DOMElement element, [object eventData])`**：模拟触发事件。
- **`renderIntoDocument(ReactElement instance)`**：渲染 React 组件到文档中，这里的文档节点由 JSDOM 提供。
- **`findRenderedDOMComponentWithClass(ReactComponent tree, string className)`**：从渲染的 DOM 树中查找含有 class 的节点。

- **findRenderedDOMComponentWithTag(ReactComponent tree, function componentClass)**：从渲染的 DOM 树中找到指定组件的节点。

1. Jest 实例

我们以第 1 章的 Tabs 组件为例来写一个测试用例。首先，我们需要测试渲染出的 Tab 内容：

```
// ./__test__/tab-test.js
jest.unmock('../tab.js');

import React from 'react';
import ReactDOM from 'react-dom';
import TestUtils from 'react-addons-test-utils';
import Tab from '../Tab';

describe('Tab', () => {
  it('render the tab content', () => {
    // 根据 data 渲染出 Tab 内容
    const tab = TestUtils.renderIntoDocument(
      <Tabs classPrefix={'tabs'} defaultActiveIndex={0} className="ui-tabs">
        <TabPane order="0" tab={'Tab 1'}>第一个 Tab 里的内容</TabPane>
        <TabPane order="1" tab={'Tab 2'}>第二个 Tab 里的内容</TabPane>
        <TabPane order="2" tab={'Tab 3'}>第三个 Tab 里的内容</TabPane>
      </Tabs>
    );

    const tabNode = ReactDOM.findDOMNode(tab);

    // 验证渲染出 3 个 Tab
    expect(tab.querySelectorAll('.tabs-tab').length).toEqual(3);
    // 验证默认选中第一个 Tab，即索引为 0 的子元素含有 active 的 class
    expect(tab.querySelectorAll('.tabs-tab')[0].classList.contains('tabs-active')).toBe(true);
  });
});
```

验证了渲染后，还需要验证点击后能切换到新的 Tab：

```
describe('Tab', () => {
  it('changes active tab after click', () => {
    const tab = TestUtils.renderIntoDocument(
      <Tabs classPrefix={'tabs'} defaultActiveIndex={0} className="ui-tabs">
        <TabPane order="0" tab={'Tab 1'}>第一个 Tab 里的内容</TabPane>
        <TabPane order="1" tab={'Tab 2'}>第二个 Tab 里的内容</TabPane>
        <TabPane order="2" tab={'Tab 3'}>第三个 Tab 里的内容</TabPane>
      </Tabs>
    );

    // 模拟点击第三个标签
    TestUtils.Simulate.click(
      tab.querySelectorAll('.tabs-tab')[2]
    );
    // 第一个标签取消选中，第三个标签被选中
    expect(tab.querySelectorAll('.tabs-tab ')[0].classList.contains('tabs-active')).toBe(false);
```

```
    expect(tab.querySelectorAll('.tabs-tab')[2].classList.contains('tabs-active')).toBe(true);
  });
});
```

综上，使用 Jest 测试组件非常容易。它既可以模拟渲染 DOM 节点，也可以模拟触发 DOM 事件。在大部分情况下，它已经很好用。

2. 浅渲染机制

浅渲染（shallow rendering）很有趣，意思就是只渲染组件中的第一层，这样测试执行器就不需要关心 DOM 和执行环境了。

在实际开发中，组件的层级非常深，所以测试顶层组件时，如果需要把所有子组件全部渲染出来，成本变得非常高。因为 React 组件良好的封装性，测试组件时，大部分测试只需要关注组件本身，它的子组件测试应该在子组件对应的测试代码里做。这样测试执行得很快。

但浅渲染也有天生缺点，它只能测试一级节点。如果要测试子级节点，那就只能做全渲染。

假如一个组件内部有个非常复杂的子组件 ComplexComponent：

```
<div>
  <span className="heading">Title</span>
  <ComplexComponent foo="bar" />
</div>
```

做浅渲染测试是这样的：

```
let renderer = ReactTestUtils.createRenderer();
result = renderer.getRenderOutput();

expect(result.type).toBe('div');
expect(result.props.children).toEqual([
  <span className="heading">Title</span>,
  <ComplexComponent foo="bar" />,
]);
```

3. 全渲染机制

全渲染（full rendering）就是完整渲染出当前组件及其所有的子组件，就像在真实浏览器中渲染那样。当组件内部直接改变了 DOM 时，就需要使用全渲染来测试。全渲染需要真实地模拟 DOM 环境，流行的做法有以下几种。

- 使用 JSDOM：使用 JavaScript 模拟 DOM 环境，能满足 90% 的使用场景。这是 Jest 内部所使用的全渲染框架。
- 使用 Cheerio：类似 JSDOM，更轻的实现，类似 jQuery 的语法。这是 Enzyme 内部使用的全渲染框架。
- 使用 Karma：在真实的浏览器中执行测试，也支持在多个浏览器中依次执行测试，使用的是真实 DOM 环境，但速度稍慢。

2.8.2 Enzyme

Enzyme 是由 Airbnb 开源的 React 组件测试框架。与 Jest 相比，Enzyme 提供类似 jQuery 操作 DOM 的语法，在做测试断言时更灵活、易用。React 官方正讨论用 Enzyme 替代 TestUtils，这也许在下一版中就会实现。

Enzyme 提供 3 种不同的方式来测试组件。

- shallow：推荐的方式，浅渲染，只会渲染本组件内容，引用的外部组件不会渲染，提供更多好的隔离性。
- render：如果 shallow 不能满足，才会使用它。基于 Cheerio 来模拟 DOM 环境（Cheerio 是类似 JSDOM 的另一框架）。
- mount：类似 render，会做全渲染，对于测试生命周期时非常有用。

使用 Enzyme 做上述 Tab 测试的代码如下：

```
import React from 'react';
import { shallow } from 'enzyme';
import Tab from '../Tab';
import { expect } from 'chai';

describe('Tab', () => {
  it('render the tab content', () => {
    const tab = shallow(
      <Tabs classPrefix={'tabs'} defaultActiveIndex={0} className="ui-tabs">
        <TabPane order="0" tab={'Tab 1'}>第一个 Tab 里的内容</TabPane>
        <TabPane order="1" tab={'Tab 2'}>第二个 Tab 里的内容</TabPane>
        <TabPane order="2" tab={'Tab 3'}>第三个 Tab 里的内容</TabPane>
      </Tabs>
    );

    expect(tab.find('.tabs-tab')).to.have.length(3);
    expect(tab.find('.tabs-tab')[0].hasClass('tabs-active')).to.be.true;
  })

  it('changes active tab after click', () => {
    const tab = shallow(
      <Tabs classPrefix={'tabs'} defaultActiveIndex={0} className="ui-tabs">
        <TabPane order="0" tab={'Tab 1'}>第一个 Tab 里的内容</TabPane>
        <TabPane order="1" tab={'Tab 2'}>第二个 Tab 里的内容</TabPane>
        <TabPane order="2" tab={'Tab 3'}>第三个 Tab 里的内容</TabPane>
      </Tabs>
    );

    tab.find('.tabs-tab')[2].simlate('click');
    // 第一个标签取消选中，第三个标签被选中
    expect(tab.find('.tabs-tab')[0].hasClass('tabs-active')).to.be.false;
    expect(tab.find('.tabs-tab')[2].hasClass('tabs-active')).to.be.true;
  });
});
```

Enzyme shallow 渲染模式可以解决大部分测试问题，而且性能非常好。通过类 jQuery 的 API 来操作 DOM，减少了很多重复代码，比 Jest 更加高效。因此，越来越多的项目正在使用 Enzyme。

最后，为了便于测试，React 组件应该尽可能采用声明式的写法。反过来讲，你也可以根据一个组件是否易于测试来反推代码质量。一个好的 React 组件也一定是易于测试的。测试可以让代码变得更加健壮，后期扩展也更加有信心。

2.8.3 自动化测试

现在是时候把整个流程自动化起来了，你需要一个持续集成服务器（CI）来把整个流程自动化。如果使用 GitHub 或 Gitlab 来管理代码，你可以使用 Travis CI 或 Circle CI。

每当有新的 Commit 提交或 PR 发起后，CI 就会自动执行测试，我们可以及时看到测试结果。

在后端工程中，早就流传着“如果这个库没有测试代码，那谁敢用”的话，可见测试在现代软件开发中扮演着越来越重要的角色，前端引入单元测试也是因为复杂客户端应用的大趋势。我们不得不对复杂的交互逻辑进行提前验证，以保证在修改功能时避免主功能上的问题。

2.9 组件化实例：优化 Tabs 组件

经过这一章对 React 各个部分的深入介绍，我们试着用所讲的知识对 1.8 节的 Tabs 组件做一次彻底的优化：

```
import React, { Component, PropTypes, cloneElement } from 'react';
import ReactDOM from 'react-dom';
import EventEmitter from 'events';
import classnames from 'classnames';
import CSSModules from 'react-css-modules';
import { Seq } from 'immutable';
import { immutableRenderDecorator } from 'react-immutable-render-mixin';
import { Motion, spring } from 'react-motion';
import styles from './app.scss';
```

这次我们引入更多的库，其中包括 Immutable 库、配套的 PureRender 库 react-immutable-render-mixin、简化 CSS Modules 的库 react-css-modules 和动画库 React Motion。

首先，从我们引入的 CSS Modules 讲起，这里使用 react-css-modules 库。经过 webpack 的配置后，Tabs 组件就具备渲染 CSS Modules 的能力了。对应的样式文件最大的变化就是扁平化了：

```
.bar {
  position: relative;
  margin-bottom: 16px;
}

.nav {
  font-size: 14px;
```

```
  &:after,
  &:before {
    display: table;
    content: " ";
  }

  &:after {
    clear: both;
  }
}

.tab {
  float: left;
  list-style: none;
  margin-right: 24px;
  padding: 8px 20px;
  text-decoration: none;
  color: #666;
  cursor: pointer;
}

.tabActive {
  color: #00C49F;
  cursor: default;
}

.panel {
  display: none;
}

.content {
  display: block;
}

.contentActive {
  display: block;
}

.inkBar {
  position: absolute;
  left: 0;
  bottom: 1px;
  box-sizing: border-box;
  height: 2px;
  background-color: #00C49F;
  z-index: 1;
}
```

在 JSX 中，只要使用 `styleName` prop 来设置对应的 `key` 即可。我们直接看 TabPane 组件使用 CSS Modules 的例子：

```
@immutableRenderDecorator
```

```
@CSSModules(styles, { allowMultiple: true })
class TabPane extends Component {
  static propTypes = {
    tab: PropTypes.oneOfType([
      PropTypes.string,
      PropTypes.node,
    ]).isRequired,
    order: PropTypes.string.isRequired,
    disable: PropTypes.bool,
    isActive: PropTypes.bool,
  };

  render() {
    const { className, isActive, children } = this.props;

    const classes = classnames({
      panel: true,
      contentActive: isActive,
    });

    return (
      <div
        role="tabpanel"
        styleName={classes}
        aria-hidden={!isActive}>
        {children}
      </div>
    );
  }
}
```

此外，我们看到 immutableRenderDecorator 和 CSSModules 是两个高阶组件。需要说明的是，对于与组件主体功能无关的抽象，我们一般都用高阶组件来抽象。

对 TabPane 的父组件 TabContent 的改写，也采用类似的方式：

```
@immutableRenderDecorator
@CSSModules(styles, { allowMultiple: true })
class TabContent extends Component {
  static propTypes = {
    panels: PropTypes.object,
    activeIndex: PropTypes.number,
  };

  getTabPanes() {
    const { activeIndex, panels } = this.props;

    return panels.map((child) => {
      if (!child) { return; }

      const order = parseInt(child.props.order, 10);
      const isActive = activeIndex === order;
```

```
      return React.cloneElement(child, {
        isActive,
        children: child.props.children,
        key: `tabpane-${order}`,
      });
    });
  }

  render() {
    const classes = classnames({
      content: true,
    });

    return (
      <div styleName={classes}>
        {this.getTabPanes()}
      </div>
    );
  }
}
```

接着，我们来看 TabNav 组件，一个显著的更新是对其增加了动画效果，即对切换到当前选中的 tab 标签的下划线做了滑动效果。这里利用了 React Motion 库来实现：

```
function getOuterWidth(el) {
  return el.offsetWidth;
}

function getOffset(el) {
  const html = el.ownerDocument.documentElement;
  const box = el.getBoundingClientRect();

  return {
    top: box.top + window.pageYOffset - html.clientTop,
    left: box.left + window.pageXOffset - html.clientLeft,
  };
}

@immutableRenderDecorator
@CSSModules(styles, { allowMultiple: true })
class TabNav extends Component {
  static propTypes = {
    panels: PropTypes.object,
    activeIndex: PropTypes.number,
  };

  constructor(props) {
    super(props);

    this.state = {
      inkBarWidth: 0,
      inkBarLeft: 0,
```

```
    };
  }

  componentDidMount() {
    // 计算激活 tab 的宽度和相对屏幕的左侧位置
    const { activeIndex } = this.props;
    const node = ReactDOM.findDOMNode(this);
    const el = node.querySelectorAll('li')[activeIndex];

    this.setState({
      inkBarWidth: getOuterWidth(el),
      inkBarLeft: getOffset(el).left,
    });
  }

  componentDidUpdate(prevProps) {
    if (prevProps.activeIndex !== this.props.activeIndex) {
      const { activeIndex } = this.props;
      const node = ReactDOM.findDOMNode(this);
      const el = node.querySelectorAll('li')[activeIndex];

      this.setState({
        inkBarWidth: getOuterWidth(el),
        inkBarLeft: getOffset(el).left,
      });
    }
  }

  getTabs() {
    const { panels, activeIndex } = this.props;

    // children 经过 Immutable 转换后，需要使用 Immutable API 遍历
    return panels.map((child) => {
      if (!child) { return; }

      const order = parseInt(child.props.order, 10);

      let classes = classnames({
        tab: true,
        tabActive: activeIndex === order,
        disabled: child.props.disabled,
      });

      let events = {};
      if (!child.props.disabled) {
        events = {
          onClick: this.props.onTabClick.bind(this, order),
        };
      }

      const ref = {};
      if (activeIndex === order) {
        ref.ref = 'activeTab';
      }
```

```
      return (
        <li
          role="tab"
          aria-disabled={child.props.disabled ? 'true' : 'false'}
          aria-selected={activeIndex === order? 'true' : 'false'}
          {...events}
          styleName={classes}
          key={order}
          {...ref}
        >
          {child.props.tab}
        </li>
      );
    });
  }

  render() {
    const { activeIndex } = this.props;

    const rootClasses = classnames({
      bar: true,
    });

    const classes = classnames({
      nav: true,
    });

    return (
      <div styleName={rootClasses} role="tablist">
        <Motion style={{ left: spring(this.state.inkBarLeft) }}>
          {({ left }) => <InkBar width={this.state.inkBarWidth} left={left} />}
        </Motion>
        <ul styleName={classes}>
          {this.getTabs()}
        </ul>
      </div>
    );
  }
}
```

对于这个效果，我们只是在改变它的样式，只需要改变滑动条的横向距离即可。但在这里我们没有用 `left` 属性，而是利用了 CSS 的 `translate3d` 启用 GPU 来加速动画的渲染效率：

```
@immutableRenderDecorator
@CSSModules(styles, { allowMultiple: true })
class InkBar extends Component {
  static propTypes = {
    left: PropTypes.number,
    width: PropTypes.number,
  };
```

```
  render() {
    const { left, width } = this.props;

    const classes = classnames({
      inkBar: true,
    });

    return (
      <div styleName={classes} style={{
        WebkitTransform: `translate3d(${left}px, 0, 0)`,
        transform: `translate3d(${left}px, 0, 0)`,
        width: width,
      }}>
      </div>
    );
  }
}
```

最后是 Tabs 组件的实现，它利用了 Immutable 的 `Seq` 封装了原来的 `children` 数组：

```
@immutableRenderDecorator
@CSSModules(styles, { allowMultiple: true })
class Tabs extends Component {
  static propTypes = {
    children: PropTypes.oneOfType([
      PropTypes.arrayOf(PropTypes.node),
      PropTypes.node,
    ]),
    defaultActiveIndex: PropTypes.number,
    activeIndex: PropTypes.number,
    onChange: PropTypes.func,
  };

  static defaultProps = {
    onChange: () => {},
  };

  constructor(props) {
    super(props);

    this.handleTabClick = this.handleTabClick.bind(this);
    this.immChildren = Seq(currProps.children);

    const currProps = this.props;

    let activeIndex;
    if ('activeIndex' in currProps) {
      activeIndex = currProps.activeIndex;
    } else if ('defaultActiveIndex' in currProps) {
      activeIndex = currProps.defaultActiveIndex;
    }

    this.state = {
      activeIndex,
```

```
      prevIndex: activeIndex,
    };
  }

  componentWillReceiveProps(nextProps) {
    if ('activeIndex' in nextProps) {
      this.setState({
        activeIndex: nextProps.activeIndex,
      });
    }
  }

  handleTabClick(activeIndex) {
    const prevIndex = this.state.activeIndex;

    if (this.state.activeIndex !== activeIndex &&
        'defaultActiveIndex' in this.props) {
      this.setState({
        activeIndex,
        prevIndex,
      });

      this.props.onChange({ activeIndex, prevIndex });
    }
  }

  renderTabNav() {
    return (
      <TabNav
        key="tabBar"
        onTabClick={this.handleTabClick}
        panels={this.immChildren}
        activeIndex={this.state.activeIndex}
      />
    );
  }

  renderTabContent() {
    return (
      <TabContent
        key="tabcontent"
        activeIndex={this.state.activeIndex}
        panels={this.immChildren}
      />
    );
  }

  render() {
    const { className } = this.props;
    const classes = classnames(className, 'ui-tabs');

    return (
      <div className={classes}>
        {this.renderTabNav()}
```

```
            {this.renderTabContent()}
          </div>
        );
      }
    }
```

之前我们也讲到，对于数组或对象类型的 props 而言，优化的最直接手段就是使用 Immutable。经过测试，Tabs 组件大大减少了无意义的渲染次数。

自此，Tabs 组件的优化就告一段落了。你有没有发现原 Tabs 组件是可以设置 `classPrefix` 以表达主题？在 CSS Modules 中，这是怎么表达的呢？这个问题留给你思考。

2.10 小结

本章通过深入介绍 React 的概念及特性，让开发者从方方面面去熟悉它，最终通过优化 Tabs 组件让开发者对 React 组件开发有一个全面的认识并具备实践的能力。随着 React 的不停发展，相关内容一定还会更新，但基本思路从 React 诞生以来就没有变化过。希望读者可以从这些内容中举一反三，实践出开发组件的最佳方法，然后运用于生产中，并与整个社区分享。

第 3 章

解读 React 源码

3

通过前面两章，我们系统学习了 React 的基本概念、API、组件的构建方法以及高级用法，然而这背后的一切显得那么神奇而又神秘，它们到底是怎么运转的呢?

本章会通过分析 React 15.0 的源码，深入 Virtual DOM 内部的实现机制和原理，让我们一步步揭开 Virtual DOM 的神秘面纱，探索其内部的精彩世界!

3.1 初探 React 源码

在深入分析 React 源码之前，我们先大致了解一下 React 源码的组织结构，如图 3-1 所示。

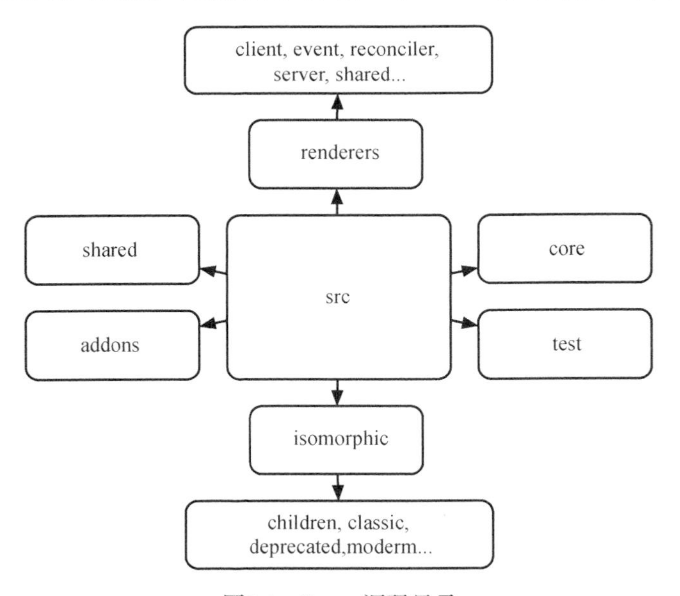

图3-1 React 源码目录

在 React 源码中，每个文件的名字的含义从字面上即可看出，整体的代码结构按照 addons、isomorphic、renderers、shared、core、test 进行组织。

- **addons**:包含一系列的工具方法插件,如 `PureRenderMixin`、`CSSTransitionGroup`、`Fragment`、`LinkedStateMixin` 等。
- **isomorphic**:包含一系列同构方法。
- **shared**:包含一些公用或常用方法,如 `Transaction`、`CallbackQueue` 等。
- **test**:包含一些测试方法等。
- **core/tests**:包含一些边界错误的测试用例。
- **renderers**:是 React 代码的核心部分,它包含了大部分功能实现,此处对其进行单独分析。

renderers 分为 dom 和 shared 目录。

- **dom**:包含 client、server 和 shared。
  - **client**:包含 DOM 操作方法(如 `findDOMNode`、`setInnerHTML`、`setTextContent` 等)以及事件方法,结构如图 3-2 所示。这里的事件方法主要是一些非底层的实用性事件方法,如事件监听(`ReactEventListener`)、常用事件方法(`TapEventPlugin`、`EnterLeaveEventPlugin`)以及一些合成事件(`SyntheticEvents` 等)。

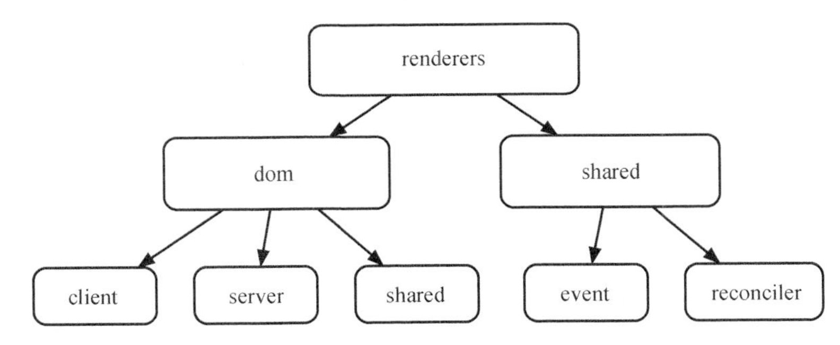

图 3-2 React 下 renderers 源码目录

  - **server**:主要包含服务端渲染的实现和方法(如 `ReactServerRendering`、`ReactServerRenderingTransaction` 等)。
  - **shared**:包含文本组件(ReactDOMTextComponent)、标签组件(ReactDOMComponent)、DOM 属性操作(`DOMProperty`、`DOMPropertyOperations`)、CSS 属性操作(`CSSProperty`、`CSSPropertyOperations`)等。
- **shared**:包含 event 和 reconciler。
  - **event**:包含一些更为底层的事件方法,如事件插件中心(`EventPluginHub`)、事件注册(`EventPluginRegistry`)、事件传播(`EventPropagators`)以及一些事件通用方法。

    React 自定义了一套通用事件的插件系统,该系统包含事件监听器、事件发射器、事件插件中心、点击事件、进/出事件、简单事件、合成事件以及一些事件方法,如图 3-3 所示。

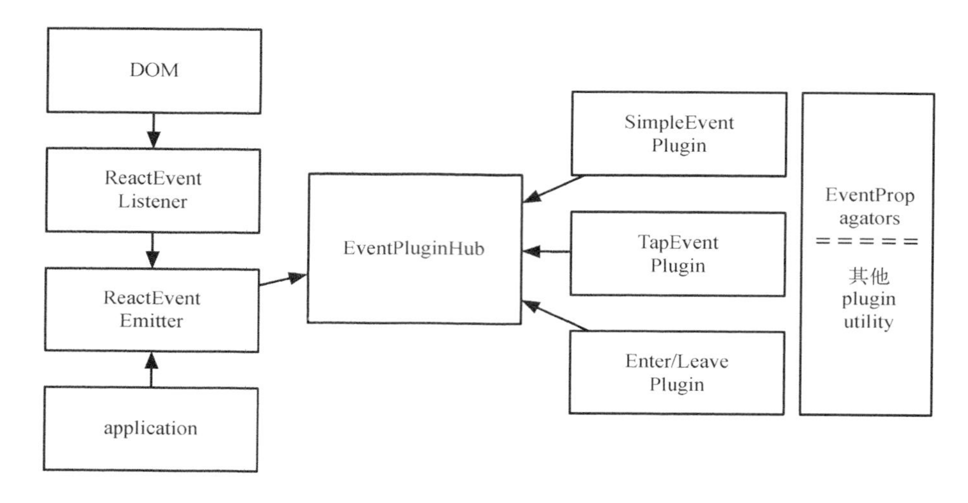

图 3-3　通用事件插件系统

- **reconciler**：称为协调器，它是最为核心的部分，包含 React 中自定义组件的实现（ReactCompositeComponent）、组件生命周期机制、setState 机制（ReactUpdates、ReactUpdateQueue）、DOM diff 算法（ReactMultiChild）等重要的特性方法。

那么，为何说 reconciler 是 React 最为核心的部分呢？

在 Web 开发中，要将更新的数据实时反应到 UI 上，就不可避免地需要对 DOM 进行操作，而复杂频繁的 DOM 操作通常是产生性能瓶颈的原因之一。为此，React 引入了 Virtual DOM 机制。毫不夸张地说，Virtual DOM 是 React 的核心与精髓所在，而 reconciler 就是实现 Virtual DOM 的主要源码。

Virtual DOM 实际上是在浏览器端用 JavaScript 实现的一套 DOM API，它之于 React 就好似一个虚拟空间，包括一整套 Virtual DOM、生命周期的维护和管理、性能高效的 diff 算法和将 Virtual DOM 展示为原生 DOM 的 Patch 方法等。

基于 React 进行开发时，所有的 DOM 树都是通过 Virtual DOM 构造的。React 在 Virtual DOM 上实现了 DOM diff 算法，当数据更新时，会通过 diff 寻找到需要变更的 DOM 节点，并只对变化的部分进行实际的浏览器的 DOM 更新，而不是重新渲染整个 DOM 树。

React 也能够实现 Virtual DOM 的批处理更新，当操作 Virtual DOM 时，不会马上生成真实的 DOM，而是会将一个事件循环（event loop）内的两次数据更新进行合并，这样就使得 React 能够在事件循环的结束之前完全不用操作真实的 DOM。例如，多次进行节点内容 A→B，B→A 的变化，React 会将多次数据更新合并为 A→B→A，即 A→A，认为数据并没有更新，因此 UI 也不会发生任何变化。如果通过手动控制，这种逻辑通常是极其复杂的。

尽管每一次都需要构造完整的 Virtual DOM 树，但由于 Virtual DOM 是 JavaScript 对象，性能极高，而对原生 DOM 进行操作的仅仅是 diff 部分，因而能达到提高性能的目的。这样，在保证性能的同时，开发者将不再需要关注某个数据的变化如何更新到具体的 DOM 元素，而只需要关心在任意数据状态下，整个界面是如何渲染的。

那么，React 中是如何实现 Virtual DOM 机制的呢？为众人所津津乐道的 diff 算法到底有何神秘之处呢？组件的生命周期又是如何进行管理的呢？

从下一节开始，我们将通过分析 React 15.0 源码，深入研究 Virtual DOM 内部的实现机制及原理。

3.2　Virtual DOM

Virtual DOM 之于 React，就好比一个虚拟空间，React 的所有工作几乎都是基于 Virtual DOM 完成的。其中，Virtual DOM 负责底层框架的构建工作，它拥有一整套的 Virtual DOM 标签，并负责虚拟节点及其属性的构建、更新、删除等工作。那么，Virtual DOM 到底是如何构建虚拟节点，如何更新节点属性的呢？

其实，构建一套简易 Virtual DOM 并不复杂，它只需要具备一个 DOM 标签所需的基本元素即可：

- 标签名
- 节点属性，包含样式、属性、事件等
- 子节点
- 标识 id

示例代码如下：

```
{
  // 标签名
  tagName: 'div',
  // 属性
  properties: {
    // 样式
    style: {}
  },
  // 子节点
  children: [],
  // 唯一标识
  key: 1
}
```

Virtual DOM 当然不止于此，却也离不开这些基础元素。现在就让我们揭下它的神秘面纱，一探究竟吧！

Virtual DOM 中的节点称为 ReactNode，它分为3种类型 ReactElement、ReactFragment 和

ReactText。其中，ReactElement 又分为 ReactComponentElement 和 ReactDOMElement。

下面是 ReactNode 中不同类型节点所需要的基础元素：

```
type ReactNode = ReactElement | ReactFragment | ReactText;

type ReactElement = ReactComponentElement | ReactDOMElement;

type ReactDOMElement = {
  type : string,
  props : {
    children : ReactNodeList,
    className : string,
    etc.
  },
  key : string | boolean | number | null,
  ref : string | null
};

type ReactComponentElement<TProps> = {
  type : ReactClass<TProps>,
  props : TProps,
  key : string | boolean | number | null,
  ref : string | null
};

type ReactFragment = Array<ReactNode | ReactEmpty>;

type ReactNodeList = ReactNode | ReactEmpty;

type ReactText = string | number;

type ReactEmpty = null | undefined | boolean;
```

那么，Virtual DOM 是如何根据这些节点类型来创建元素的呢？

3.2.1　创建 React 元素

在 1.2 节里，我们介绍过 JSX 的语法，现在先来回顾下它的用法。下面是一段 JSX 与编译后的 JavaScript：

```
const Nav, Profile;

// 输入（JSX）：
const app = <Nav color="blue"><Profile>click</Profile></Nav>;

// 输出（JavaScript）：
const app = React.createElement(
  Nav,
  {color:"blue"},
  React.createElement(Profile, null, "click")
);
```

通过 JSX 创建的虚拟元素最终会被编译成调用 React 的 `createElement` 方法。那么 `createElement` 方法到底做了什么，它的奥秘是什么呢？我们来解读相关源码（源码路径：/v15.0.0/src/isomorphic/classic/element/ReactElement.js）：

```
// createElement 只是做了简单的参数修正，返回一个 ReactElement 实例对象，
// 也就是虚拟元素的实例
ReactElement.createElement = function(type, config, children) {
  // 初始化参数
  var propName;
  var props = {};
  var key = null;
  var ref = null;
  var self = null;
  var source = null;

  // 如果存在 config，则提取里面的内容
  if (config != null) {
    ref = config.ref === undefined ? null : config.ref;
    key = config.key === undefined ? null : '' + config.key;
    self = config.__self === undefined ? null : config.__self;
    source = config.__source === undefined ? null : config.__source;
    // 复制 config 里的内容到 props（如 id 和 className 等）
    for (propName in config) {
      if (config.hasOwnProperty(propName) &&
          !RESERVED_PROPS.hasOwnProperty(propName)) {
        props[propName] = config[propName];
      }
    }
  }

  // 处理 children，全部挂载到 props 的 children 属性上。如果只有一个参数，直接赋值给 children，
  // 否则做合并处理
  var childrenLength = arguments.length - 2;
  if (childrenLength === 1) {
    props.children = children;
  } else if (childrenLength > 1) {
    var childArray = Array(childrenLength);
    for (var i = 0; i < childrenLength; i++) {
      childArray[i] = arguments[i + 2];
    }
    props.children = childArray;
  }

  // 如果某个 prop 为空且存在默认的 prop，则将默认 prop 赋给当前的 prop
  if (type && type.defaultProps) {
    var defaultProps = type.defaultProps;
    for (propName in defaultProps) {
      if (typeof props[propName] === 'undefined') {
        props[propName] = defaultProps[propName];
      }
    }
  }
```

```
  // 返回一个 ReactElement 实例对象
  return ReactElement(type, key, ref, self, source, ReactCurrentOwner.current, props);
};
```

Virtual DOM 通过 createElement 创建虚拟元素，那又是如何创建组件的呢？

3.2.2　初始化组件入口

当使用 React 创建组件时，首先会调用 `instantiateReactComponent`，这是初始化组件的入口函数，它通过判断 node 类型来区分不同组件的入口。

- 当 node 为空时，说明 node 不存在，则初始化空组件 `ReactEmptyComponent.create(instantiateReactComponent)`。
- 当 node 类型为对象时，即是 DOM 标签组件或自定义组件，那么如果 element 类型为字符串时，则初始化 DOM 标签组件 `ReactNativeComponent.createInternalComponent(element)`，否则初始化自定义组件 `ReactCompositeComponentWrapper()`。
- 当 node 类型为字符串或数字时，则初始化文本组件 `ReactNativeComponent.createInstanceForText(node)`。
- 如果是其他情况，则不作处理。

`instantiateReactComponent` 函数关系如图 3-4 所示。

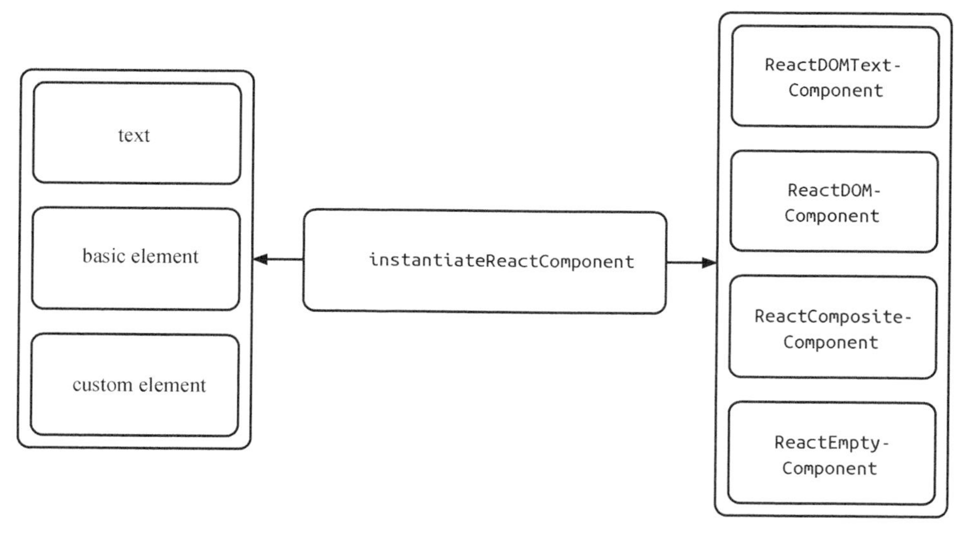

图 3-4　`instantiateReactComponent` 函数关系

`instantiateReactComponent` 方法的源码如下（源码路径：/v15.0.0/src/renderers/shared/reconciler/instantiateReactComponent.js）：

```
// 初始化组件入口
function instantiateReactComponent(node, parentCompositeType) {
  var instance;

  // 空组件 (ReactEmptyComponent)
  if (node === null || node === false) {
    instance = ReactEmptyComponent.create(instantiateReactComponent);
  }

  if (typeof node === 'object') {
    var element = node;
    if (typeof element.type === 'string') {
      // DOM标签 (ReactDOMComponent)
      instance = ReactNativeComponent.createInternalComponent(element);
    } else if (isInternalComponentType(element.type)) {
      // 不是字符串表示的自定义组件暂无法使用，此处将不做组件初始化操作
      instance = new element.type(element);
    }  else {
      // 自定义组件 (ReactCompositeComponent)
      instance = new ReactCompositeComponentWrapper();
    }
  } else if (typeof node === 'string' || typeof node === 'number') {
    // 字符串或数字 (ReactTextComponent)
    instance = ReactNativeComponent.createInstanceForText(node);
  } else {
    // 不做处理
  }

  // 设置实例
  instance.construct(node);
  // 初始化参数
  instance._mountIndex = 0;
  instance._mountImage = null;

  return instance;
}
```

3.2.3 文本组件

当node类型为文本节点时是不算Virtual DOM元素的，但React为了保持渲染的一致性，将其封装为文本组件ReactDOMTextComponent。

在执行mountComponent方法时，ReactDOMTextComponent通过transaction.useCreateElement判断该文本是否是通过createElement方法创建的节点，如果是，则为该节点创建相应的标签和标识domID，这样每个文本节点也能与其他React节点一样拥有自己的唯一标识，同时也拥有了Virtual DOM diff的权利。但如果不是通过createElement创建的文本，React将不再为其创建<span>和domID标识，而是直接返回文本内容。

不再为裸露的文本内容包裹<span>标签，是React 15.0版本的更新点之一。此前，React为

裸露的文本内容包裹上 `<span>` 标签，其实并没有产生任何作用，反而增加了不必要的标签，因此 React 15.0 版本将去掉这些操作。

在执行 `receiveComponent` 方法时，可以通过 `DOMChildrenOperations.replaceDelimitedText(commentNodes[0], commentNodes[1], nextStringText)` 来更新文本内容。

ReactTextComponent 关系如图 3-5 所示。

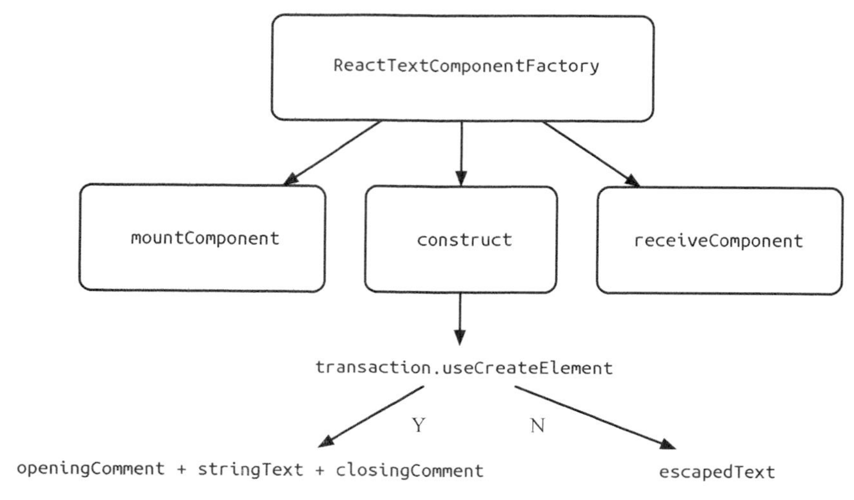

图 3-5　ReactTextComponent 关系

ReactDOMTextComponent 的源码（源码路径：/v15.0.0/src/renderers/dom/shared/ReactDOMTextComponent.js）如下：

```
// 创建文本组件，这是 ReactText，并不是 ReactElement
var ReactDOMTextComponent = function(text) {
  // 保存当前的字符串
  this._currentElement = text;
  this._stringText = '' + text;

  // ReactDOMComponentTree 需要使用的参数
  this._nativeNode = null;
  this._nativeParent = null;

  // 属性
  this._domID = null;
  this._mountIndex = 0;
  this._closingComment = null;
  this._commentNodes = null;
};

Object.assign(ReactDOMTextComponent.prototype, {
  mountComponent: function(transaction, nativeParent, nativeContainerInfo, context) {
    var domID = nativeContainerInfo._idCounter++;
```

```
    var openingValue = ' react-text: ' + domID + ' ';
    var closingValue = ' /react-text ';
    this._domID = domID;
    this._nativeParent = nativeParent;

    // 如果使用 createElement 创建文本标签，则该文本会带上标签和 domID
    if (transaction.useCreateElement) {
      var ownerDocument = nativeContainerInfo._ownerDocument;
      var openingComment = ownerDocument.createComment(openingValue);
      var closingComment = ownerDocument.createComment(closingValue);
      var lazyTree = DOMLazyTree(ownerDocument.createDocumentFragment());
      // 开始标签
      DOMLazyTree.queueChild(lazyTree, DOMLazyTree(openingComment));
      // 如果是文本类型，则创建文本节点
      if (this._stringText) {
        DOMLazyTree.queueChild(lazyTree, DOMLazyTree(ownerDocument.createTextNode
          (this._stringText)));
      }
      // 结束标签
      DOMLazyTree.queueChild(lazyTree, DOMLazyTree(closingComment));
      ReactDOMComponentTree.precacheNode(this, openingComment);
      this._closingComment = closingComment;
      return lazyTree;
    } else {
      var escapedText = escapeTextContentForBrowser(this._stringText);
      // 静态页面下直接返回文本
      if (transaction.renderToStaticMarkup) {
        return escapedText;
      }
      // 如果不是通过 createElement 创建的文本，则将标签和属性注释掉，直接返回文本内容
      return (
        '<!--' + openingValue + '-->' + escapedText +
        '<!--' + closingValue + '-->'
      );
    }
  },

  // 更新文本内容
  receiveComponent: function(nextComponent, transaction) {
    if (nextText !== this._currentElement) {
      this._currentElement = nextText;
      var nextStringText = '' + nextText;
      if (nextStringText !== this._stringText) {
        this._stringText = nextStringText;
        var commentNodes = this.getNativeNode();

        DOMChildrenOperations.replaceDelimitedText(commentNodes[0], commentNodes[1],
          nextStringText);
      }
    }
  },
});
```

3.2.4　DOM 标签组件

Virtual DOM 涵盖了几乎所有的原生 DOM 标签，如 `<div>`、`<p>`、`<span>` 等。当开发者使用 React 时，此时的 `<div>` 并不是原生 `<div>` 标签，它其实是 React 生成的 Virtual DOM 对象，只不过标签名称相同罢了。React 的大部分工作都是在 Virtual DOM 中完成的，对于原生 DOM 而言，Virtual DOM 就如同一个隔离的沙盒，因此 React 的处理并不是直接操作和污染原生 DOM，这样不仅保持了性能上的高效和稳定，而且降低了直接操作原生 DOM 而导致错误的风险。

ReactDOMComponent 针对 Virtual DOM 标签的处理主要分为以下两个部分：

- 属性的更新，包括更新样式、更新属性、处理事件等；
- 子节点的更新，包括更新内容、更新子节点，此部分涉及 diff 算法。

1. 更新属性

当执行 `mountComponent` 方法时，ReactDOMComponent 首先会生成标记和标签，通过 `this.createOpenTagMarkupAndPutListeners(transaction)` 来处理 DOM 节点的属性和事件。

- 如果存在事件，则针对当前的节点添加事件代理，即调用 `enqueuePutListener(this, propKey, propValue, transaction)`。
- 如果存在样式，首先会对样式进行合并操作 `Object.assign({}, props.style)`，然后通过 `CSSPropertyOperations.createMarkupForStyles(propValue, this)` 创建样式。
- 通过 `DOMPropertyOperations.createMarkupForProperty(propKey, propValue)` 创建属性。
- 通过 `DOMPropertyOperations.createMarkupForID(this._domID)` 创建唯一标识。

`_createOpenTagMarkupAndPutListeners` 方法的源码如下（源码路径：/v15.0.0/src/renderers/dom/shared/ReactDOMComponent.js）：

```
_createOpenTagMarkupAndPutListeners: function(transaction, props) {
  var ret = '<' + this._currentElement.type;
  // 拼凑出属性
  for (var propKey in props) {
    var propValue = props[propKey];

    if (registrationNameModules.hasOwnProperty(propKey)) {
      // 针对当前的节点添加事件代理
      if (propValue) {
        enqueuePutListener(this, propKey, propValue, transaction);
      }
    } else {
      if (propKey === STYLE) {
        if (propValue) {
          // 合并样式
          propValue = this._previousStyleCopy = Object.assign({}, props.style);
        }
        propValue = CSSPropertyOperations.createMarkupForStyles(propValue, this);
      }
```

```
        // 创建属性标识
        var markup = null;
        if (this._tag != null && isCustomComponent(this._tag, props)) {
          markup = DOMPropertyOperations.createMarkupForProperty(propKey, propValue);
        }
        if (markup) {
          ret += ' ' + markup;
        }
      }
    }

    // 对于静态页面，不需要设置 react-id，这样可以节省大量字节
    if (transaction.renderToStaticMarkup) {
      return ret;
    }

    // 设置 react-id
    if (!this._nativeParent) {
      ret += ' ' + DOMPropertyOperations.createMarkupForRoot();
    }
    ret += ' ' + DOMPropertyOperations.createMarkupForID(this._domID);

    return ret;
  }
```


注意 去除 data-reactid 是 React 15.0 的更新点之一。众所周知，React 渲染后的每个 DOM 节点都会添加 data-reactid 属性。这个作为 DOM 节点的唯一标识而存在的字符串，不仅对用户毫无用处，而且还会存在一定的性能影响。因为当 DOM 更新时，每个节点的 data-reactid 属性也会进行更新，而更新 DOM 节点属性是需要部分性能消耗的。其实，早有开发者向 React 官方提过问题，建议去掉这个鸡肋的属性标识，这终于在 React 15.0 版本上实现了。据官方宣称，去除 data-reactid 使得 React 性能有了 10% 的提升。

当执行 receiveComponent 方法时，ReactDOMComponent 会通过 this.updateComponent(transaction, prevElement, nextElement, context) 来更新 DOM 节点属性。

先是**删除不需要的旧属性**。如果不需要旧样式，则遍历旧样式集合，并对每个样式进行置空删除；如果不需要事件，则将其事件监听的属性去掉，即针对当前的节点取消事件代理 deleteListener(this, propKey)；如果旧属性不在新属性集合里时，则需要删除旧属性 DOMPropertyOperations.deleteValueForProperty(getNode(this), propKey)。

再是**更新新属性**。如果存在新样式，则将新样式进行合并 Object.assign({}, nextProp)；如果在旧样式中但不在新样式中，则清除该样式；如果既在旧样式中也在新样式中，且不相同，则更新该样式 styleUpdates[styleName] = nextProp[styleName]；如果在新样式中，但不在旧样式中，则直接更新为新样式 styleUpdates = nextProp；如果存在事件更新，则添加事件监听的属性 enqueuePutListener(this, propKey, nextProp, transaction)；如果存在新属性，则添加新属

性，或者更新旧的同名属性 `DOMPropertyOperations.setValueForAttribute(node, propKey, nextProp)`。

至此，ReactDOMComponent 完成了 DOM 节点属性更新的操作，相关代码如下：

```
_updateDOMProperties: function(lastProps, nextProps, transaction) {
  var propKey;
  var styleName;
  var styleUpdates;

  // 当一个旧的属性不在新的属性集合里时，需要删除
  for (propKey in lastProps) {
    // 如果新属性里有，或者 propKey 是在原型上的则直接跳过，这样剩下的都是不在新属性集合里的，
    // 需要删除
    if (nextProps.hasOwnProperty(propKey) || !lastProps.hasOwnProperty(propKey) || lastProps[propKey]
      == null) {
      continue;
    }
    // 从 DOM 上删除不需要的样式
    if (propKey === STYLE) {
      var lastStyle = this._previousStyleCopy;
      for (styleName in lastStyle) {
        if (lastStyle.hasOwnProperty(styleName)) {
          styleUpdates = styleUpdates || {};
          styleUpdates[styleName] = '';
        }
      }
      this._previousStyleCopy = null;
    } else if (registrationNameModules.hasOwnProperty(propKey)) {
        if (lastProps[propKey]) {
          // 这里的事件监听的属性需要去掉监听，针对当前的节点取消事件代理
         deleteListener(this, propKey);
        }
    } else if (DOMProperty.isStandardName[propKey] || DOMProperty.isCustomAttribute(propKey)) {
      // 从 DOM 上删除不需要的属性
      DOMPropertyOperations.deleteValueForProperty(getNode(this), propKey);
      );
    }
  }

  // 对于新的属性，需要写到 DOM 节点上
  for (propKey in nextProps) {
    var nextProp = nextProps[propKey];
    var lastProp =
        propKey === STYLE ? this._previousStyleCopy :
        lastProps != null ? lastProps[propKey] : undefined;
    // 不在新属性中，或与旧属性相同，则跳过
    if (!nextProps.hasOwnProperty(propKey) || nextProp === lastProp || nextProp == null && lastProp
      == null) {
      continue;
    }
    // 在 DOM 上写入新样式（更新样式）
    if (propKey === STYLE) {
```

```
      if (nextProp) {
        nextProp = this._previousStyleCopy = Object.assign({}, nextProp);
      }
      if (lastProp) {
        // 在旧样式中且不在新样式中，清除该样式
        for (styleName in lastProp) {
          if (lastProp.hasOwnProperty(styleName) && (!nextProp
            || !nextProp.hasOwnProperty(styleName))) {
            styleUpdates = styleUpdates || {};
            styleUpdates[styleName] = '';
          }
        }
        // 既在旧样式中也在新样式中，且不相同，更新该样式
        for (styleName in nextProp) {
          if (nextProp.hasOwnProperty(styleName) && lastProp[styleName] !== nextProp[styleName]) {
            styleUpdates = styleUpdates || {};
            styleUpdates[styleName] = nextProp[styleName];
          }
        }
      } else {
        // 不存在旧样式，直接写入新样式
        styleUpdates = nextProp;
      }
    } else if (registrationNameModules.hasOwnProperty(propKey)) {
      if (nextProp) {
        // 添加事件监听的属性
        enqueuePutListener(this, propKey, nextProp, transaction);
      } else {
        deleteListener(this, propKey);
      }
    // 添加新的属性，或者是更新旧的同名属性
    } else if (isCustomComponent(this._tag, nextProps)) {
      if (!RESERVED_PROPS.hasOwnProperty(propKey)) {
        // setValueForAttribute 更新属性
        DOMPropertyOperations.setValueForAttribute(getNode(this), propKey, nextProp);
      }
    } else if (DOMProperty.properties[propKey] || DOMProperty.isCustomAttribute(propKey)) {
      var node = getNode(this);
      if (nextProp != null) {
        DOMPropertyOperations.setValueForProperty(node, propKey, nextProp);
      } else {
        // 如果更新为 null 或 undefined，则执行删除属性操作
        DOMPropertyOperations.deleteValueForProperty(node, propKey);
      }
    }
    // 如果 styleUpdates 不为空，则设置新样式
    if (styleUpdates) {
      CSSPropertyOperations.setValueForStyles(getNode(this), styleUpdates, this);
    }
  }
}
```

2. 更新子节点

当执行 mountComponent 方法时，ReactDOMComponent 会通过 this._createContentMarkup(transaction, props, context) 来处理 DOM 节点的内容。

首先，获取节点内容 props.dangerouslySetInnerHTML。如果存在子节点，则通过 this.mountChildren(childrenToUse, transaction, context) 对子节点进行初始化渲染：

```
_createContentMarkup: function(transaction, props, context) {
  var ret = '';

  // 获取子节点渲染出的内容
  var innerHTML = props.dangerouslySetInnerHTML;

  if (innerHTML != null) {
    if (innerHTML.__html != null) {
      ret = innerHTML.__html;
    }
  } else {
    var contentToUse = CONTENT_TYPES[typeof props.children] ? props.children : null;
    var childrenToUse = contentToUse != null ? null : props.children;

    if (contentToUse != null) {
      ret = escapeTextContentForBrowser(contentToUse);
    } else if (childrenToUse != null) {
      // 对子节点进行初始化渲染
      var mountImages = this.mountChildren(childrenToUse, transaction, context);

      ret = mountImages.join('');
    }
  }
  // 是否需要换行
  if (newlineEatingTags[this._tag] && ret.charAt(0) === '\n') {
    return '\n' + ret;
  } else {
    return ret;
  }
}
```

当执行 receiveComponent 方法时，ReactDOMComponent 会通过 this._updateDOMChildren(lastProps, nextProps, transaction, context) 来更新 DOM 内容和子节点。

先是**删除不需要的子节点和内容**。如果旧节点存在，而新节点不存在，说明当前节点在更新后被删除，此时执行方法 this.updateChildren(null, transaction, context)；如果旧的内容存在，而新的内容不存在，说明当前内容在更新后被删除，此时执行方法 this.updateTextContent('')。

再是**更新子节点和内容**。如果新子节点存在，则更新其子节点，此时执行方法 this.updateChildren(nextChildren, transaction, context)；如果新的内容存在，则更新内容，此时执行方法 this.updateTextContent('' + nextContent)。

至此，ReactDOMComponent 完成了 DOM 子节点和内容的更新操作，相关代码如下：

```
_updateDOMChildren: function(lastProps, nextProps, transaction, context) {
  // 初始化
  var lastContent = CONTENT_TYPES[typeof lastProps.children] ? lastProps.children : null;
  var nextContent = CONTENT_TYPES[typeof nextProps.children] ? nextProps.children : null;
  var lastHtml = lastProps.dangerouslySetInnerHTML && lastProps.dangerouslySetInnerHTML.__html;
  var nextHtml = nextProps.dangerouslySetInnerHTML && nextProps.dangerouslySetInnerHTML.__html;

  var lastChildren = lastContent != null ? null : lastProps.children;
  var nextChildren = nextContent != null ? null : nextProps.children;
  var lastHasContentOrHtml = lastContent != null || lastHtml != null;
  var nextHasContentOrHtml = nextContent != null || nextHtml != null;

  if (lastChildren != null && nextChildren == null) {
    // 旧节点存在，而新节点不存在，说明当前节点在更新后被删除了
    this.updateChildren(null, transaction, context);
  } else if (lastHasContentOrHtml && !nextHasContentOrHtml) {
    // 说明当前内容在更新后被删除了
    this.updateTextContent('');
  }

  // 新节点存在
  if (nextContent != null) {
    // 更新内容
    if (lastContent !== nextContent) {
      this.updateTextContent('' + nextContent);
    }
  } else if (nextHtml != null) {
    // 更新属性标识
    if (lastHtml !== nextHtml) {
      this.updateMarkup('' + nextHtml);
    }
  } else if (nextChildren != null) {
    // 更新子节点
    this.updateChildren(nextChildren, transaction, context);
  }
}
```

当卸载组件时，ReactDOMComponent 会进行一系列的操作，如卸载子节点、清除事件监听、清空标识等：

```
unmountComponent: function(safely) {
  this.unmountChildren(safely);
  ReactDOMComponentTree.uncacheNode(this);
  EventPluginHub.deleteAllListeners(this);
  ReactComponentBrowserEnvironment.unmountIDFromEnvironment(this._rootNodeID);
  this._rootNodeID = null;
  this._domID = null;
  this._wrapperState = null;
}
```

ReactDOMComponent 关系如图 3-6 所示。

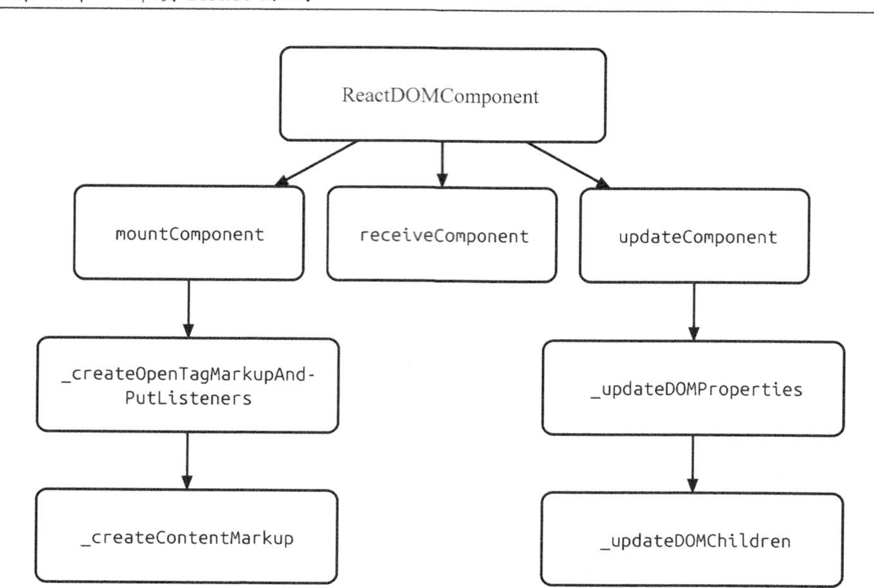

图 3-6　ReactDOMComponent关系

其中，updateChildren 为 diff 中的内容，请移步至 3.5 节。

3.2.5　自定义组件

ReactCompositeComponent 自定义组件实现了一整套 React 生命周期和 setState 机制，因此自定义组件是在生命周期的环境中进行更新属性、内容和子节点的操作。这些更新操作与 ReactDOMComponent 的操作类似，在此就不赘述了。

如果对 React 生命周期机制不了解，下一节就可以让你深入了解生命周期的管理艺术。

ReactCompositeComponent 关系如图 3-7 所示。

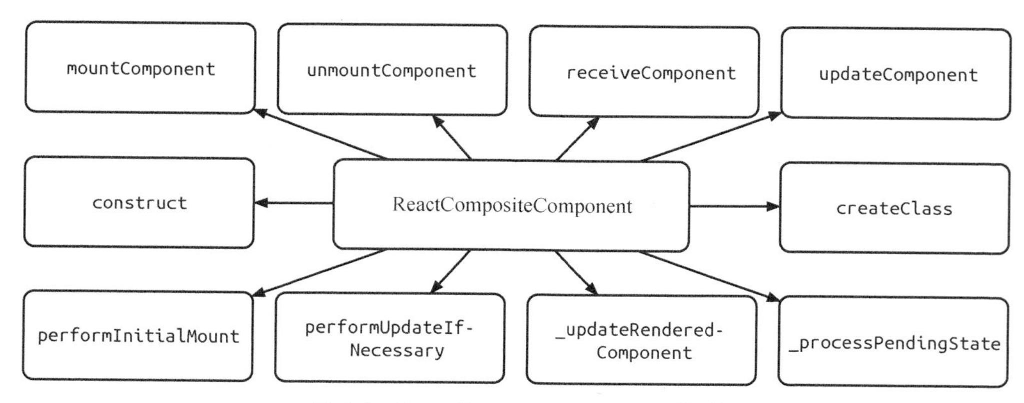

图 3-7　ReactCompositeComponent 关系

3.3 生命周期的管理艺术

对于 React 组件，生命周期是它的核心概念之一。在 1.5 节中，我们已经大概了解了生命周期的概念及用法，本节将深入源码来剖析 React 生命周期的管理艺术。

React 的主要思想是通过构建可复用组件来构建用户界面。所谓组件，其实就是有限状态机（FSM），通过状态渲染对应的界面，且每个组件都有自己的生命周期，它规定了组件的状态和方法需要在哪个阶段改变和执行。

有限状态机，表示有限个状态以及在这些状态之间的转移和动作等行为的模型。一般通过状态、事件、转换和动作来描述有限状态机。图 3-8 是描述组合锁状态机的模型图，包括 5 个状态、5 个状态自转换、6 个状态间转换和 1 个复位 RESET 转换到状态 s1。状态机能够记住目前所处的状态，可以根据当前的状态做出相应的决策，并且可以在进入不同的状态时做不同的操作。状态机将复杂的关系简单化，利用这种自然而直观的方式可以让代码更容易理解。

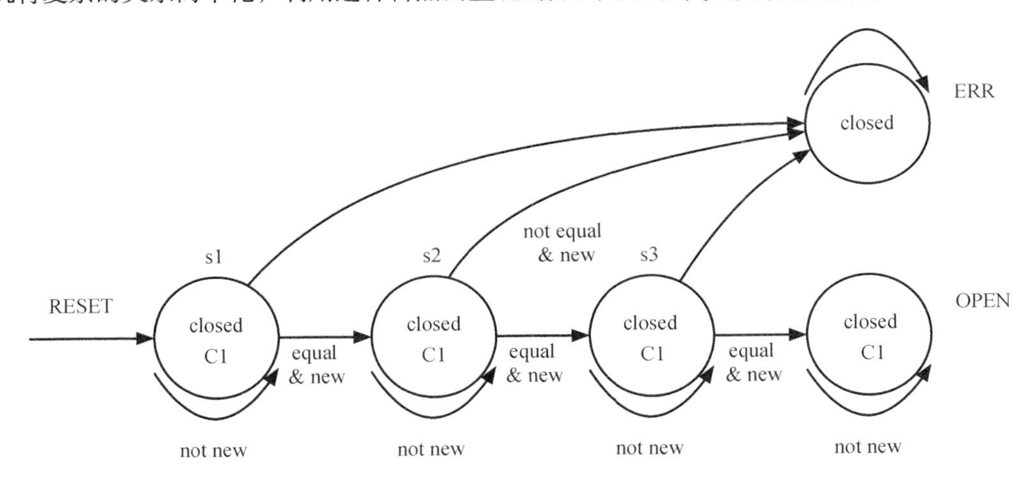

图 3-8　状态机模型

React 正是利用这一概念，通过管理状态来实现对组件的管理。例如，某个组件有显示和隐藏两个状态，通常会设计两个方法 `show()` 和 `hide()` 来实现切换，而 React 只需要设置状态 `setState({ showed: true/false })` 即可实现。同时，React 还引入了组件的生命周期这个概念。通过它，就可以实现组件的状态机控制，从而达到“生命周期→状态→组件”的和谐画面。

虽然组件、状态机、生命周期这三者都不是 React 独创的，但 Web Components 标准与其中的自定义组件的生命周期的概念相似。就目前而言，React 是将这几种概念结合得相对清晰、流畅的 View 实现。

3.3.1　初探 React 生命周期

在自定义 React 组件时，我们会根据需要在组件生命周期的不同阶段实现不同的逻辑。为了查看组件生命周期的执行顺序，推荐使用 react-lifecycle mixin。将此 mixin 添加到需要观察的组件中，当任何生命周期方法被调用时，就能在控制台观察到对应的生命周期的调用时状态。

通过反复试验，我们得到了组件的生命周期在不同状态下的执行顺序。

- 当首次挂载组件时，按顺序执行 `getDefaultProps`、`getInitialState`、`componentWillMount`、`render` 和 `componentDidMount`。
- 当卸载组件时，执行 `componentWillUnmount`。
- 当重新挂载组件时，此时按顺序执行 `getInitialState`、`componentWillMount`、`render` 和 `componentDidMount`，但并不执行 `getDefaultProps`。
- 当再次渲染组件时，组件接受到更新状态，此时按顺序执行 `componentWillReceiveProps`、`shouldComponentUpdate`、`componentWillUpdate`、`render` 和 `componentDidUpdate`。

当使用 ES6 classes 构建 React 组件时，`static defaultProps = {}` 其实就是调用内部的 `getDefaultProps` 方法，`constructor` 中的 `this.state = {}` 其实就是调用内部的 `getInitialState` 方法。因此，源码解读的部分与用 `createClass` 方法构建组件一样。

生命周期的执行顺序如图 3-9 所示。

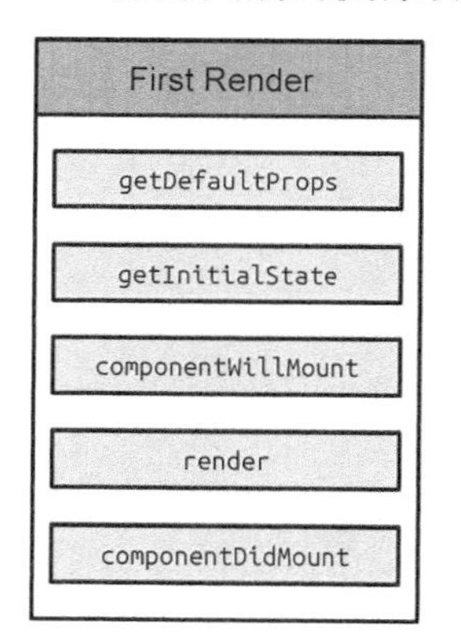

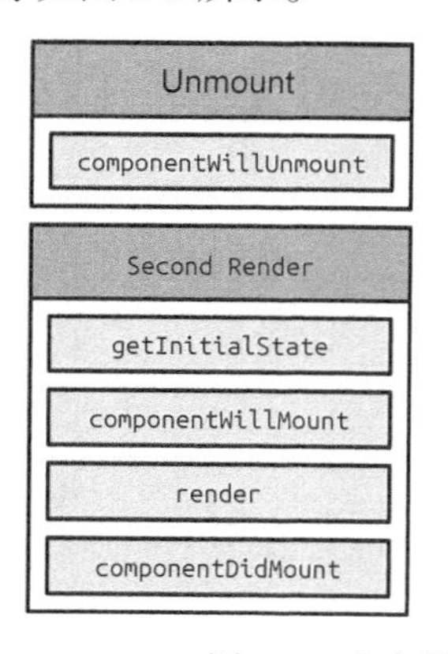

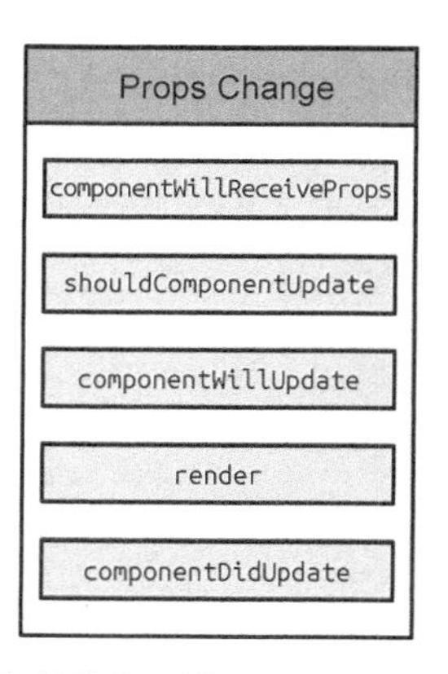

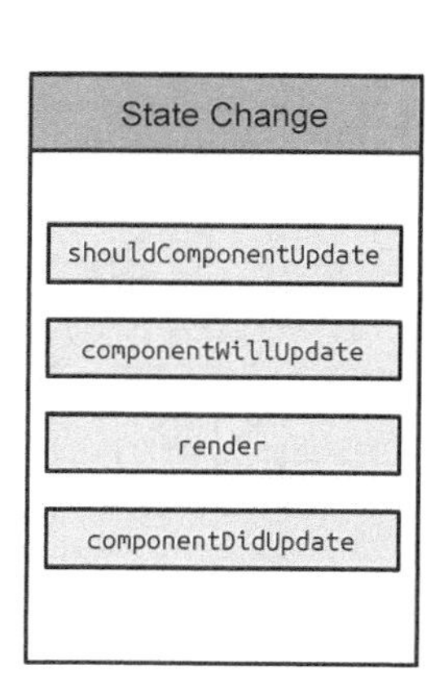

图 3-9　生命周期的执行顺序

那么，为何 React 会按上述顺序执行生命周期？为何多次渲染时，React 会执行生命周期的不同阶段？为何 `getDefaultProps` 只执行了一次？

3.3.2　详解 React 生命周期

自定义组件（ReactCompositeComponent）的生命周期主要通过 3 个阶段进行管理——MOUNTING、RECEIVE_PROPS 和 UNMOUNTING，它们负责通知组件当前所处的阶段，应该执行生命周期中的哪个步骤。这 3 个阶段对应 3 种方法，分别为：`mountComponent`、`updateComponent` 和 `unmountComponent`，每个方法都提供了几种处理方法，其中带 `will` 前缀的方法在进入状态之前调用，带 `did` 前缀的方法在进入状态之后调用。3 个阶段共包括 5 种处理方法，还有两种特殊状态的处理方法。

生命周期的 3 个阶段如图 3-10 所示。

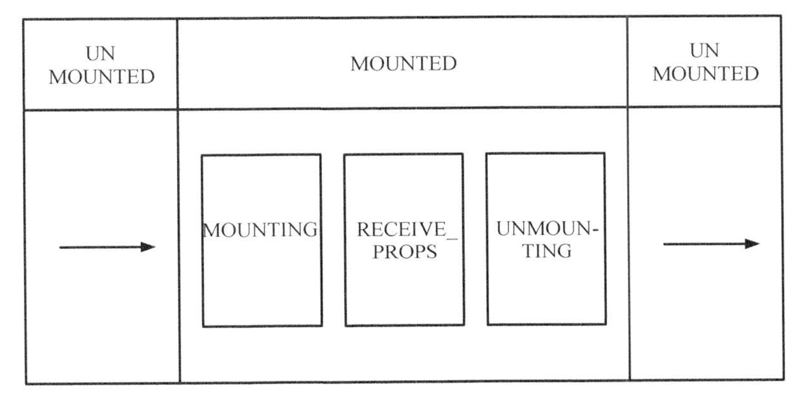

图 3-10　生命周期的 3 个阶段

3

1. 使用 createClass 创建自定义组件

`createClass` 是创建自定义组件的入口方法，负责管理生命周期中的 `getDefaultProps`。该方法在整个生命周期中只执行一次，这样所有实例初始化的 props 将会被共享。

通过 `createClass` 创建自定义组件，利用原型继承 `ReactClassComponent` 父类，按顺序合并 mixin，设置初始化 `defaultProps`，返回构造函数。

当使用 ES6 classes 编写 React 组件时，`class MyComponent extends React.Component` 其实就是调用内部方法 `createClass` 创建组件，相关代码如下（源码路径：/v15.0.0/src/isomorphic/classic/class/ReactClass.js#L802）：

```
var ReactClass = {
  // 创建自定义组件
  createClass: function(spec) {
    var Constructor = function(props, context, updater) {
      // 自动绑定
      if (this.__reactAutoBindPairs.length) {
        bindAutoBindMethods(this);
      }

      this.props = props;
      this.context = context;
      this.refs = emptyObject;
      this.updater = updater || ReactNoopUpdateQueue;
      this.state = null;
```

```
      // ReactClass 没有构造函数，通过 getInitialState 和 componentWillMount 来代替
      var initialState = this.getInitialState ? this.getInitialState() : null;
      this.state = initialState;
    };

    // 原型继承父类
    Constructor.prototype = new ReactClassComponent();
    Constructor.prototype.constructor = Constructor;
    Constructor.prototype.__reactAutoBindPairs = [];

    // 合并 mixin
    injectedMixins.forEach(
      mixSpecIntoComponent.bind(null, Constructor)
    );

    mixSpecIntoComponent(Constructor, spec);

    // 所有 mixin 合并后初始化 defaultProps(在整个生命周期中，getDefaultProps 只执行一次)
    if (Constructor.getDefaultProps) {
      Constructor.defaultProps = Constructor.getDefaultProps();
    }
    // 减少查找并设置原型的时间
    for (var methodName in ReactClassInterface) {
      if (!Constructor.prototype[methodName]) {
        Constructor.prototype[methodName] = null;
      }
    }

    return Constructor;
  },
};
```

2. 阶段一：MOUNTING

mountComponent 负责管理生命周期中的 getInitialState、componentWillMount、render 和 componentDidMount。

由于 getDefaultProps 是通过构造函数进行管理的，所以也是整个生命周期中最先开始执行的。而 mountComponent 只能望洋兴叹，无法调用到 getDefaultProps。这就解释了为何 getDefaultProps只执行一次。

由于通过 ReactCompositeComponentBase 返回的是一个虚拟节点，所以需要利用 instantiateReactComponent 去得到实例，再使用 mountComponent 拿到结果作为当前自定义元素的结果。

通过 mountComponent 挂载组件，初始化序号、标记等参数，判断是否为无状态组件，并进行对应的组件初始化工作，比如初始化 props、context 等参数。利用 getInitialState 获取初始化 state、初始化更新队列和更新状态。

若存在 componentWillMount，则执行。如果此时在 componentWillMount 中调用 setState 方法，

是不会触发 re-render的，而是会进行 state 合并，且 inst.state = this._processPendingState(inst.props, inst.context) 是在 componentWillMount 之后执行的，因此 componentWillMount 中的 this.state 并不是最新的，在 render 中才可以获取更新后的 this.state。

因此，React 是利用更新队列 this._pendingStateQueue 以及更新状态 this._pendingReplaceState 和 this._pendingForceUpdate 来实现 setState 的异步更新机制。

当渲染完成后，若存在 componentDidMount，则调用。这就解释了 componentWillMount 、render 、componentDidMount 这三者之间的执行顺序。

其实，mountComponent 本质上是通过**递归**渲染内容的，由于递归的特性，父组件的 componentWillMount 在其子组件的 componentWillMount 之前调用，而父组件的 componentDidMount 在其子组件的 componentDidMount 之后调用。

mountComponent 的执行顺序如图 3-11 所示。

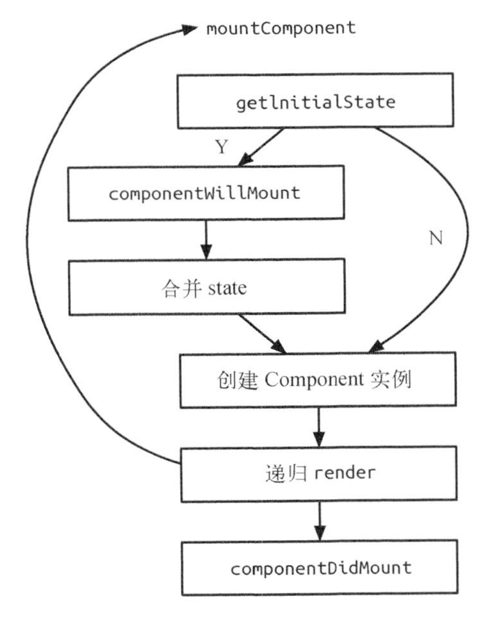

图3-11 mountComponent 的执行顺序

mountComponent 的代码如下（源码路径：/v15.0.0/src/renderers/shared/reconciler/ReactCompositeComponent.js）：

```
// 当组件挂载时，会分配一个递增编号，表示执行 ReactUpdates 时更新组件的顺序
var nextMountID = 1;
// 初始化组件，渲染标记，注册事件监听器
mountComponent: function(transaction, nativeParent, nativeContainerInfo, context) {
  // 当前元素对应的上下文
  this._context = context;
```

```
this._mountOrder = nextMountID++;
this._nativeParent = nativeParent;
this._nativeContainerInfo = nativeContainerInfo;

var publicProps = this._processProps(this._currentElement.props);
var publicContext = this._processContext(context);

var Component = this._currentElement.type;

// 初始化公共类
var inst = this._constructComponent(publicProps, publicContext);
var renderedElement;

// 用于判断组件是否为 stateless，无状态组件没有状态更新队列，它只专注于渲染
if (!shouldConstruct(Component) && (inst == null || inst.render == null)) {
  renderedElement = inst;
  warnIfInvalidElement(Component, renderedElement);
  inst = new StatelessComponent(Component);
}

// 这些初始化参数本应该在构造函数中设置，在此设置是为了便于进行简单的类抽象
inst.props = publicProps;
inst.context = publicContext;
inst.refs = emptyObject;
inst.updater = ReactUpdateQueue;

this._instance = inst;

// 将实例存储为一个引用
ReactInstanceMap.set(inst, this);

// 初始化 state
var initialState = inst.state;
if (initialState === undefined) {
  inst.state = initialState = null;
}

// 初始化更新队列
this._pendingStateQueue = null;
this._pendingReplaceState = false;
this._pendingForceUpdate = false;

var markup;
// 如果挂载时出现错误
if (inst.unstable_handleError) {
  markup = this.performInitialMountWithErrorHandling(renderedElement, nativeParent,
    nativeContainerInfo, transaction, context);
} else {
  // 执行初始化挂载
  markup = this.performInitialMount(renderedElement, nativeParent, nativeContainerInfo, transaction,
    context);
}

// 如果存在 componentDidMount，则调用
```

```
  if (inst.componentDidMount) {
    transaction.getReactMountReady().enqueue(inst.componentDidMount, inst);
  }

  return markup;
}

performInitialMountWithErrorHandling: function(renderedElement, nativeParent, nativeContainerInfo,
  transaction, context) {
  var markup;
  var checkpoint = transaction.checkpoint();

  try {
    // 捕捉错误，如果没有错误，则初始化挂载
    markup = this.performInitialMount(renderedElement, nativeParent, nativeContainerInfo, transaction,
      context);
  } catch (e) {
    transaction.rollback(checkpoint);
    this._instance.unstable_handleError(e);
    if (this._pendingStateQueue) {
      this._instance.state = this._processPendingState(this._instance.props, this._instance.context);
    }
    checkpoint = transaction.checkpoint();

    // 如果捕捉到错误，则执行 unmountComponent 后，再初始化挂载
    this._renderedComponent.unmountComponent(true);
    transaction.rollback(checkpoint);

    markup = this.performInitialMount(renderedElement, nativeParent, nativeContainerInfo, transaction,
      context);
  }
  return markup;
},

performInitialMount: function(renderedElement, nativeParent, nativeContainerInfo, transaction,
  context) {
  var inst = this._instance;
  // 如果存在 componentWillMount，则调用
  if (inst.componentWillMount) {
    inst.componentWillMount();
    // componentWillMount 调用 setState 时，不会触发 re-render 而是自动提前合并
    if (this._pendingStateQueue) {
      inst.state = this._processPendingState(inst.props, inst.context);
    }
  }

  // 如果不是无状态组件，即可开始渲染
  if (renderedElement === undefined) {
    renderedElement = this._renderValidatedComponent();
  }

  this._renderedNodeType = ReactNodeTypes.getType(renderedElement);
  // 得到 _currentElement 对应的 component 类实例
  this._renderedComponent = this._instantiateReactComponent(
```

```
      renderedElement
    );
    // render 递归渲染
    var markup = ReactReconciler.mountComponent(this._renderedComponent, transaction, nativeParent,
      nativeContainerInfo, this._processChildContext(context));

    return markup;
  },
```

3. 阶段二：RECEIVE_PROPS

updateComponent 负责管理生命周期中的 componentWillReceiveProps、shouldComponentUpdate、componentWillUpdate、render 和 componentDidUpdate。

首先通过 updateComponent 更新组件，如果前后元素不一致，说明需要进行组件更新。

若存在 componentWillReceiveProps，则执行。如果此时在 componentWillReceiveProps 中调用 setState，是不会触发 re-render 的，而是会进行 state 合并。且在 componentWillReceiveProps、shouldComponentUpdate 和 componentWillUpdate 中也还是无法获取到更新后的 this.state，即此时访问的 this.state 仍然是未更新的数据，需要设置 inst.state = nextState 后才可以，因此只有在 render 和 componentDidUpdate 中才能获取到更新后的 this.state。

调用 shouldComponentUpdate 判断是否需要进行组件更新，如果存在 componentWillUpdate，则执行。

updateComponent 本质上也是通过**递归**渲染内容的，由于递归的特性，父组件的 componentWillUpdate 是在其子组件的 componentWillUpdate 之前调用的，而父组件的 componentDidUpdate 也是在其子组件的 componentDidUpdate 之后调用的。

当渲染完成之后，若存在 componentDidUpdate，则触发，这就解释了 componentWillReceiveProps、componentWillUpdate、 render、componentDidUpdate 它们之间的执行顺序。

注意　禁止在 shouldComponentUpdate 和 componentWillUpdate 中调用 setState，这会造成循环调用，直至耗光浏览器内存后崩溃。

---

updateComponent 的执行顺序如图 3-12 所示。

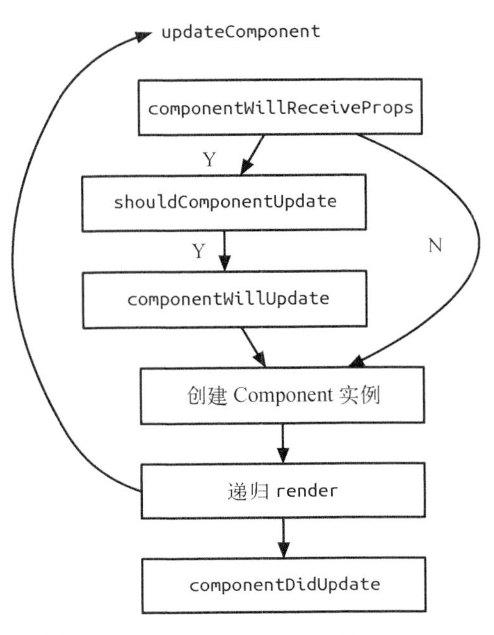

图 3-12 updateComponent 的执行顺序

updateComponent 相关源码如下：

```
// receiveComponent 是通过调用 updateComponent 进行组件更新的
receiveComponent: function(nextElement, transaction, nextContext) {
  var prevElement = this._currentElement;
  var prevContext = this._context;

  this._pendingElement = null;

  this.updateComponent(transaction, prevElement, nextElement, prevContext, nextContext);
},

updateComponent: function(transaction, prevParentElement, nextParentElement, prevUnmaskedContext,
nextUnmaskedContext) {
  var inst = this._instance;
  var willReceive = false;
  var nextContext;
  var nextProps;

  // 上下文是否改变
  if (this._context === nextUnmaskedContext) {
    nextContext = inst.context;
  } else {
    nextContext = this._processContext(nextUnmaskedContext);
    willReceive = true;
  }
```

```
    if (prevParentElement === nextParentElement) {
      // 如果元素相同，则跳过元素类型检测
      nextProps = nextParentElement.props;
    } else {
      // 检测元素类型
      nextProps = this._processProps(nextParentElement.props);
      willReceive = true;
    }
    // 如果存在 componentWillReceiveProps，则调用
    if (willReceive && inst.componentWillReceiveProps) {
      inst.componentWillReceiveProps(nextProps, nextContext);
    }

    // 将新的 state 合并到更新队列中，此时 nextState 为最新的 state
    var nextState = this._processPendingState(nextProps, nextContext);

    // 根据更新队列和 shouldComponentUpdate 的状态来判断是否需要更新组件
    var shouldUpdate =
      this._pendingForceUpdate ||
      !inst.shouldComponentUpdate ||
      inst.shouldComponentUpdate(nextProps, nextState, nextContext);

    if (shouldUpdate) {
      // 重置更新队列
      this._pendingForceUpdate = false;
      // 即将更新 this.props、this.state 和 this.context
      this._performComponentUpdate(nextParentElement, nextProps, nextState, nextContext, transaction,
        nextUnmaskedContext);
    } else {
      // 如果确定组件不更新，仍然要设置 props 和 state
      this._currentElement = nextParentElement;
      this._context = nextUnmaskedContext;
      inst.props = nextProps;
      inst.state = nextState;
      inst.context = nextContext;
    }
  },

  // 当确定组件需要更新时，则调用
  _performComponentUpdate: function(nextElement, nextProps, nextState, nextContext, transaction,
  unmaskedContext) {
    var inst = this._instance;
    var hasComponentDidUpdate = Boolean(inst.componentDidUpdate);
    var prevProps;
    var prevState;
    var prevContext;

    // 如果存在 componentDidUpdate，则将当前的 props、state 和 context 保存一份
    if (hasComponentDidUpdate) {
      prevProps = inst.props;
      prevState = inst.state;
      prevContext = inst.context;
    }
```

```
    // 如果存在 componentWillUpdate，则调用
    if (inst.componentWillUpdate) {
      inst.componentWillUpdate(nextProps, nextState, nextContext);
    }

    this._currentElement = nextElement;
    this._context = unmaskedContext;

    // 更新 this.props、this.state 和 this.context
    inst.props = nextProps;
    inst.state = nextState;
    inst.context = nextContext;

    // 调用 render 渲染组件
    this._updateRenderedComponent(transaction, unmaskedContext);

    // 当组件完成更新后，如果存在 componentDidUpdate，则调用
    if (hasComponentDidUpdate) {
      transaction.getReactMountReady().enqueue(
        inst.componentDidUpdate.bind(inst, prevProps, prevState, prevContext),
        inst
      );
    }
  },

  // 调用 render 渲染组件
  _updateRenderedComponent: function(transaction, context) {
    var prevComponentInstance = this._renderedComponent;
    var prevRenderedElement = prevComponentInstance._currentElement;
    var nextRenderedElement = this._renderValidatedComponent();

    // 如果需要更新，则调用 ReactReconciler.receiveComponent 继续更新组件
    if (shouldUpdateReactComponent(prevRenderedElement, nextRenderedElement)) {
      ReactReconciler.receiveComponent(prevComponentInstance, nextRenderedElement, transaction,
        this._processChildContext(context));
    } else {
      // 如果不需要更新，则渲染组件
      var oldNativeNode = ReactReconciler.getNativeNode(prevComponentInstance);
      ReactReconciler.unmountComponent(prevComponentInstance);

      this._renderedNodeType = ReactNodeTypes.getType(nextRenderedElement);
      // 得到 nextRenderedElement 对应的 component 类实例
      this._renderedComponent = this._instantiateReactComponent(
        nextRenderedElement
      );

      // 使用 render 递归渲染
      var nextMarkup = ReactReconciler.mountComponent(this._renderedComponent, transaction,
        this._nativeParent, this._nativeContainerInfo, this._processChildContext(context));

      this._replaceNodeWithMarkup(oldNativeNode, nextMarkup);
    }
  }
```

4. 阶段三：UNMOUNTING

unmountComponent 负责管理生命周期中的 componentWillUnmount。

如果存在 componentWillUnmount，则执行并重置所有相关参数、更新队列以及更新状态，如果此时在 componentWillUnmount 中调用 setState，是不会触发 re-render 的，这是因为所有更新队列和更新状态都被重置为 null，并清除了公共类，完成了组件卸载操作。unmountComponent 的代码如下：

```
unmountComponent: function(safely) {
  if (!this._renderedComponent) {
    return;
  }
  var inst = this._instance;

  // 如果存在 componentWillUnmount，则调用
  if (inst.componentWillUnmount) {
    if (safely) {
      var name = this.getName() + '.componentWillUnmount()';
      ReactErrorUtils.invokeGuardedCallback(name, inst.componentWillUnmount.bind(inst));
    } else {
      inst.componentWillUnmount();
    }
  }

  // 如果组件已经渲染，则对组件进行 unmountComponent 操作
  if (this._renderedComponent) {
    ReactReconciler.unmountComponent(this._renderedComponent, safely);
    this._renderedNodeType = null;
    this._renderedComponent = null;
    this._instance = null;
  }

  // 重置相关参数、更新队列以及更新状态
  this._pendingStateQueue = null;
  this._pendingReplaceState = false;
  this._pendingForceUpdate = false;
  this._pendingCallbacks = null;
  this._pendingElement = null;
  this._context = null;
  this._rootNodeID = null;
  this._topLevelWrapper = null;

  // 清除公共类
  ReactInstanceMap.remove(inst);
}
```

至此，我们跟随着 React 源码的脚步完整地了解其生命周期的执行过程，你是否已经对 React 生命周期有了更深刻的理解了呢？

生命周期和 state 状态让 React 组件无比灵活与强大，同时也使得组件变得复杂而难以维护。

在实际的项目开发中，我们经常需要编写一些自身没有状态，只是从父组件接受 props，并根据这些属性进行渲染的简单组件，这不仅让组件的开发变得简单、高效，也便于对状态进行统一管理。因此，在 React 开发中，一个很重要的原则就是让组件尽可能是无状态的。

当然，React 官方也是鼓励这一原则的。在 React 0.14 之后，便推出了无状态组件，大大增强了 React 组件编写的便捷性，也提升了整体的渲染性能。

3.3.3 无状态组件

我们在 1.3 节中提到过无状态组件。无状态组件只是一个 `render` 方法，并没有组件类的实例化过程，也没有实例返回。比如：

```
const HelloWorld = (props) => <div>{props.name}</div>;
ReactDOM.render(<HelloWorld name="Hello World!" />, App);
```

`render` 函数和 `shouldConstruct` 函数的代码如下（源码路径：/v15.0.0/src/renderers/shared/reconciler/ReactCompositeComponent.js）：

```
// 无状态组件只有一个 render 函数
StatelessComponent.prototype.render = function() {
  var Component = ReactInstanceMap.get(this)._currentElement.type;
  // 没有 state 状态
  var element = Component(this.props, this.context, this.updater);
  warnIfInvalidElement(Component, element);
  return element;
};

function shouldConstruct(Component) {
  return Component.prototype && Component.prototype.isReactComponent;
}
```

无状态组件没有状态，没有生命周期，只是简单地接受 props 渲染生成 DOM 结构，是一个纯粹为渲染而生的组件。由于无状态组件有简单、便捷、高效等诸多优点，所以如果可能的话，请尽量使用无状态组件。

最后用一张图再次归纳一下生命周期，如图 3-13 所示。

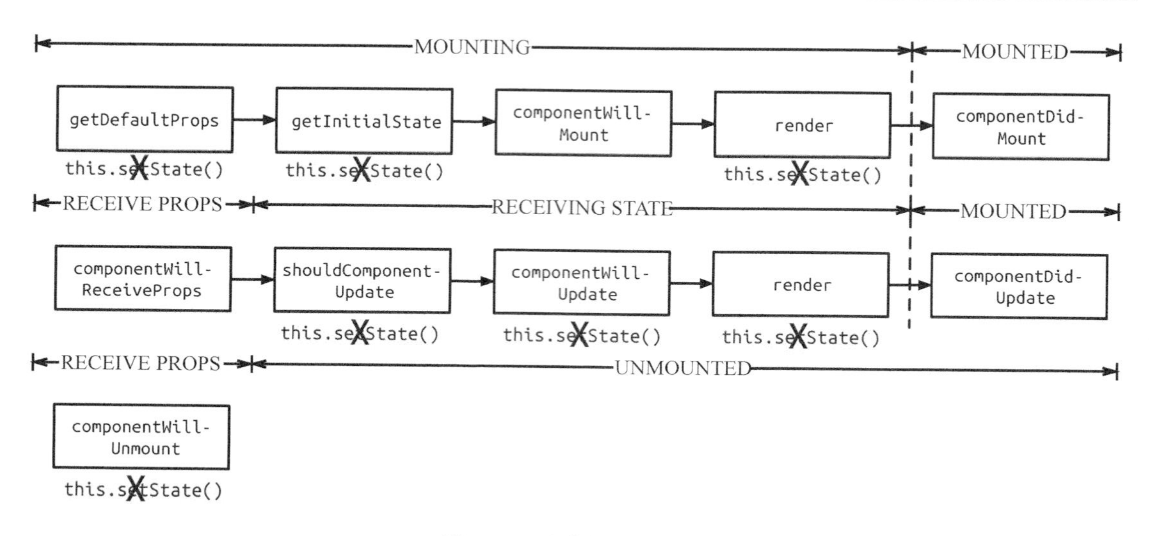

图 3-13　生命周期全局图

3.4　解密 setState 机制

state 是 React 中重要的概念。第 1 章中提到过，React 是通过管理状态来实现对组件的管理。那么，React 是如何控制组件的状态的，又是如何利用状态来管理组件的呢？

众所周知，React 通过 `this.state` 来访问 state，通过 `this.setState()` 方法来更新 state。当 `this.setState()` 被调用的时候，React 会重新调用 `render` 方法来重新渲染 UI。

想必 `setState` 已经是我们再熟悉不过的 API，然而你真的了解它吗？本节将为我们解密 `setState` 的更新机制。

3.4.1　setState 异步更新

React 初学者常会写出 `this.state.value = 1` 这样的代码，这是完全错误的写法。

注意　绝对不要直接修改 `this.state`，这不仅是一种低效的做法，而且很有可能会被之后的操作替换。

`setState` 通过一个队列机制实现 state 更新。当执行 `setState` 时，会将需要更新的 state 合并后放入状态队列，而不会立刻更新 `this.state`，队列机制可以高效地批量更新 state。如果不通过 `setState` 而直接修改 `this.state` 的值，那么该 state 将不会被放入状态队列中，当下次调用 `setState` 并对状态队列进行合并时，将会忽略之前直接被修改的 state，而造成无法预知的错误。

因此，应该使用 setState 方法来更新 state，同时 React 也正是利用状态队列机制实现了 setState 的异步更新，避免频繁地重复更新 state。相关代码如下：

```
// 将新的 state 合并到状态更新队列中
var nextState = this._processPendingState(nextProps, nextContext);

// 根据更新队列和 shouldComponentUpdate 的状态来判断是否需要更新组件
var shouldUpdate =
  this._pendingForceUpdate ||
  !inst.shouldComponentUpdate ||
  inst.shouldComponentUpdate(nextProps, nextState, nextContext);
```

3.4.2 setState 循环调用风险

当调用 setState 时，实际上会执行 enqueueSetState 方法，并对 partialState 以及_pendingStateQueue 更新队列进行合并操作，最终通过 enqueueUpdate 执行 state 更新。

而 performUpdateIfNecessary 方法会获取 _pendingElement、_pendingStateQueue、_pendingForceUpdate，并调用 receiveComponent 和 updateComponent 方法进行组件更新。

如果在 shouldComponentUpdate 或 componentWillUpdate 方法中调用 setState，此时 this._pendingStateQueue != null，则 performUpdateIfNecessary 方法就会调用 updateComponent 方法进行组件更新，但 updateComponent 方法又会调用 shouldComponentUpdate 和 componentWillUpdate 方法，因此造成循环调用，使得浏览器内存占满后崩溃，如图 3-14 所示。

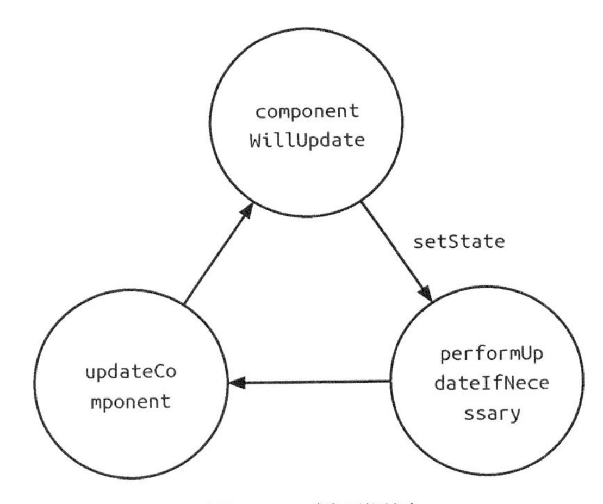

图 3-14 循环调用

接着我们来看 setState 的源码：

```
// 更新 state
ReactComponent.prototype.setState = function(partialState, callback) {
  this.updater.enqueueSetState(this, partialState);
```

```
  if (callback) {
    this.updater.enqueueCallback(this, callback, 'setState');
  }
};

enqueueSetState: function(publicInstance, partialState) {
  var internalInstance = getInternalInstanceReadyForUpdate(
    publicInstance,
    'setState'
  );

  if (!internalInstance) {
    return;
  }

  // 更新队列合并操作
  var queue = internalInstance._pendingStateQueue || (internalInstance._pendingStateQueue = []);

  queue.push(partialState);
  enqueueUpdate(internalInstance);
},

// 如果存在 _pendingElement、_pendingStateQueue和_pendingForceUpdate，则更新组件
performUpdateIfNecessary: function(transaction) {
  if (this._pendingElement != null) {
    ReactReconciler.receiveComponent(this, this._pendingElement, transaction, this._context);
  }
  if (this._pendingStateQueue !== null || this._pendingForceUpdate) {
    this.updateComponent(transaction, this._currentElement, this._currentElement, this._context,
      this._context);
  }
}
```

3.4.3　setState 调用栈

既然 setState 最终是通过 enqueueUpdate 执行 state 更新，那么 enqueueUpdate 到底是如何更新 state 的呢？

首先，看看下面这个问题，你是否能够正确回答呢？

```
import React, { Component } from 'react';

class Example extends Component {
  constructor() {
    super();
    this.state = {
      val: 0
    };
  }

  componentDidMount() {
```

```
    this.setState({val: this.state.val + 1});
    console.log(this.state.val);    // 第 1 次输出

    this.setState({val: this.state.val + 1});
    console.log(this.state.val);    // 第 2 次输出

    setTimeout(() => {
      this.setState({val: this.state.val + 1});
      console.log(this.state.val);  // 第 3 次输出

      this.setState({val: this.state.val + 1});
      console.log(this.state.val);  // 第 4 次输出
    }, 0);
  }

  render() {
    return null;
  }
}
```

上述代码中，4 次 console.log 打印出来的 val 分别是：0、0、2、3。

假如结果与你心中的答案不完全相同，那么你应该会感兴趣 enqueueUpdate 到底做了什么？图 3-15 是一个简化的 setState 调用栈，注意其中核心的状态判断。

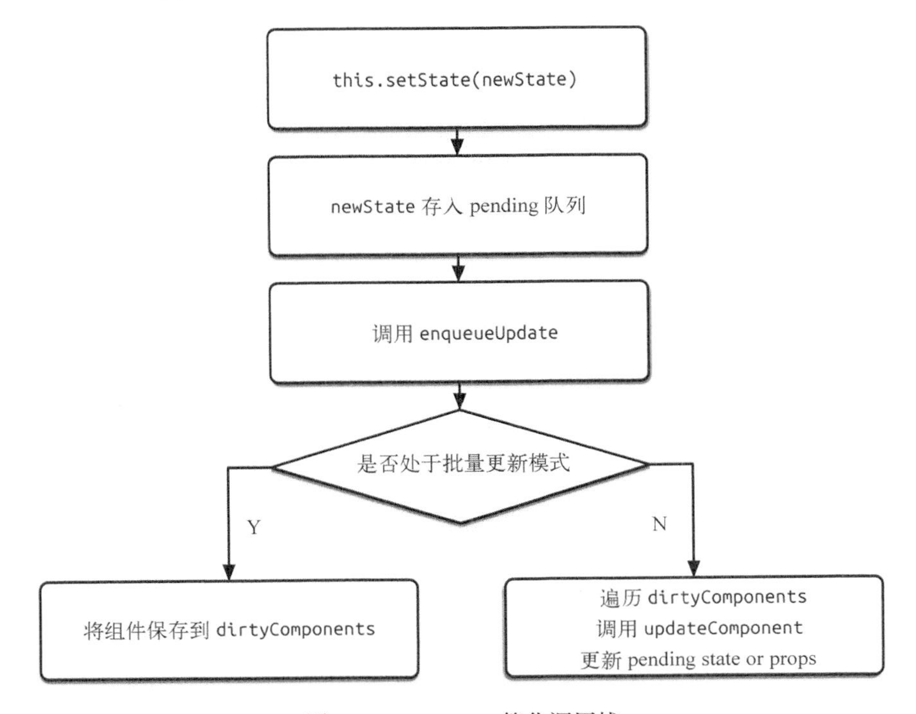

图 3-15　setState 简化调用栈

enqueueUpdate 的代码如下（源码路径：/v15.0.0/src/ renderers/shared/reconciler/ReactUpdates.js）：

```
function enqueueUpdate(component) {
  ensureInjected();

  // 如果不处于批量更新模式
  if (!batchingStrategy.isBatchingUpdates) {
    batchingStrategy.batchedUpdates(enqueueUpdate, component);
    return;
  }
  // 如果处于批量更新模式，则将该组件保存在 dirtyComponents 中
  dirtyComponents.push(component);
}
```

如果 isBatchingUpdates 为 false，则对所有队列中的更新执行 batchedUpdates 方法，否则只把当前组件（即调用了 setState 的组件）放入 dirtyComponents 数组中。例子中 4 次 setState 调用的表现之所以不同，这里逻辑判断起了关键作用。

那么 batchingStrategy 究竟做什么呢？其实它只是一个简单的对象，定义了一个 isBatchingUpdates 的布尔值，以及 batchedUpdates 方法（源码路径：/v15.0.0/src/renderers/shared/reconciler/ReactDefaultBatchingStrategy.js）：

```
var ReactDefaultBatchingStrategy = {
  isBatchingUpdates: false,

  batchedUpdates: function(callback, a, b, c, d, e) {
    var alreadyBatchingUpdates = ReactDefaultBatchingStrategy.isBatchingUpdates;
    ReactDefaultBatchingStrategy.isBatchingUpdates = true;

    if (alreadyBatchingUpdates) {
      callback(a, b, c, d, e);
    } else {
      transaction.perform(callback, null, a, b, c, d, e);
    }
  },
}
```

值得注意的是， batchedUpdates 方法中有一个 transaction.perform 调用，这是本章后续要介绍的核心概念——事务（transaction）。

3.4.4　初识事务

事务源码中有一幅图，形象地解释了它的作用，如图 3-16 所示（本节的源码路径：/v15.0.0/src/shared/utils/Transaction.js）。

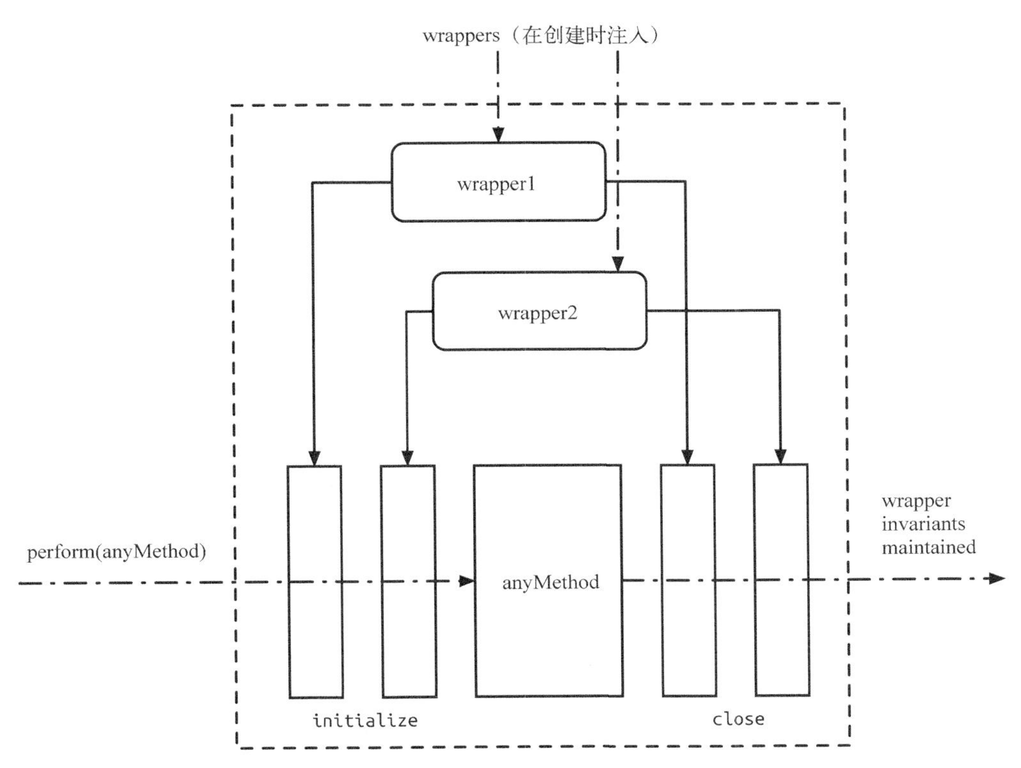

图 3-16　ReactCompositeComponent 流程图

事务就是将需要执行的方法使用 wrapper 封装起来，再通过事务提供的 `perform` 方法执行。而在 `perform` 之前，先执行所有 wrapper 中的 `initialize` 方法，执行完 `perform` 之后（即执行 `method` 方法后）再执行所有的 `close` 方法。一组 `initialize` 及 `close` 方法称为一个 wrapper。从图3-16中可以看出，事务支持多个 wrapper 叠加。

到实现上，事务提供了一个 mixin 方法供其他模块实现自己需要的事务。而要使用事务的模块，除了需要把 mixin 混入自己的事务实现中外，还要额外实现一个抽象的 `getTransactionWrappers` 接口。这个接口用来获取所有需要封装的前置方法（`initialize`）和收尾方法（`close`），因此它需要返回一个数组的对象，每个对象分别有 key 为 `initialize` 和 `close` 的方法。

下面是一个简单使用事务的例子：

```
var Transaction = require('./Transaction');

// 我们自己定义的事务
var MyTransaction = function() {
  // ...
};
```

```
Object.assign(MyTransaction.prototype, Transaction.Mixin, {
  getTransactionWrappers: function() {
    return [{
      initialize: function() {
        console.log('before method perform');
      },
      close: function() {
        console.log('after method perform');
      }
    }];
  };
});

var transaction = new MyTransaction();
var testMethod = function() {
  console.log('test');
}
transaction.perform(testMethod);

// 打印的结果如下：
// before method perform
// test
// after method perform
```

当然，在 React 中还做了异常处理等工作，这里就不详细展开了。如果你有兴趣，可以继续翻看源码。

3.4.5 解密 setState

说了这么多，事务到底是怎么导致前面所述的 setState 的各种不同表现的呢？

这里我们先要了解事务跟 setState 的不同表现有什么关系。首先，我们把4次 setState 简单归类，前两次属于一类，因为它们在同一次调用栈中执行，setTimeout 中的两次 setState 属于另一类，原因同上。下面我们分别看看这两类 setState 的调用栈，如图 3-17 和图 3-18 所示。

很明显，在 componentDidMount 中直接调用的两次 setState，其调用栈更加复杂；而 setTimeout 中调用的两次 setState，其调用栈则简单很多。下面重点看看第一类 setState 的调用栈，有没有发现什么？没错，就是 batchedUpdates 方法，原来早在 setState 调用前，已经处于 batchedUpdates 执行的事务中了。

那这次 batchedUpdate 方法，又是谁调用的呢？让我们往前再追溯一层，原来是 ReactMount.js 中的 _renderNewRootComponent 方法。也就是说，整个将 React 组件渲染到 DOM 中的过程就处于一个大的事务中。

接下来的解释就顺理成章了，因为在 componentDidMount 中调用 setState 时，batchingStrategy 的 isBatchingUpdates 已经被设为 true，所以两次 setState 的结果并没有立即生效，而是被放进了 dirtyComponents 中。这也解释了两次打印 this.state.val 都是 0 的原因，因为新的 state 还没有被应用到组件中。

ReactComponent.setState	ReactComponent.js:64
Example_componentDidMount	index.js:11
notifyAll	CallbackQueue.js:65
close	ReactReconcileT...nsaction.js:81
closeAll	Transaction.js:202
perform	Transaction.js:149
batchedMountComponentIntoNode	ReactMount.js:282
perform	Transaction.js:136
batchedUpdates	ReactDefaultBat...Strategy.js:62
batchedUpdates	ReactUpdates.js:94
_renderNewRootComponent	ReactMount.js:476
ReactMount__renderNewRootComponent	ReactPerf.js:66
_renderSubtreeIntoContainer	ReactMount.js:545
render	ReactMount.js:565
React_render	ReactPerf.js:66
React_render	deprecated.js:38
(anonymous function)	index.js:29

图 3-17 componentDidMount中setState的调用栈

ReactComponent.setState	ReactComponent.js:64
(anonymous function)	index.js:17
setTimeout (async)	
Example_componentDidMount	index.js:16

图 3-18 setTimeout 中 setState 的调用栈

再反观 setTimeout 中的两次 setState，因为没有前置的 batchedUpdate 调用，所以 batchingStrategy 的 isBatchingUpdates 标志位是 false，也就导致了新的 state 马上生效，没有走到 dirtyComponents 分支。也就是说，setTimeout 中第一次执行 setState 时，this.state.val 为 1，而 setState 完成后打印时 this.state.val 变成了 2。第二次的 setState 同理。

前面介绍事务时，也提到了其在 React 源码中的多处应用，像 initialize、perform、close、closeAll、notifyAll 等方法出现在调用栈中，都说明当前处于一个事务中。

既然事务这么有用，我们写应用代码时能使用它吗？很可惜，答案是不能。尽管 React 不建议我们直接使用事务，但在 React 15.0 之前的版本中还是为开发者提供了 batchedUpdates 方法，它可以解决针对一开始例子中 setTimeout 里的两次 setState 导致两次 render 的情况：

```
import ReactDOM, { unstable_batchedUpdates } from 'react-dom';

unstable_batchedUpdates(() => {
  this.setState(val: this.state.val + 1);
  this.setState(val: this.state.val + 1);
});
```

在 React 15.0 以及之后版本中，已经彻底将 `batchedUpdates` 这个 API 移除了，因此不再建议开发者使用它。

3.5　diff 算法

diff 作为 Virtual DOM 的加速器，其算法上的改进优化是 React 整个界面渲染的基础和性能保障，同时也是 React 源码中最神秘、最不可思议的部分。本节依然从源码入手，深入剖析 diff 的不可思议之处。

React 中最值得称道的部分莫过于 Virtual DOM 与 diff 的完美结合，特别是其高效的 diff 算法，可以让用户无需顾忌性能问题而“任性自由”地刷新页面，让开发者也可以无需关心 Virtual DOM 背后的运作原理。因为 diff 会帮助我们计算出 Virtual DOM 中真正变化的部分，并只针对该部分进行原生 DOM 操作，而非重新渲染整个页面，从而保证了每次操作更新后页面的高效渲染。因此，Virtual DOM 与 diff 是保证 React 性能口碑的幕后推手。

diff 算法也并非其首创。正是因为该算法的普适度高，就更应该认可 React 针对 diff 算法优化所做的努力与贡献，这更能体现 React 创作者们的魅力与智慧！

3.5.1　传统 diff 算法

计算一棵树形结构转换成另一棵树形结构的最少操作，是一个复杂且值得研究的问题。传统 diff 算法①通过循环递归对节点进行依次对比，效率低下，算法复杂度达到 $O(n^3)$，其中 n 是树中节点的总数。$O(n^3)$ 到底有多可怕呢？这意味着如果要展示 1000 个节点，就要依次执行上十亿次的比较。这种指数型的性能消耗对于前端渲染场景来说代价太高了。如今的 CPU 每秒钟能执行大约 30 亿条指令，即便是最高效的实现，也不可能在一秒内计算出差异情况。

因此，如果 React 只是单纯地引入 diff 算法而没有任何的优化改进，那么其效率远远无法满足前端渲染所要求的性能。如果想要将 diff 思想引入 Virtual DOM，就要设计一种稳定、高效的 diff 算法，这个 React 做到了！

那么，diff 到底是如何实现的呢？

3.5.2　详解 diff

React 将 Virtual DOM 树转换成 actual DOM 树的最少操作的过程称为调和（reconciliation）。diff 算法便是调和的具体实现。那么这个过程是怎么实现的呢？

---

① A Survey on Tree Edit Distance and Related Problems，详见 http://grfia.dlsi.ua.es/ml/algorithms/references/editsurvey_bille.pdf。

React 通过制定大胆的策略，将 $O(n^3)$ 复杂度的问题转换成 $O(n)$ 复杂度的问题。

1. diff 策略

下面介绍 React diff 算法的 3 个策略。

- 策略一：Web UI 中 DOM 节点跨层级的移动操作特别少，可以忽略不计。
- 策略二：拥有相同类的两个组件将会生成相似的树形结构，拥有不同类的两个组件将会生成不同的树形结构。
- 策略三：对于同一层级的一组子节点，它们可以通过唯一 id 进行区分。

基于以上策略，React 分别对 tree diff、component diff 以及 element diff 进行算法优化。事实也证明这 3 个前提策略是合理且准确的，它保证了整体界面构建的性能。

2. tree diff

基于策略一，React 对树的算法进行了简洁明了的优化，即对树进行分层比较，两棵树只会对同一层次的节点进行比较。

既然 DOM 节点跨层级的移动操作少到可以忽略不计，针对这一现象，React 通过 updateDepth 对 Virtual DOM 树进行层级控制，只会对相同层级的 DOM 节点进行比较，即同一个父节点下的所有子节点。当发现节点已经不存在时，则该节点及其子节点会被完全删除掉，不会用于进一步的比较。这样只需要对树进行一次遍历，便能完成整个 DOM 树的比较。

updateChildren 方法对应的源码如下：

```
updateChildren: function(nextNestedChildrenElements, transaction, context) {
  updateDepth++;
  var errorThrown = true;
  try {
    this._updateChildren(nextNestedChildrenElements, transaction, context);
    errorThrown = false;
  } finally {
    updateDepth--;
    if (!updateDepth) {
      if (errorThrown) {
        clearQueue();
      } else {
        processQueue();
      }
    }
  }
}
```

你可能存在这样的疑问：如果出现了 DOM 节点跨层级的移动操作，diff 会有怎样的表现呢？我们不妨试验一番。

如图 3-19 所示，A 节点（包括其子节点）整个被移动到 D 节点下，由于 React 只会简单地考虑同层级节点的位置变换，而对于不同层级的节点，只有创建和删除操作。当根节点发现子节点中 A 消失了，就会直接销毁 A；当 D 发现多了一个子节点 A，则会创建新的 A（包括子节点）作为其子节点。此时，diff 的执行情况：create A → create B → create C → delete A。

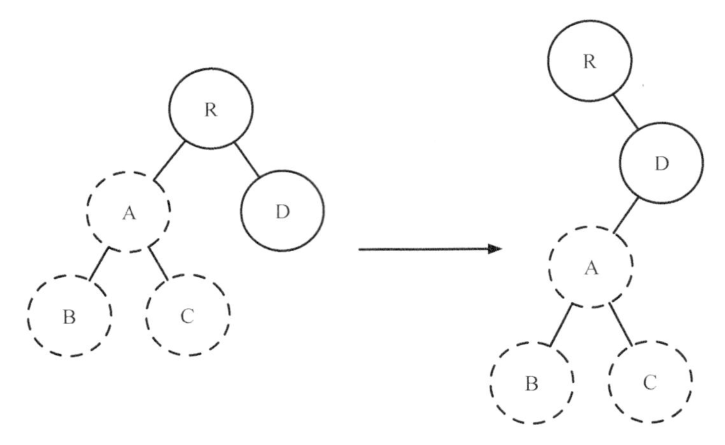

图 3-19　DOM 层级变换

由此可以发现，当出现节点跨层级移动时，并不会出现想象中的移动操作，而是以 A 为根节点的整个树被重新创建。这是一种影响 React 性能的操作，因此**官方建议不要进行 DOM 节点跨层级的操作**。

注意　在开发组件时，保持稳定的 DOM 结构会有助于性能的提升。例如，可以通过 CSS 隐藏或显示节点，而不是真正地移除或添加 DOM 节点。

---

3. component diff

React 是基于组件构建应用的，对于组件间的比较所采取的策略也是非常简洁、高效的。

- 如果是同一类型的组件，按照原策略继续比较 Virtual DOM 树即可。
- 如果不是，则将该组件判断为 dirty component，从而替换整个组件下的所有子节点。
- 对于同一类型的组件，有可能其 Virtual DOM 没有任何变化，如果能够确切知道这点，那么就可以节省大量的 diff 运算时间。因此，React 允许用户通过 `shouldComponentUpdate()` 来判断该组件是否需要进行 diff 算法分析。

如图 3-20 所示，当组件 D 变为组件 G 时，即使这两个组件结构相似，一旦 React 判断 D 和 G 是不同类型的组件，就不会比较二者的结构，而是直接删除组件 D，重新创建组件 G 及其子节点。虽然当两个组件是不同类型但结构相似时，diff 会影响性能，但正如 React 官方博客所言：不同类型的组件很少存在相似 DOM 树的情况，因此这种极端因素很难在实际开发过程中造成重大的影响。

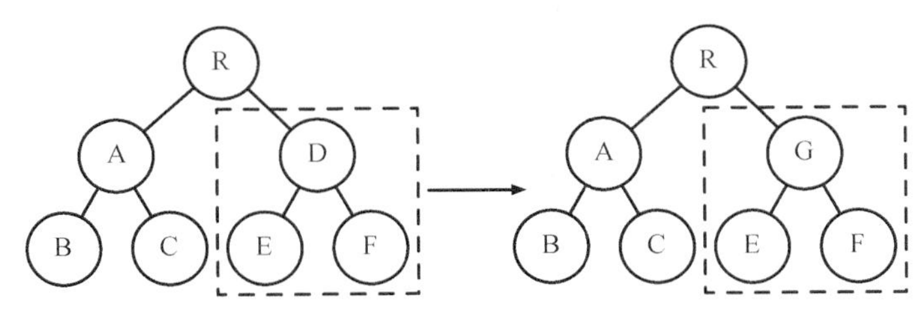

图 3-20 component diff

4. element diff

当节点处于同一层级时，diff 提供了 3 种节点操作，分别为 INSERT_MARKUP（插入）、MOVE_EXISTING（移动）和 REMOVE_NODE（删除）。

- **INSERT_MARKUP**：新的组件类型不在旧集合里，即全新的节点，需要对新节点执行插入操作。
- **MOVE_EXISTING**：旧集合中有新组件类型，且 element 是可更新的类型，generateComponentChildren 已调用 receiveComponent，这种情况下 prevChild=nextChild，就需要做移动操作，可以复用以前的 DOM 节点。
- **REMOVE_NODE**：旧组件类型，在新集合里也有，但对应的 element 不同则不能直接复用和更新，需要执行删除操作，或者旧组件不在新集合里的，也需要执行删除操作。

相关代码如下：

```
function makeInsertMarkup(markup, afterNode, toIndex) {
  return {
    type: ReactMultiChildUpdateTypes.INSERT_MARKUP,
    content: markup,
    fromIndex: null,
    fromNode: null,
    toIndex: toIndex,
    afterNode: afterNode,
  };
}

function makeMove(child, afterNode, toIndex) {
  return {
    type: ReactMultiChildUpdateTypes.MOVE_EXISTING,
    content: null,
    fromIndex: child._mountIndex,
    fromNode: ReactReconciler.getNativeNode(child),
    toIndex: toIndex,
    afterNode: afterNode,
  };
}

function makeRemove(child, node) {
  return {
    type: ReactMultiChildUpdateTypes.REMOVE_NODE,
    content: null,
    fromIndex: child._mountIndex,
```

```
      fromNode: node,
      toIndex: null,
      afterNode: null,
    };
  }
```

如图 3-21 所示，旧集合中包含节点A、B、C 和 D，更新后的新集合中包含节点 B、A、D 和 C，此时新旧集合进行 diff 差异化对比，发现 `B != A`，则创建并插入 B 至新集合，删除旧集合 A；以此类推，创建并插入 A、D 和 C，删除 B、C 和 D。

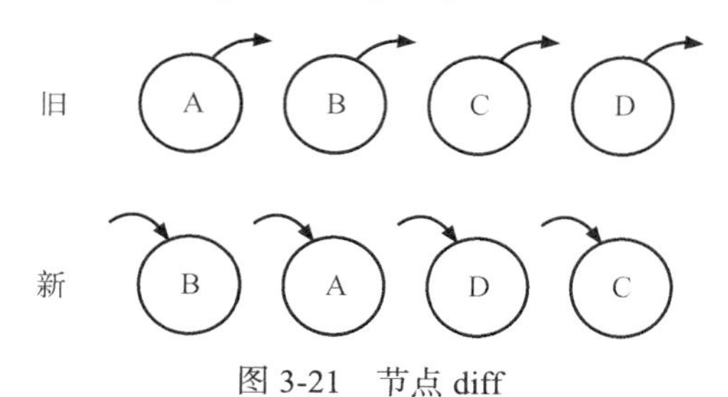

图 3-21　节点 diff

React 发现这类操作烦琐冗余，因为这些都是相同的节点，但由于位置发生变化，导致需要进行繁杂低效的删除、创建操作，其实只要对这些节点进行位置移动即可。

针对这一现象，React 提出优化策略：允许开发者对同一层级的同组子节点，添加唯一 key 进行区分，虽然只是小小的改动，性能上却发生了翻天覆地的变化！

新旧集合所包含的节点如图 3-22 所示，进行 diff 差异化对比后，通过 key 发现新旧集合中的节点都是相同的节点，因此无需进行节点删除和创建，只需要将旧集合中节点的位置进行移动，更新为新集合中节点的位置，此时 React 给出的 diff 结果为：B、D 不做任何操作，A、C 进行移动操作即可。

那么，如此高效的 diff 到底是如何运作的呢？让我们通过源码详细分析一下。

首先，对新集合中的节点进行循环遍历 `for (name in nextChildren)`，通过唯一的 key 判断新旧集合中是否存在相同的节点 `if (prevChild === nextChild)`，如果存在相同节点，则进行移动操作，但在移动前需要将当前节点在旧集合中的位置与 `lastIndex` 进行比较 `if (child._mountIndex < lastIndex)`，否则不执行该操作。这是一种顺序优化手段，`lastIndex` 一直在更新，表示访问过的节点在旧集合中最右的位置（即最大的位置）。如果新集合中当前访问的节点比 `lastIndex` 大，说明当前访问节点在旧集合中就比上一个节点位置靠后，则该节点不会影响其他节点的位置，因此不用添加到差异队列中，即不执行移动操作。只有当访问的节点比 `lastIndex` 小时，才需要进行移动操作。

以图 3-22 为例，下面更为清晰直观地描述 diff 的差异化对比过程。

- 从新集合中取得 B，然后判断旧集合中是否存在相同节点 B，此时发现存在节点 B，接着通过对比节点位置判断是否进行移动操作。B 在旧集合中的位置 `B._mountIndex = 1`，此时 lastIndex = 0，不满足 child._mountIndex < lastIndex 的条件，因此不对 B 进行移动操作。更新 lastIndex = Math.max(prevChild._mountIndex, lastIndex)，其中 prevChild._mountIndex 表示B在旧集合中的位置，则lastIndex = 1，并将B的位置更新为新集合中的位置 prevChild._mountIndex = nextIndex，此时新集合中 B._mountIndex = 0，nextIndex++ 进入下一个节点的判断。

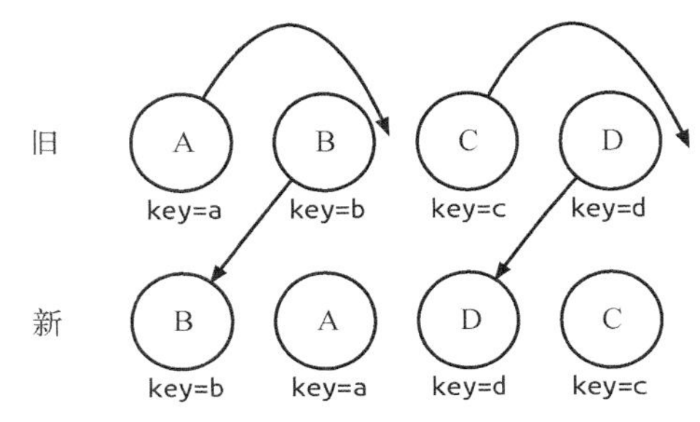

图 3-22 对节点进行 diff 差异化对比

- 从新集合中取得 A，然后判断旧集合中是否存在相同节点 A，此时发现存在节点 A，接着通过对比节点位置判断是否进行移动操作。A 在旧集合中的位置 A._mountIndex = 0，此时 lastIndex = 1，满足 child._mountIndex < lastIndex 的条件，因此对 A 进行移动操作 enqueueMove(this, child._mountIndex, toIndex)，其中 toIndex 其实就是 nextIndex，表示 A 需要移动到的位置。更新 lastIndex = Math.max(prevChild._mountIndex, lastIndex)，则 lastIndex = 1，并将 A 的位置更新为新集合中的位置 prevChild._mountIndex = nextIndex，此时新集合中 A._mountIndex = 1，nextIndex++ 进入下一个节点的判断。
- 从新集合中取得 D，然后判断旧集合中是否存在相同节点 D，此时发现存在节点 D，接着通过对比节点位置判断是否进行移动操作。D 在旧集合中的位置 D._mountIndex = 3，此时 lastIndex = 1，不满足 child._mountIndex < lastIndex 的条件，因此不对 D 进行移动操作。更新 lastIndex = Math.max(prevChild._mountIndex, lastIndex)，则 lastIndex = 3，并将 D 的位置更新为新集合中的位置 prevChild._mountIndex = nextIndex，此时新集合中 D._mountIndex = 2，nextIndex++ 进入下一个节点的判断。
- 从新集合中取得 C，然后判断旧集合中是否存在相同节点 C，此时发现存在节点 C，接着通过对比节点位置判断是否进行移动操作。C 在旧集合中的位置 C._mountIndex = 2，此时 lastIndex = 3，满足 child._mountIndex < lastIndex的条件，因此对 C 进行移动操作 enqueueMove(this, child._mountIndex, toIndex)。更新lastIndex = Math.max(prevChild._mountIndex, lastIndex)，则 lastIndex = 3，并将 C 的位置更新为新集合中的位置 prevChild._mountIndex = nextIndex，此时新集合中 A._mountIndex = 3，nextIndex++ 进入下一个节点的判断。由于 C 已经是最后一个节点，因此 diff 操作到此完成。

上面主要分析新旧集合中存在相同节点但位置不同时，对节点进行位置移动的情况。如果新集合中有新加入的节点且旧集合存在需要删除的节点，那么 diff 又是如何对比运作的呢？

下面以图 3-23 为例进行介绍。

- 从新集合中取得B，然后判断旧集合中存在是否相同节点 B，可以发现存在节点 B。由于 B 在旧集合中的位置 `B._mountIndex = 1`，此时 `lastIndex = 0`，因此不对 B 进行移动操作。更新`lastIndex = 1`，并将 B 的位置更新为新集合中的位置 `B._mountIndex = 0`，`nextIndex++` 进入下一个节点的判断。
- 从新集合中取得 E，然后判断旧集合中是否存在相同节点 E，可以发现不存在，此时可以创建新节点 E。更新 `lastIndex = 1`，并将 E 的位置更新为新集合中的位置，`nextIndex++` 进入下一个节点的判断。
- 从新集合中取得 C，然后判断旧集合中是否存在相同节点 C，此时可以发现存在节点 C。由于 C 在旧集合中的位置 `C._mountIndex = 2`，`lastIndex = 1`，此时 `C._mountIndex > lastIndex`，因此不对 C 进行移动操作。更新 `lastIndex = 2`，并将 C 的位置更新为新集合中的位置，`nextIndex++` 进入下一个节点的判断。
- 从新集合中取得 A，然后判断旧集合中是否存在相同节点 A，此时发现存在节点 A。由于 A 在旧集合中的位置 `A._mountIndex = 0`，`lastIndex = 2`，此时 `A._mountIndex < lastIndex`，因此对 A 进行移动操作。更新 `lastIndex = 2`，并将 A 的位置更新为新集合中的位置，`nextIndex++` 进入下一个节点的判断。
- 当完成新集合中所有节点的差异化对比后，还需要对旧集合进行循环遍历，判断是否存在新集合中没有但旧集合中仍存在的节点，此时发现存在这样的节点 D，因此删除节点 D，到此 diff 操作全部完成。

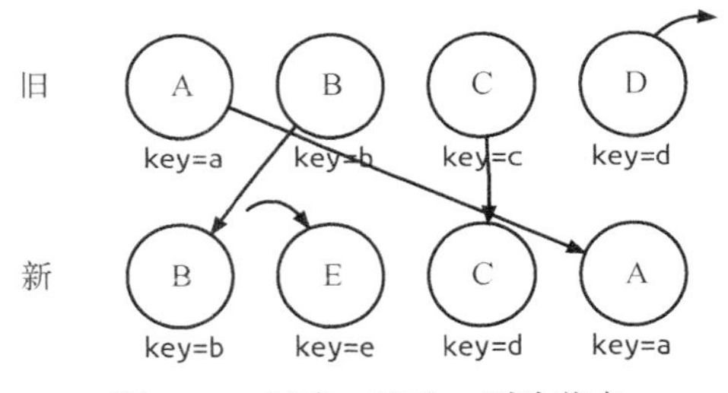

图 3-23　创建、移动、删除节点

相关代码如下（源码路径：/v15.0.0/src/renderers/shared/reconciler/ReactMultiChild.js）：

```
_updateChildren: function(nextNestedChildrenElements, transaction, context) {
  var prevChildren = this._renderedChildren;
  var removedNodes = {};
  var nextChildren = this._reconcilerUpdateChildren(prevChildren, nextNestedChildrenElements,
removedNodes, transaction, context);

  // 如果不存在 prevChildren 和 nextChildren，则不做 diff 处理
  if (!nextChildren && !prevChildren) {
    return;
  }
```

```
var updates = null;
var name;
// lastIndex 是 prevChildren 中最后的索引，nextIndex 是 nextChildren 中每个节点的索引
var lastIndex = 0;
var nextIndex = 0;
var lastPlacedNode = null;

for (name in nextChildren) {
  if (!nextChildren.hasOwnProperty(name)) {
    continue;
  }
  var prevChild = prevChildren && prevChildren[name];
  var nextChild = nextChildren[name];
  if (prevChild === nextChild) {
    // 移动节点
    updates = enqueue(
      updates,
      this.moveChild(prevChild, lastPlacedNode, nextIndex, lastIndex)
    );
    lastIndex = Math.max(prevChild._mountIndex, lastIndex);
    prevChild._mountIndex = nextIndex;
  } else {
    if (prevChild) {
      lastIndex = Math.max(prevChild._mountIndex, lastIndex);
      // 通过遍历 removedNodes 删除子节点 prevChild
    }
    // 初始化并创建节点
    updates = enqueue(
      updates,
      this._mountChildAtIndex(nextChild, lastPlacedNode, nextIndex, transaction, context)
    );
  }
  nextIndex++;
  lastPlacedNode = ReactReconciler.getNativeNode(nextChild);
}
// 如果父节点不存在，则将其子节点全部移除
for (name in removedNodes) {
  if (removedNodes.hasOwnProperty(name)) {
    updates = enqueue(
      updates,
      this._unmountChild(prevChildren[name], removedNodes[name])
    );
  }
}
// 如果存在更新，则处理更新队列
if (updates) {
  processQueue(this, updates);
}
this._renderedChildren = nextChildren;
},

function enqueue(queue, update) {
  // 如果有更新，将其存入 queue
  if (update) {
```

```
      queue = queue || [];
      queue.push(update);
    }
    return queue;
  }

  // 处理队列的更新
  function processQueue(inst, updateQueue) {
    ReactComponentEnvironment.processChildrenUpdates(
      inst,
      updateQueue,
    );
  }

  // 移动节点
  moveChild: function(child, afterNode, toIndex, lastIndex) {
    // 如果子节点的 index 小于 lastIndex，则移动该节点
    if (child._mountIndex < lastIndex) {
      return makeMove(child, afterNode, toIndex);
    }
  },

  // 创建节点
  createChild: function(child, afterNode, mountImage) {
    return makeInsertMarkup(mountImage, afterNode, child._mountIndex);
  },

  // 删除节点
  removeChild: function(child, node) {
    return makeRemove(child, node);
  },

  // 卸载已经渲染的子节点
  _unmountChild: function(child, node) {
    var update = this.removeChild(child, node);
    child._mountIndex = null;
    return update;
  },

  // 通过提供的名称实例化子节点
  _mountChildAtIndex: function(child, afterNode, index, transaction, context) {
    var mountImage = ReactReconciler.mountComponent(child, transaction, this, this._nativeContainerInfo,
      context);

    child._mountIndex = index;
    return this.createChild(child, afterNode, mountImage);
  },
```

当然，diff 还存在些许不足与待优化的地方。如图 3-24 所示，若新集合的节点更新为 D、A、B、C，与旧集合相比只有 D 节点移动，而 A、B、C 仍然保持原有的顺序，理论上 diff 应该只需对 D 执行移动操作，然而由于 D 在旧集合中的位置是最大的，导致其他节点的 `_mountIndex < lastIndex`，造成 D 没有执行移动操作，而是 A、B、C 全部移动到 D 节点后面的现象。

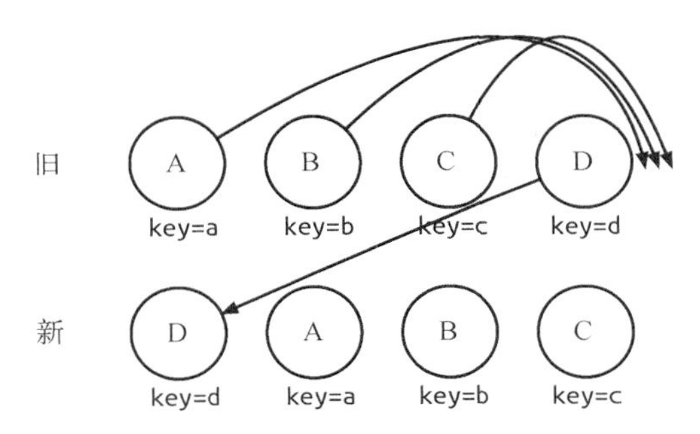

图 3-24 新集合的节点更新为D、A、B、C

建议 在开发过程中，尽量减少类似将最后一个节点移动到列表首部的操作。当节点数量过大或更新操作过于频繁时，这在一定程度上会影响 React 的渲染性能。

3.6 React Patch 方法

通过前面的内容，我们了解了 React 如何构建虚拟标签，执行组件生命周期，更新 state，计算 tree diff 等，这一系列操作都还是在 Virtual DOM 中进行的。然而浏览器中并未能显示出更新的数据，那么 React 又是如何让浏览器展示出最新的数据呢？

React Patch 实现了关键的最后一步。所谓 Patch，简而言之就是将 tree diff 计算出来的 DOM 差异队列更新到真实的 DOM 节点上，最终让浏览器能够渲染出更新的数据。可以这么说，如果没有 Patch，那么 React 之前基于 Virtual DOM 做再多性能优化的操作都是徒劳，因为浏览器并不认识 Virtual DOM。虽然 Patch 方法如此重要，但它的实现却非常简洁明了，主要是通过遍历差异队列实现的。遍历差异队列时，通过更新类型进行相应的操作，包括：新节点的插入、已有节点的移动和移除等。

这里为什么可以直接依次插入节点呢？原因就是在 diff 阶段添加差异节点到差异队列时，本身就是有序添加。也就是说，新增节点（包括 `move` 和 `insert`）在队列里的顺序就是最终真实 DOM 的顺序，因此可以直接依次根据 `index` 去插入节点。而且，React 并不是计算出一个差异就去执行一次 Patch，而是计算出全部差异并放入差异队列后，再一次性地去执行 Patch 方法完成真实 DOM 的更新。

Patch 方法的源码如下（源码路径：/v15.0.0/src/renderers/dom/client/utils/DOMChildrenOperations.js）：

```
processUpdates: function(parentNode, updates) {
  //处理新增的节点、移动的节点以及需要移除的节点
  for (var k = 0; k < updates.length; k++) {
    var update = updates[k];
```

```
    switch (update.type) {
      // 插入新的节点
      case ReactMultiChildUpdateTypes.INSERT_MARKUP:
        insertLazyTreeChildAt(
          parentNode,
          update.content,
          getNodeAfter(parentNode, update.afterNode)
        );
        break;
      // 需要移动的节点
      case ReactMultiChildUpdateTypes.MOVE_EXISTING:
        moveChild(
          parentNode,
          update.fromNode,
          getNodeAfter(parentNode, update.afterNode)
        );
        break;
      case ReactMultiChildUpdateTypes.SET_MARKUP:
        setInnerHTML(
          parentNode,
          update.content
        );
        break;
      case ReactMultiChildUpdateTypes.TEXT_CONTENT:
        setTextContent(
          parentNode,
          update.content
        );
        break;
      // 需要删除的节点
      case ReactMultiChildUpdateTypes.REMOVE_NODE:
        removeChild(parentNode, update.fromNode);
        break;
    }
  }
},

function getNodeAfter(parentNode, node) {
  // 文本组件的返回格式 [open, close] comments，需要做特殊处理
  if (Array.isArray(node)) {
    node = node[1];
  }
  return node ? node.nextSibling : parentNode.firstChild;
}

// 插入新节点的操作
function insertLazyTreeChildAt(parentNode, childTree, referenceNode) {
  DOMLazyTree.insertTreeBefore(parentNode, childTree, referenceNode);
}

// 移动已有节点的操作
function moveChild(parentNode, childNode, referenceNode) {
  if (Array.isArray(childNode)) {
    moveDelimitedText(parentNode, childNode[0], childNode[1], referenceNode);
```

```
    } else {
      insertChildAt(parentNode, childNode, referenceNode);
    }
  }

  // 移除已有节点的操作
  function removeChild(parentNode, childNode) {
    if (Array.isArray(childNode)) {
      var closingComment = childNode[1];
      childNode = childNode[0];
      removeDelimitedText(parentNode, childNode, closingComment);
      parentNode.removeChild(closingComment);
    }
    parentNode.removeChild(childNode);
  }

  // 文本组件需要去除 openingComment 和 closingComment，取得其中的 node
  function moveDelimitedText(parentNode, openingComment, closingComment, referenceNode) {
    var node = openingComment;
    while (true) {
      var nextNode = node.nextSibling;
      insertChildAt(parentNode, node, referenceNode);
      if (node === closingComment) {
        break;
      }
      node = nextNode;
    }
  }

  function removeDelimitedText(parentNode, startNode, closingComment) {
    while (true) {
      var node = startNode.nextSibling;
      if (node === closingComment) {
        // closingComment 已经被 ReactMultiChild 移除
        break;
      } else {
        parentNode.removeChild(node);
      }
    }
  }
```

3.7 小结

本章主要分析了 React 源码中 Virtual DOM、组件生命周期的管理、setState 更新机制、diff 算法以及 Patch 方法。正因为 React 有着这样独特的设计，才让它站在了今天前端大舞台的聚光灯下。

除了本章分析的核心方法，React 还有许多优秀的实现，比如对象生成时内存的线程池管理、事件系统的优化、服务端的渲染等。在本章写作的过程中，React 15.0 版本又进行了几次小版本的更新，还发表了多年的研究成果 React Fiber，希望读者自行阅读源码分析其实现原理。

第4章

认识 Flux 架构模式

Flux 是由 Facebook 在 2014 年开源的一款用于构建用户界面的应用程序架构（Application Architecture for Building User Interface）。随着师出同门的 React 越来越火爆，Flux 也受到了越来越多的关注。

那么，Flux 究竟是怎么一回事呢？Flux 与我们常说的前端 MVC 架构有什么区别呢？我们将在本章中一起探索。

4.1 React 独立架构

在第 1 章中，我们就提到 React 是自带 View 和 Controller 的库。自然，我们在实现应用时不需要任何其他库也可以自运行。

为了更好地理解从 React 到 React+Flux 的演进路线，我们就以前几章学习的内容来实现一个类似论坛评论功能的 App，从而开始讲述实际应用中的实现过程。

首先，我们先看评论功能包括哪些部分。基本的评论功能由以下两个部分组成：

- 评论内容区域，它是一个从服务端读取的列表，每一条评论都包括用户名、时间和内容；
- 评论编辑区域，除了显示自己的用户名外，需要一个待编辑的文本框以及“发布”按钮。

对于评论的基本逻辑，我相信你早就熟悉了。简而言之，就是输入评论内容之后，点击“发布”按钮发布评论，此时评论就会立即显示在评论区内。

接下来，我们就用 React 来实现它。

首先，需要约定前后端接口。这里我们新建 /api/response.json，用于模拟一个返回评论列表的接口：

```
{
  "commentList": [
    { "name": "cam", "content": "It's good idea!", "publishTime": "2015-05-01" },
    { "name": "arcthur", "content": "Not bad.", "publishTime": "2015-05-01" }
  ]
}
```

接着，写一个 React 组件用于读取评论列表：

```
import React, { Component, PropTypes } from 'react';

class CommentList extends Component {
  constructor(props) {
    super(props);

    this.state = {
      loading: true,
      error: null,
      value: null,
    };
  }

  componentDidMount() {
    this.props.promise.then(response => response.json())
      .then(value => this.setState({ loading: false, value }))
      .catch(error => this.setState({ loading: false, error }));
  }

  render() {
    if (this.state.loading) {
      return <span>Loading...</span>;
    } else if (this.state.error !== null) {
      return <span>Error: {this.state.error.message}</span>;
    } else {
      const list = this.state.value.commentList;

      return (
        <ul className="comment-box">
          {list.map((entry, i) => (
            <li key={`reponse-${i}`} className="comment-item">
              <p className="comment-item-name">{entry.name}</p>
              <p className="comment-item-content">{entry.content}</p>
            </li>
           ))}
        </ul>
      );
    }
  }
}

ReactDOM.render(
  <CommentList promise={fetch('/api/response.json')} />,
  document.getElementById('root'));
```

看一下这个组件构成，可以发现它把数据请求与业务逻辑混合在了一起。显然，业务逻辑不需要关心数据是从哪里来的，只需要定义好传入的接口就行了，数据应该抽象到其他地方去做。为了不引入更多概念，把数据请求抽象到父组件中。含有抽象数据而没有业务逻辑的组件，我们称之为容器型组件（container component）；而没有数据请求逻辑只有业务逻辑的组件，我们称之为展示型组件（presentational component）。在 5.5 节中，我们会综合讲述两者的不同意义。

4

说明　请求部分使用 fetch API，这是由 WHATWG（Web Hypertext Application Technology Working Group，网页超文本应用技术工作小组）提出的新一代浏览器 Ajax 请求标准，目前已经获得了主流浏览器的支持。新版本的 Chrome、Firefox 和 Opera 浏览器均支持 fetch API，而微软的 Edge 浏览器也正在开发对 fetch 的支持。

fetch 的用法相比于原始的 XMLHttpRequest 有着质的飞跃，比如：

```
fetch('/user.json').then(response => response.json())
  .then(data => console.log('parsed json', data))
  .catch(e => console.log("Oops, error", e));
```

fetch 的主要特点是运用 promise 来对请求作了包装，其语法非常简洁，也更具有语义化。考虑到兼容比较旧的浏览器，我们可以使用 GitHub 官方提供的 fetch 兼容库。更多关于 fetch 的信息，可以参考 WHATWG 的 fetch 规范①。

接着，我们就来改造一下。抽象 CommentListContainer 组件：

```
import React, { Component, PropTypes } from 'react';

class CommentListContainer extends Component {
  constructor(props) {
    super(props);

    this.state = {
      loading: true,
      error: null,
      value: null,
    };
  }

  componentDidMount() {
    this.props.promise.then(response => response.json())
      .then(value => this.setState({ loading: false, value }))
      .catch(error => this.setState({ loading: false, error }));
  }

  render() {
    if (this.state.loading) {
      return <span>Loading...</span>;
    } else if (this.state.error !== null) {
      return <span>Error: {this.state.error.message}</span>;
    } else {
      const list = this.state.value.commentList;

      return (
        <CommentList comments={list} />
      );
    }
```

① Fetch Living Standard，详见 https://fetch.spec.whatwg.org。

```
  }
}
```

然后我们的业务逻辑就变得非常轻量级。用无状态组件即可实现，此时代码变得非常简洁：

```
import React, { Component, PropTypes } from 'react';

function CommentList({ comments }) {
  return (
    <ul className="comment-box">
      {comments.map((entry, i) => (
        <li key={`reponse-${i}`} className="comment-item">
          <p className="comment-item-name">{entry.name}</p>
          <p className="comment-item-content">{entry.content}</p>
        </li>
      ))}
    </ul>
  );
}
```

再来看下请求的容器组件，是否看到了很多重复代码的痕迹？异步请求的过程每个组件都有可能存在，因此不得不写很多重复代码。当然，这个过程可以被抽象，我们继续使用 2.5 节中介绍的方便提取组件的“公共行为”，让组件可以进一步抽象：


```
import React, { Component, PropTypes } from 'react';

function dissoc(obj, prop) {
  let result = {};

  for (let p in obj) {
    if (p !== prop) {
      result[p] = obj[p];
    }
  }

  return result;
}

const Promised = (promiseProp, Wrapped) => class extends Component {
  constructor(props) {
    super(props);

    this.state = {
      loading: true,
      error: null,
      value: null,
    };
  }

  componentDidMount() {
    this.props[promiseProp].then(response => response.json())
      .then(value => this.setState({ loading: false, value }))
      .catch(error => this.setState({ loading: false, error }));
```

```
    }

    render() {
      if (this.state.loading) {
        return <span>Loading...</span>;
      } else if (this.state.error !== null) {
        return <span>Error: {this.state.error.message}</span>;
      } else {
        const propsWithoutThePromise = dissoc(this.props, promiseProp);
        return <Wrapped {...propsWithoutThePromise} {...this.state.value} />;
      }
    }
  };
```

正如看到的，通过把组件传递给 `Promised`，就可以实现一个具有请求功能的组件了。我们把 CommentListContainer 组件输出的方式改造一下即可：

```
// ...
class CommentListContainer extend Component{
  render() {
    return <CommentList data={data} />;
  }
}

module.exports = Promised('comments', CommentListContainer);
```

此时就可以这么调用它：

```
ReactDOM.render(<CommentListContainer comments={fetch('/api/response.json')} />,
document.getElementById('root'));
```

看到 CommentListContainer 与 CommentList 其实已经等同了，这时候可以选择合并或保留。保留的意义在于如果未来数据是由多个请求合并产生的话，那么在 CommentListContainer 的逻辑就不能通过 Promised 高阶组件解决了。换句话说，容器型组件更通用，而 `Promised` 是一种取巧且抽象的方法，可以依情况而定。

到这里，我们已经实现了对列表的展示。除了列表的请求渲染，自然少不了评论操作，典型的评论操作包括一个评论框和一个“提交”按钮。当然，现实中的评论会复杂很多，比如级联。这里我们只关注最简单的情况，相关代码如下：

```
import React, { Component, PropTypes } from 'react';

class CommentForm extends Component {
  constructor(props) {
    super(props);

    this.handleChang = this.handleChange.bind(this);

    this.state = {
      value: '',
    };
  }
```

```
  handleChange(event) {
    this.setState({ value: event.target.value });
  }

  render() {
    return (
      <div>
        <textarea
          value={this.state.value}
          onChange={this.handleChange}
        />
        <button
          className="comment-confirm-btn"
          onClick={this.props.onSubmitComment.bind(this, this.state.value)}
        >评论</button>
      </div>
    );
  }
}
```

这个过程很简单，我们放了一个 textarea 和 button。请你仔细想想，提交的行为为什么没有在组件里实现，而是放在父组件里。最后，需要把 CommentListContainer 和 CommentForm 这两个组件合在一起：

```
import React, { Component, PropTypes } from 'react';

class CommentBox extends Component {
  constructor(props) {
    super(props);

    this.state = {
      comments: fetch('/api/response.json'),
    };
  }

  handleSubmitComment(value) {
    fetch('/api/submit.json', {
      method: 'POST',
      body: `value=${value}`,
    })
    .then(response => response.json())
    .then(value => {
      if (value.ok) {
        this.setState({ comments: fetch('/api/response.json') });
      }
    }));
  }

  render() {
    return (
      <div>
        <CommentListContainer comments={this.state.comments} />
```

```
        <CommentForm onSubmitComment={::this.handleSubmitComment} />
      </div>
    );
  }
}

ReactDOM.render(<CommentBox />, document.getElementById('root'));
```

上述代码模拟了一个 POST 请求用于提交评论，这里没有提交用户信息。这是一个问题，读者可以思考一下怎么去完整实现。

评论功能到这里总体上就完成了，这个实现告诉我们，React 可以通过抽象“容器型组件”来集成 Model 的功能。

但这么做还是把业务逻辑整合到了组件当中，这并不是最优的方法，与数据逻辑解耦才是我们所期望的。在大型应用中，数据和状态管理至关重要。我们想用这几年风靡前端界的 MVC 思想来实现，这当然可以，但 Facebook 告诉我们还有一种新的 Flux 架构，它才是 React Web app 应有的姿态。那么，在 Flux 中到底是怎么做的？下面我们来一探究竟。

4.2　MV* 与 Flux

响应式网页设计（Responsive Web design）[①]简称 RWD，是 2011 年提出的概念，并从 2012 年开始成为公认的网页设计主流方向。它是一种网页设计的技术做法，该设计可使网站在多种浏览设备（从台式机显示器到移动电话或其他移动产品设备）上获得体验类似的阅读与导航功能，同时减少用户缩放、平移与滚动等操作。

这就要求网站需要设计成 SPA（Single-Page Application，单页应用）。尽管说响应式网页设计的核心理念是从交互以及样式上体现的，但对于整个跨平台的兼容性，拥有良好的分层解耦及响应速度已经成为应用架构的必要条件。

而这之中，以 BackboneJS、AngularJS 为代表的 MVC/MVVM 和 Flux 渐渐成为了主流选择。

4.2.1　MVC/MVVM

MVC/MVVM 简称 MV* 模式，其中 MVVM 是从 MVC 演进而来的。要理解这之间的关系，还得从 MVC 的概念说起。

MVC 是一种架构设计模式，它通过关注数据界面分离，来鼓励改进应用程序结构。具体地说，MVC 强制将业务数据（Model）与用户界面（View）隔离，用控制器（Controller）管理逻辑和用户输入。这种模式是 Smalltalk 在 20 世纪 80 年代研究设计出来的，如图 4-1 所示。

① Responsive Web design，详见 https://en.wikipedia.org/wiki/Responsive_web_design。

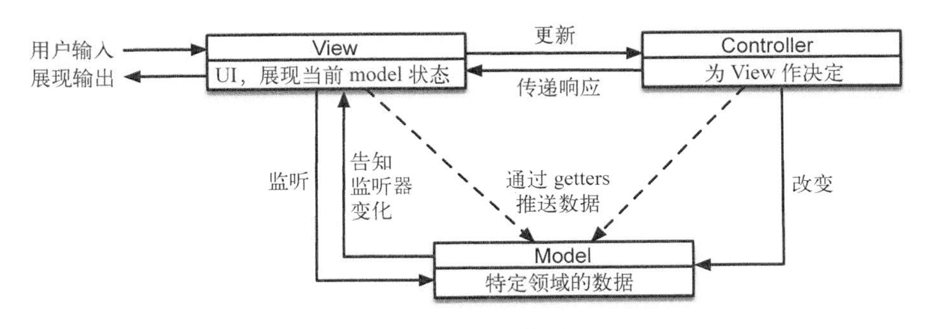

图 4-1　MVC模型

1. MVC 模式中的 3 种角色

在 MVC 模式中，主要涉及 3 种角色——Model、View 和 Controller，下面简要介绍一下它们。

- **Model**

Model 负责保存应用数据，和后端交互同步应用数据，或校验数据。

Model 不涉及用户界面，也不涉及表示层，而是代表应用程序可能需要的独特形式的数据。当 Model 改变时，它会通知它的观察者（如视图）作出相应的反应。

总的来说，Model 主要与业务数据有关，与应用内交互状态无关。

- **View**

View 是 Model 的可视化表示，表示当前状态的视图。前端 View 负责构建和维护 DOM 元素。View 对应用程序中的 Model 和 Controller 的了解是有限的，更新 Model 的实际任务都是在 Controller 上。

用户可以与 View 交互，包括读取和编辑 Model，在 Model 中获取或设置属性值。

一个 View 通常对应一个 Model，并在 Model 更改时进行通知，使 View 本身能够进行相应的更新。但在实际应用开发中，还会面临多个 View 对应多个 Model 的情况。

在前端 MVC 体系中，View 对应的是 JavaScript 模板语言，它用于将 View 定义为包含模板变量的标记，使用变量语法，接受 JSON 数据格式的数据。而 React 本身具备模板这一特性，这一点在第 1 章中已经提过。

- **Controller**

负责连接 View 和 Model，Model 的任何改变会应用到 View 中，View 的操作会通过 Controller 应用到 Model 中。

在前端 MVC 框架中，Controller 的设计和传统 MVC 中的概念还是不太一样。如 Backbone，包含 Model 和 View，但它实际上并没有真正的 Controller。其 View 和路由的行为与 Controller 有些类似，但它们实际上都不是 Controller.

总的来说，Controller 管理了应用程序中 Model 和 View 之间的逻辑和协调。

2. MVVM 的演变

MVVM 出现于 2005 年，最大变化在于 VM（ViewModel）代替了 C（Controller）。其关键“改进”是数据绑定（DataBinding），也就是说，View 的数据状态发生变化可以直接影响 VM，反之亦然。这也可以说是 AngularJS 的核心特色之一。MVVM 模型如图 4-2 所示。

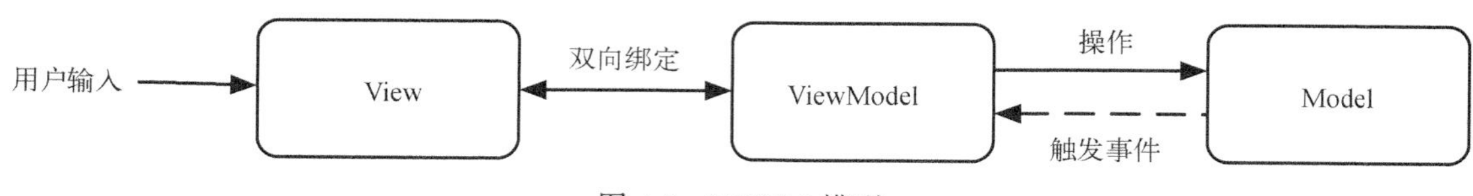

图 4-2　MVVM 模型

3. MVC 的问题

MVC 乍一看似乎没有特别值得诟病的地方，但是它存在一个致命的缺点，这个缺点在你的项目越来越大、逻辑越来越复杂的时候就非常明显，那就是混乱的数据流动方式，如图 4-3 所示。

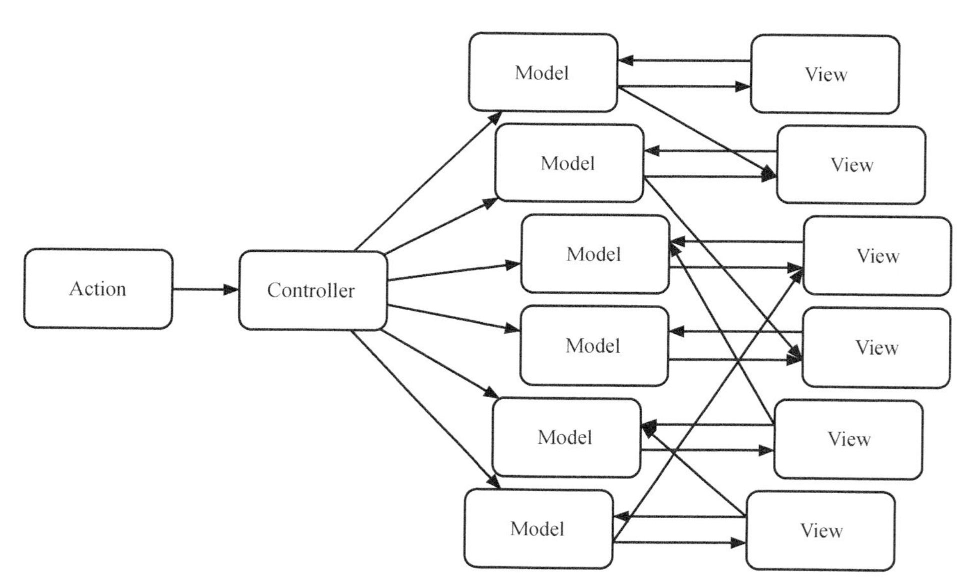

图 4-3　MVC 的问题

以 Backbone 为例，由于 Model 对外直接暴露了 set 和 on 方法，导致 View 层可以随意改变 Model 中的值，也可以随意监听 Model 中值的变化。这样的设定最终会导致一个庞大的 Model 中某个字段变化后，可能触发无数个 change 事件。在这些 change 事件的回调中，可能还有新的 set

方法调用，导致更多的 change 事件触发。

更糟糕的是，一个 Model 还能改变另一个 Model 的值，整个数据流动的方式变得更加混乱，不可捉摸。可以预见，在这种复杂的监听和触发的关系中，梳理数据的流动方式，甚至调试业务逻辑都成了一种奢望。

对于增、删、改来说，MVC 都需要编写 View 渲染处理函数。当业务逻辑变复杂后，可能会有很多 Model 需要做增、删、改。与之对应的是，我们需要精心构建 View 渲染处理函数。尽管局部更新模式是高性能的关键所在，但这点会导致更新逻辑复杂，并需要编写大量的局部渲染函数，也会导致问题定位困难。页面的当前状态是由数据和局部更新函数来确定的。

在实际应用中，前端 MVC 模式的实现各有各的理解。在 Google Images 中搜索“前端 MVC”，从得到的结果可以看到，几乎每个人对 Model、View 和 Controller 都有自己的理解，而它们之间的连线更是千奇百怪。

4. 解决方案

如果渲染函数只有一个，统一放在 Controller 中，每次更新重渲染页面，这样的话，任何数据的更新都只用调用重渲染就行，并且数据和当前页面的状态是唯一确定的。这样就要保证数据的流动清晰，不能出现交叉分路的情况。

然而重渲染会带来严重的性能与用户体验问题。重渲染和局部渲染各有好坏，对 MVC 来说这是一个两难的选择，无法做到鱼和熊掌兼得。

4.2.2 Flux 的解决方案

与 React 相同，Flux 同样由一群 Facebook 工程师提出，它的名字是拉丁语的 Flow。Flux 主要是针对现有前端 MVC 框架的局限总结出来的一套基于 dispatcher 的前端应用架构模式。如果用 MVC 的命名习惯，它应该叫 ADSV（Action Dispatcher Store View）。

那么 Flux 是如何解决 MVC 存在的问题呢？正如其名，Flux 的核心思想就是**数据和逻辑永远单向流动**。其模型图如图 4-4 所示。

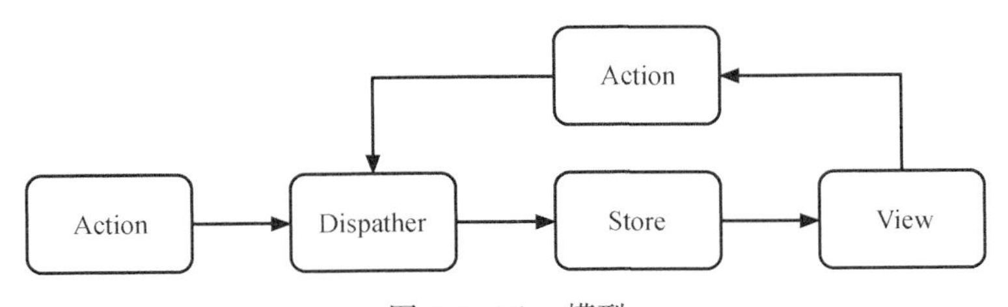

图 4-4 Flux 模型

在介绍 React 的时候，我们提到它推崇的核心也是单向数据流，Flux 中单向数据流则是在整体架构上的延伸。在 Flux 应用中，数据从 action 到 dispatcher，再到 store，最终到 view 的路线是单向不可逆的，各个角色之间不会像前端 MVC 模式中那样存在交错的连线。

然而想要做到单向数据流，并不是一件容易的事情。好在 Flux 的 dispatcher 定义了严格的规则来限定我们对数据的修改操作。同时，store 中不能暴露 setter 的设定也强化了数据修改的纯洁性，保证了 store 的数据确定应用唯一的状态。

再使用 React 作为 Flux 的 view，虽然每次 view 的渲染都是**重渲染**，但并不会影响页面的性能，因为重渲染的是 Virtual DOM，并由 PureRender 保障从重渲染到局部渲染的转换。意味着完全不用关心渲染上的性能问题，增、删、改的渲染都和初始化渲染一样快。

Flux 看起来非常完美，那么它真得比 MVC 好吗？事实上，在前端领域，Flux 还是一个处于非常早期的架构方式。

对于一些逻辑复杂的前端应用（比如 Firefox 中的调试器），Flux 已经证明了自己确实能够极大地降低复杂度。但是对于许多原本使用 MVC 方式架构都绰绰有余的项目来说，Flux 看起来像是杀鸡用牛刀。

我们现在无法断言 Flux 一定在任何场景下都优于 MVC，甚至在某些简单的应用中，你会发现使用 Backbone 等传统 MVC 框架解决起来会更加顺手。

甚至在开源社区中，有人认为前端的 Flux 架构与早期 Win32 中的 `WndProc()` 窗口过程函数的设计颇为类似[①]。

但是这些都不能掩盖 Flux 作为一种全新的前端架构方式给我们带来的思想上的冲击与转变。Flux 强调单向数据流，强调谨慎可追溯的数据变动，这些设计和约束都使得前端应用在越来越复杂的今天不会失去清晰的逻辑和架构。

4.3　Flux 基本概念

了解了为什么我们会选择 Flux 模式之后，下面来讲述它的基本概念和组成。

一个 Flux 应用由 3 大部分组成——dispatcher、store 和 view，其中 dispatcher 负责分发事件；store 负责保存数据，同时响应事件并更新数据；view 负责订阅 store 中的数据，并使用这些数据渲染相应的页面。

尽管它看起来和 MVC 架构有些像，但其中并没有一个职责明确的 controller。事实上，Flux 中存在一个 controller-view 的角色，但它的职责是将 view 与 store 进行绑定，并没有传统 MVC 中 controller 需要承担的复杂逻辑。

图 4-5 是 Flux 应用的简化执行流程，下面我们将依次介绍各个节点的作用。

---

① The More Things Change，详见 https://bitquabit.com/post/the-more-things-change/。

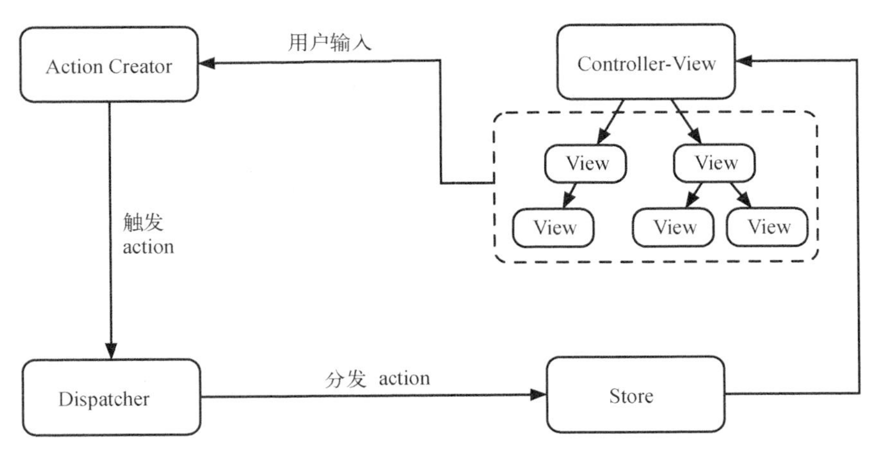

图 4-5 Flux 流程图

1. dispatcher 与 action

如果你熟悉 Backbone 的话，肯定对 Backbone 的事件机制印象深刻。与 Backbone 的发布/订阅模式不同，Flux 中的事件会由若干个中央处理器来进行分发，这就是 dispatcher。

dispatcher 是 Flux 中最核心的概念，也是 `flux` 这个 npm 包中的核心方法。

事实上，dispatcher 的实现非常简单，我们只需要关心 `.register(callback)` 和 `.dispatch(action)` 这两个 API 即可。

`register` 方法用来注册一个监听器，而 `dispatch` 方法用来分发一个 action。

action 是一个普通的 JavaScript 对象，一般包含 `type`、`payload` 等字段，用于描述一个事件以及需要改变的相关数据。比如点击了页面上的某个按钮，可能会触发如下 action：

```
{
  "type": "CLICK_BUTTON"
}
```

这是 action 最简单的一种形式。在实际应用中，一个 action 还可能包含更多的信息，比如某个操作对应的用户 ID、当前操作是否出现错误的标志位等。

在开源社区中，有一套关于 Flux 中 action 对象该如何定义的规范，称为 FSA（Flux Standard Action）[①]。该规范定义了一个 Flux action 必须拥有一个 `type` 字段，可以拥有 `error`、`payload` 或 `meta` 字段。除此之外，不能有其他额外的字段。

2. store

在 Flux 中，store 负责保存数据，并定义修改数据的逻辑，同时调用 dispatcher 的 `register` 方法将自己注册为一个监听器。这样每当我们使用 dispatcher 的 `dispatch` 方法分发一个 action 时，

① Flux Standard Action，详见 https://github.com/acdlite/flux-standard-action。

store 注册的监听器就会被调用，同时得到这个 action 作为参数。

store 一般会根据 action 的 `type` 字段来确定是否响应这个 action。若需要响应，则会根据 action 中的信息修改 store 中的数据，并触发一个更新事件。

需要特别说明的是，在 Flux 中，store 对外只暴露 getter（读取器）而不暴露 setter（设置器），这意味着在 store 之外你只能读取 store 中的数据而不能进行任何修改。

3. controller-view

虽然说 Flux 的 3 大部分是 dispatcher、store 和 view，但是在这三者之间存在着一个简单却不可或缺的角色——controller-view。顾名思义，它既像 controller，又像 view，那么 controller-view 究竟在 Flux 中发挥什么样的作用呢？

一般来说，controller-view 是整个应用最顶层的 view，这里不会涉及具体的业务逻辑，主要进行 store 与 React 组件（即 view 层）之间的绑定，定义数据更新及传递的方式。

controller-view 会调用 store 暴露的 getter 获取存储其中的数据并设置为自己的 state，在 `render` 时以 props 的形式传给自己的子组件（`this.props.children`）。

介绍 store 时我们说过，当 store 响应某个 action 并更新数据后，会触发一个更新事件,这个更新事件就是在 controller-view 中进行监听的。当 store 更新时，controller-view 会重新获取 store 中的数据，然后调用 `setState` 方法触发界面重绘。这样所有的子组件就能获得更新后 store 中的数据了。

4. view

在绝大多数的例子里，view 的角色都由 React 组件来扮演，但是 Flux 并没有限定 view 具体的实现方式。因此，其他的视图实现依然可以发挥 Flux 的强大能力，例如结合 Angular、Vue 等。

在 Flux 中，view 除了显示界面，还有一条特殊的约定：如果界面操作需要修改数据，则必须使用 dispatcher 分发一个 action。事实上，除了这么做，没有其他方法可以在 Flux 中修改数据。

这条限制对刚接触 Flux 的开发者来说难以理解。因为在 React 中需要修改数据的时候，直接调用 `this.setState` 方法即可。如果需要分发 action，那么 action 是什么样的，分发到哪里，由谁来处理，View 层如何更新？这些疑问我们会在 4.4 节中一一讲解。目前只需要知道 Flux 中的 view 层不能直接修改数据就可以了。

5. actionCreator

与 controller-view 一样，actionCreator 并不是 Flux 的核心概念，但在许多关于 Flux 的例子和文章中都会看到这个名词，因此有必要解释一下。actionCreator，顾名思义，就是用来创造 action 的。为什么需要 actionCreator 呢？因为在很多时候我们在分发 action 的时候代码是冗余的。

考虑一个点赞的操作，如果用户给某条微博点了赞，可能会分发一个这样的 action：

```
{
  type: 'CLICK_UPVOTE',
  payload: {
    weiboId: 123,
  },
}
```

而包含完整分发逻辑的代码更加复杂：

```
import appDispatcher from '../dispatcher/appDispatcher';

// 响应点赞的 onClick 方法
...
  handleClickUpdateVote(weiboId) {
    appDispatcher.dispatch({
      type: 'CLICK_UPVOTE',
      payload: {
        weiboId: weiboId,
      },
    });
  }
...
```


事实上，在分发 action 的 6 行代码中，只有 1 行是变化的，其余 5 行都固定不变，这时我们可以创建一个 actionCreator 来减少冗余的代码，同时方便重用逻辑：

```
// actions/AppAction.js
import appDispatcher from '../dispatcher/appDispatcher';

function upvote(weiboId) {
  appDispatcher.dispatch({
    type: 'CLICK_UPVOTE',
    payload: {
      weiboId: weiboId,
    },
  });
}

// components/Weibo.js
import { upvote } from '../actions/AppAction';

...
handleClickUpdateVote(weiboId) {
    upvote(weiboId);
}
...
```

可以看到，在 view 中，分发 action 变得异常简洁。同时当我们需要修改 upvote 的逻辑时，只需要在 actionCreator 中进行修改即可，所有调用 upvote 的 view 都无需变动。

4.4　Flux 应用实例

在 4.1 节中，我们实现了一个评论框组件，这个组件包含了已有评论的列表和评论表单两个组件。接下来，我们会对它进行简单的修改，让它成为我们实现的第一个 Flux App。

4.4.1　初始化目录结构

Flux App 是一个完整的前端应用，代码按照不同的功能有着严格的划分，因此它不像 React 组件那样逻辑、样式和数据都放在同一个地方。现在我们来介绍 Flux 应用最基本的结构：

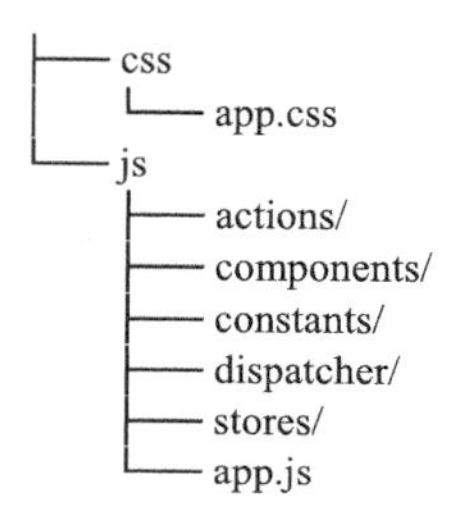

可以看到，在目录结构的最顶层，我们按照传统的方式区分了 JavaScript 文件和 CSS 文件。不过在后面的例子中，你会发现对于 React 组件来说，把 JavaScript 和 CSS 放在一起是更高效和方便的方式。在本例中，为了理解方便，依然使用传统的划分方式。

在 JavaScript 中，基本上就是按照我们在 4.3 节中讲到的各种概念划分了目录结构，不过有些许不同。

首先，没有名为 view 的文件夹，取而代之的是 components 文件夹。所有视图相关的组件都放在 components 中，包括之前提到的与 store 进行绑定的 controller-view。

其次，多了一个名为 constants 的文件夹。为什么需要 constants 呢？不知你是否注意到，在 Flux 中是通过 `type` 字段来区分不同的 action 的，那么这些 `type` 字段势必会成为字符串常量。既然是常量，在所有 `actionCreator` 出现时，都应该保持一致。因此，抽出常量统一放在 constants 文件夹中便是一个不错的选择。

而在 app.js 中，我们会把 components 中的 controller-view 使用 ReactDOM 的 `render` 方法渲染到真实的 DOM 中。

4.4.2　设计 store

在之前的例子中，所有的数据都是保存在组件的 state 中。而在 Flux 模式下，数据需要被迁移到 store 里：

```
// store/CommentStore.js
```

```
let comment = [];
```

可以看到，store 里保存的数据被直接定义在模块中，没有调用任何方法，它们是原生的 JavaScript 变量。

有了初始化的变量还不够，我们还需要定义数据的修改逻辑。在这个例子中，store 中修改数据的逻辑十分简单，就是从服务器取出最新的评论列表即可：

```
// store/CommentStore.js
function loadComment(newComment) {
  comment = newComment;
}
```

与数据一样，修改数据的方法也是平淡无奇的方法，接受新的评论列表作为参数，并将它赋给 store 中保存的 `comment`。

如果熟悉 Node 中模块的概念，会发现我们的 store 中没有导出任何内容。这意味着其他模块在引入 store 时，将会得到 `undefined`。因此，我们的 store 需要一个统一的出口：

```
// store/CommentStore.js
import { EventEmitter } from 'events';
import assign from 'object-assign';

const CommentStore = assign({}, EventEmitter.prototype, {
  getComment() {
    return comment;
  },

  emitChange() {
    this.emit('change');
  },

  addChangeListener(callback) {
    this.on('change', callback);
  },

  removeChangeListener(callback) {
    this.removeListener(callback);
  }
});

export default CommentStore;
```

在这部分 store 的设计中，我们引入了 Node 自带的 events 模块中的 `EventEmitter`，并使用 `assign` 方法将 `EventEmitter` 的功能混入 `CommentStore` 中，这样 store 就拥有了事件触发和监听的功能。当然，从更优雅的角度来讲，也可以用类来实现。

而在具体的 store 中，`getComment` 方法会返回 store 中保存的所有评论数据，也就是前面提到的 store 中对外暴露的 getter。此外，还有 `emitChange`、`addChangeListener` 和 `removeChangeListener` 这 3 个方法，我们会在 controller-view 中看到它们的具体作用。

最后，我们将 store 暴露出去，这样使用 store 的地方就可以调用 `CommentStore.getComment()` 方法获取 store 中保存的评论数据了。

似乎还少点什么？是的，store 中的数据如何修改呢？没错，我们还需要调用 dispatcher 的 `register` 方法注册一个监听器，用于响应具体的 action：

```
import AppDispatcher from '../dispatcher/AppDispatcher';
import CommentConstants from '../constants/CommentConstants';

const CommentStore = {
  // 具体实现见前面
};

AppDispatcher.register((action) => {
  switch (action.type) {
    case CommentConstants.LOAD_COMMENT_SUCCESS: {
      comment = action.payload.comment.commentList;
      CommentStore.emitChange();
    }
  }
});

export default CommentStore;
```

在我们注册的回调中，针对 `LOAD_COMMENT_SUCCESS` 这个类型的事件修改了 store 中的数据，这也是例子中唯一一处数据的修改逻辑。

4.4.3　设计 actionCreator

在 Flux 中，一个 action 的触发意味着需要修改数据，那么在我们的评论框中，有哪些数据要修改呢？一个是提交新的评论，一个是从服务端获取评论列表。下面让我们分别为这两个方法设计 `actionCreator`：

```
// actions/CommentActions.js
import AppDispatcher from '../dispatcher/AppDispatcher';
import CommentConstants from '../constants/CommentConstants';

const CommentActions = {
  loadComment() {
    AppDispatcher.dispatch({
      type: CommentConstants.LOAD_COMMENT,
    });

    fetch('/api/response.json')
      .then((res) => {
        return res.json();
      })
      .then((value) => {
        AppDispatcher.dispatch({
```

```
          type: CommentConstants.LOAD_COMMENT_SUCCESS,
          payload: {
            comment: value,
          },
        });
      })
      .catch((err) => {
        AppDispatcher.dispatch({
          type: CommentConstants.LOAD_COMMENT_ERROR,
          error: err,
        });
      });
  },

  addComment(text) {
    AppDispatcher.dispatch({
      type: CommentConstants.ADD_COMMENT,
    });

    fetch('/api/submit.json', {
      method: 'POST',
      body: JSON.stringify({value: encodeURI(text)}),
      headers: {
        'Accept': 'application/json',
        'Content-Type': 'application/json',
      },
    })
    .then((res) => {
      return res.json();
    })
    .then((value) => {
      if (value.ok) {
        AppDispatcher.dispatch({
          type: CommentConstants.ADD_COMMENT_SUCCESS,
          payload: {
            comment: value,
          },
        });
        this.loadComment();
      }
    })
    .catch((err) => {
      AppDispatcher.dispatch({
        type: CommentConstants.ADD_COMMENT_ERROR,
        error: err,
      });
    });
  }
};

export default CommentActions;
```

`actionCreator` 中的代码看起来似乎比 store 中复杂了不少。仔细观察会发现，我们定义的两个 actionCreator 有着同样的套路，都使用了 fetch 来发送 Ajax 请求，在发送请求前分发了一个 action，在请求成功响应后分发了一个 action，在请求出现异常时同样分发了 action。

你可能觉得这种设计有些冗余，但是它却能给用户界面带来更高的可控制性。在应用开发中，经常存在一些耗时比较久的异步操作。为了更好的用户体验，我们需要知道什么时候应该展示加载中的图标，什么时候又应该把它隐藏以免影响用户的正常操作。这些状态的变化，都在 actionCreator 中得以体现。这里为了保持例子简单，我们并没有在 store 和 view 中处理这些状态，但是你应该了解并尽可能地显示这些状态。

4.4.4　构建 controller-view

设计好了 store 和 action，是时候把它们拼装到一起了：

```
// components/CommentBox.js
import React, { Component } from 'react';
import CommentStore from '../stores/CommentStore';
import CommentList from './CommentList';
import CommentForm from './CommentForm';

class CommentBox extends Component {
  constructor(props) {
    super(props);

    this._onChange = this._onChange.bind(this);

    this.state = {
      comment: CommentStore.getComment(),
    };
  }

  _onChange() {
    this.setState({
      comment: CommentStore.getComment(),
    });
  }

  componentDidMount() {
    CommentStore.addChangeListener(this._onChange);
  }

  componentWillUnmount() {
    CommentStore.removeChangeListener(this._onChange);
  }

  render() {
    return (
      <div>
        <CommentList comment={this.state.comment} />
        <CommentForm />
      </div>
    );
```

```
  }
}

export default CommentBox;
```

在我们的 controller-view 中，有 3 处值得注意的地方。

- 定义了组件初始化的状态——使用 store 暴露给我们的 `getComment` 方法从 `CommentStore` 中获取评论列表。
- 在 `componentDidMount` 和 `componentWillUnmount` 中分别对 store 的 `change` 事件作了绑定及解绑，这也解释了为什么我们的 store 需要 `EventEmitter`。
- 定义了一个 store 变化的回调函数，在这个回调函数里，重新调用 store 的 `getComment` 方法获取最新的评论并调用 `this.setState` 方法更新 controller-view 自己的 state。当然，这些 state 最终会作为 components 的 props 传递给各个子组件。

4.4.5 重构 view

在 4.1 节的例子中，我们已经写好了 CommentList 和 CommentBox 两个组件，但是在 Flux 架构中，我们需要做一些简单的调整：

```
// components/CommentList.js
import React, { Component } from 'react';
import CommentActions from '../actions/CommentActions';

class CommentList extends Component {
  componentDidMount() {
    CommentActions.loadComment();
  }

  render() {
    const list = this.props.comment;

    return (
      <ul className="comment-box">
        {list.map((entry, i) => (
          <li key={`reponse-${i}`} className="comment-item">
            <p className="comment-item-name">{entry.name}</p>
            <p className="comment-item-content">{entry.content}</p>
          </li>
        ))}
      </ul>
    );
  }
}

export default CommentList;
```

对于 CommentList 来说，去除了原有的从 promise 中获取数据的逻辑。因为所有的数据都在 controller-view 中传递了进来，所以 CommentList 便可以作为一个与具体逻辑无关的纯展示组件。

但是 store 中默认的评论数据是一个空数组，怎样才能从服务器获取到已有的评论呢？很简单，我们之前在 CommentAction 中定义了从服务器获取数据的 `loadComment` 方法，直接在 CommentList 组件中调用该方法即可。

下面让我们看看 CommentForm：

```
// components/CommentForm.js
import React, { Component } from 'react';
import CommentActions from '../actions/CommentActions';

class CommentForm extends Component {
  constructor(props) {
    super(props);

    this.handleChange = this.handleChange.bind(this);
    this.handleAddComment = this.handleAddComment.bind(this);

    this.state = {
      value: '',
    };
  }

  handleChange(event) {
    this.setState({ value: event.target.value });
  }

  handleAddComment() {
    CommentActions.addComment(this.state.value);
  }

  render() {
    return (
      <div>
        <textarea
          value={this.state.value}
          onChange={this.handleChange}
        />
        <button
          className="comment-confirm-btn"
          onClick={this.handleAddComment}
        >评论</button>
      </div>
    );
  }
}

export default CommentForm;
```

同理，我们在 CommentForm 中引入了在 CommentAction 中定义的 `addComment` 方法来处理评论提交的问题。

你可能会好奇，Flux 中不是强调改变数据一定要分发 action 吗？为什么修改 `textarea` 中的值依然使用了 setState。实际上，这是一个设计上的权衡。如果明确地知道某个局部状态不会影响整个应用中的其他部分，也不需要初始化的时候进行赋值，那么出于简化实现的考虑，可以把这个状态保存在组件中。

4.4.6 添加单元测试

在 2.8 节中，我们讲到了使用 Jest 或 Enzyme 对 React 组件进行单元测试。而在 Flux 应用中，除了 React 组件外，更核心的功能当属 store。那么我们如何为 Flux 中的 store 添加单元测试呢？

我们知道，Flux 中的 store 为了限制对数据的随意更改，并没有对外暴露任何直接修改数据的接口。要想让 store 中的数据发生改变，store 必须使用 dispatcher 注册一个监听器，这样每当 dispatcher 分发一个 action 的时候，store 才会得到通知并相应地修改数据。

为了在测试中模拟这种机制，我们需要用到一点技巧。

在 2.8 节中我们说到，Jest 会自动模拟所有的依赖，这意味着在 Jest 测试用例中，require 的所有文件默认都是 Jest 帮我们伪造的。实际上，每一个 Jest 伪造的对象除了原本拥有的属性和方法外，还会给每一个被伪造的方法添加一个名为 mock 的属性，以方便我们在测试用例中观察测试的执行情况及执行相关的断言。在 mock 属性中，最重要的则是 calls 字段，这个字段用来表示当前被模拟的方法被调用时的参数。

比如，应用有一个模块名为 myDeps，对外暴露了 foo 方法和 bar 属性：

```
const myDeps = {
  foo() {
    console.log('a');
  },

  bar: 1,
};

module.exports = myDeps;
```

因此，在测试用例中，只要引用 myDeps，我们就可以使用 Jest 为我们伪造出来的新对象。而 deps.foo.mock 则是 Jest 额外为 foo 方法添加的属性，通过这个属性我们可以追踪 foo 方法被调用的情况。举个具体的例子，deps.foo.mock.calls[0] 可以获取到 foo 方法第一次被调用时传入的所有参数，这是一个数组。因此，显而易见的是，deps.foo.mock.calls[0][0] 是该方法第一次被调用时传入的第一个参数。

了解了 Jest 的这一特点后，回到 Flux store 的测试用例中。首先引入应用的 dispatcher，Jest 会自动对 dispatcher 的所有方法和属性进行模拟，然后拿到调用 dispatcher.register 方法时传入的第一个参数，即 store 的监听器：

```
import mockDispatcher from '../dispatcher/AppDispatcher';
const listener = mockDispatcher.register.mock.calls[0][0];
```

回想一下，在 store 中我们就是通过注册这个监听器来获取发生的变更——某一 action 被分发了。因此，我们只需要给 listener 传入特定的 action，再断言 store 中的数据变更符合预期即可。

假设我们的应用是一个计数器，store 中保存的数据每当“加 1”的 action 发生时则自动加 1，并能通过 `store.getCount()` 方法获取。一个完整的例子如下：

```
jest.dontMock('../stores/MyStore');

import AppDispatcher from '../dispatcher/AppDispatcher';
import MyStore from '../store/MyStore';

describe('MyStore', () => {
  it('should add 1', () => {
    const listener = AppDispatcher.register.mock.calls[0][0];

    // 模拟类型为 INCREMENT 的 action 被触发，断言 store 能够正常响应这个 action
    lisenter({
      type: 'INCREMENT'
    });

    expect(MyStore.getCount()).to.equal(1);
  });
});
```

到此，第一个 Flux App 已经基本完成。可以看到，Flux 强调的单向数据流在很大程度上让应用的逻辑变得更加清晰，而渲染的视图组件也让关注分离（Separation of Concerns）的设计思想得到了很好的贯彻执行。

4.5　解读 Flux

当我们明白了 Flux 的设计思想和工作原理后，可能会感叹原来 Flux 如此简单。

正如在介绍 Flux 基本概念时说的那样，Facebook 提供的 `flux` 依赖包里，核心只有一个 dispatcher。当然，在后续版本中，又增加了一些方便函数式编程的 utils 方法与语法糖。可以说，Flux 更像是一种设计模式，而不是一个具体的框架或者库。

4.5.1　Flux 核心思想

Flux 架构是优雅、简洁的，它合理利用了一些优秀的架构思维。

Flux 的中心化控制让人称道。中心化控制让所有的请求与改变都只能通过 action 发出，统一由 dispatcher 来分配。好处是 View 可以保持高度简洁，它不需要关心太多的逻辑，只需要关心传入的数据；中心化还控制了所有数据，发生问题时可以方便查询。比起 MVC 架构下数据或逻辑的改动可能来自多个完全不同的源头，Flux 架构追查问题的复杂度和困难度显然要小得多。

此外，Flux 把 action 做了统一归纳，提高了系统抽象程度。不论 action 是由用户触发的，从服务端发起的，还是应用本身的行为，对于我们而言，它都只是一个动作而已。与MVC架构下不同的触发方式管理混乱相比，Flux要优雅许多。

4.5.2 Flux的不足

尽管Flux是刚刚推出不久的设计模式，开发者们已经开始发现Flux存在或多或少的设计缺陷。

其中最令人诟病的就是Flux的冗余代码太多。虽然Flux源码中几乎只有dispatcher的现实，但是在每个应用中都需要手动创建一个dispatcher的示例，这还是让很多开发者觉得烦恼。

说到底，Flux给开发者提供的还是它的思想。由于Flux在很大程度上是一种很松散的设计约定，不同的开发者对Flux都会有自己的理解。因此，在这几年开源社区的讨论中，到处都充斥着各种各样对于Flux思想的不同实现，它们都在尝试解决Flux中没有提到或未解决的问题。

4.6 小结

我们讲述了Flux相比于传统的MVC的不同，也通过一个简单的例子阐述了Flux的工作方法，但是要真正领略Flux的优美与强大，仍需要从一个复杂的应用入手亲自去尝试。

近几年来，Flux的诸多变种如雨后春笋般出现，其中Redux和Refluxjs可能是其中最有名的两个，我们可以通过比较这些不同的Flux思想实现来了解Flux生态圈[①]。

在下一章中，我们将详细介绍Flux思想的最著名实现——Redux。事实上，Redux的知名度已经超越了Flux，成为开源社区中目前最火的前端应用架构。

4

① Flux comparison, 详见 https://github.com/voronianski/flux-comparison。

第5章

深入 Redux 应用架构

从 Flux 身上我们领略到数据在 store、action creator、dispatcher 及 React 组件之间单向流动的美妙特性，但在它受到越来越多关注的同时，我们也发现了 Flux 的一些问题与不足。因此，优化和扩展 Flux 架构的方案不断涌现，其中不乏许多高质量的作品，如 reflux、fluxxor 等。但是很快，一个后起之秀脱颖而出，短短数月就在 GitHub 上收获近万 star，它就是 Redux。

为什么 Redux 在短时间内就受到了如此高的追捧？Redux 和 Flux 相比有什么异同？如何从零开始搭建一个 Redux 应用？这些问题将在本章中一一为你揭晓。

5.1 Redux 简介

现在我们就从 Redux 是什么、Redux 的三大原则和 Redux 的核心 API 开始介绍 Redux，并说明 Redux 如何与 React 结合使用，以及它在 Flux 基础上的改变。

5.1.1 Redux 是什么

我们都知道 Flux 本身既不是库，也不是框架，而是一种应用的架构思想。而 Redux 呢，它的核心代码可以理解成一个库，但同时也强调与 Flux 类似的架构思想。

从设计上看，Redux 参考了 Flux 的设计，但是对 Flux 许多冗余的部分（如 dispatcher）做了简化，同时将 Elm 语言中函数式编程的思想融合其中。

非常有意思的是，Redux 是从一个实验开始的，作者 Dan Abramov 并没有想到 Redux 会变得如此重要又被广泛使用，他只是为了通过 Flux 思想解决他的热重载及时间旅行的问题而已。

Redux 本身非常简单，它的设计思想与 React 有异曲同工之妙，均是希望用最少的 API 实现最核心的功能。

图 5-1 是 Redux 的核心运作流程，看起来比 Flux 要简单不少。因为 Redux 本身只把自己定位成一个“可预测的状态容器”，所以图 5-1 只能算是这个容器的运行过程。而一个完整的 Redux 应用的运作流程，远比图 5-1 复杂得多。

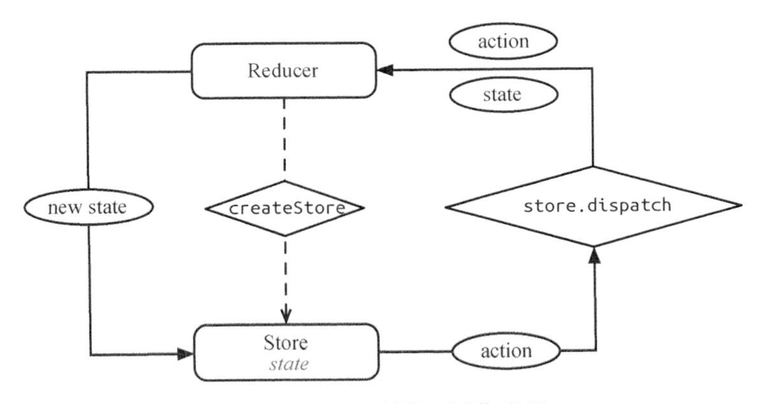

图 5-1 Redux 的核心运作流程

“Redux”本身指 redux 这个 npm 包，它提供若干 API 让我们使用 reducer 创建 store，并能够更新 store 中的数据或获取 store 中最新的状态。而“Redux 应用”则是指使用了 redux 这个 npm 包并结合了视图层实现（如 React）及其他前端应用必备组件（路由库、Ajax 请求库）组成的完整的类 Flux 思想的前端应用。

5.1.2 Redux 三大原则

想要理解 Redux，必须要知道 Redux 设计和使用的三大原则。

1. 单一数据源

在传统的 MVC 架构中，我们可以根据需要创建无数个 Model，而 Model 之间可以互相监听、触发事件甚至循环或嵌套触发事件，这些在 Redux 中都是不允许的。

因为在 Redux 的思想里，一个应用永远只有唯一的数据源。我们的第一反应可能是：如果有一个复杂应用，强制要求唯一的数据源岂不是会产生一个特别庞大的 JavaScript 对象。

实际上，使用单一数据源的好处在于整个应用状态都保存在一个对象中，这样我们随时可以提取出整个应用的状态进行持久化（比如实现一个针对整个应用的即时保存功能）。此外，这样的设计也为服务端渲染提供了可能。

至于我们担心的数据源对象过于庞大的问题，可以在 5.6.8 节中看到 Redux 提供的工具函数 `combineReducers` 是如何化解的。

2. 状态是只读的

这一点和 Flux 的思想不谋而合，不同的是在 Flux 中，因为 store 没有 setter 而限制了我们直接修改应用状态的能力，而在 Redux 中，这样的限制被执行得更加彻底，因为我们压根没有 store。

在 Redux 中，我们并不会自己用代码来定义一个 store。取而代之的是，我们定义一个 reducer，它的功能是根据当前触发的 action 对当前应用的状态（state）进行迭代，这里我们并没有直接修改应用的状态，而是返回了一份全新的状态。

Redux 提供的 `createStore` 方法会根据 reducer 生成 store。最后，我们可以利用 `store.dispatch` 方法来达到修改状态的目的。

3. 状态修改均由纯函数完成

这是 Redux 与 Flux 在表现上的最大不同。在 Flux 中，我们在 `actionCreator` 里调用 `AppDispatcher.dispatch` 方法来触发 action，这样不仅有冗余的代码，而且因为直接修改了 store 中的数据，将导致无法保存每次数据变化前后的状态。

在 Redux 里，我们通过定义 reducer 来确定状态的修改，而每一个 reducer 都是纯函数，这意味着它没有副作用，即接受一定的输入，必定会得到一定的输出。

这样设计的好处不仅在于 reducer 里对状态的修改变得简单、纯粹、可测试，更有意思的是，Redux 利用每次新返回的状态生成酷炫的时间旅行（time travel）调试方式，让跟踪每一次因为触发 action 而改变状态的结果成为了可能。

5.1.3　Redux 核心 API

Redux 的核心是一个 store，这个 store 由 Redux 提供的 `createStore(reducers[, initialState])` 方法生成。从函数签名看出，要想生成 store，必须要传入 `reducers`，同时也可以传入第二个可选参数初始化状态（`initialState`）。

在继续了解 `createStore` 之前，让我们先认识一下 `reducers`。在上一章介绍 Flux 时我们说到，Flux 的核心思想之一就是不直接修改数据，而是分发一个 action 来描述发生的改变。那么，在 Redux 里由谁来修改数据呢？

在 Redux 里，负责响应 action 并修改数据的角色就是 reducer。reducer 本质上是一个函数，其函数签名为 `reducer(previousState, action) => newState`。可以看出，reducer 在处理 action 的同时，还需要接受一个 `previousState` 参数。所以，reducer 的职责就是根据 `previousState` 和 `action` 计算出新的 `newState`。

在实际应用中，reducer 在处理 `previousState` 时，还需要有一个特殊的非空判断。很显然，reducer 第一次执行的时候，并没有任何的 `previousState`，而 reducer 的最终职责是返回新的 state，因此需要在这种特殊情况下返回一个定义好的 `initialState`：

```
// MyReducer.js
const initialState = {
  todos: [],
};

// 我们定义的 todos 这个 reducer 在第一次执行的时候，会返回 { todos: [] } 作为初始化状态
function todos(previousState = initialState, action) {
  switch (action.type) {
```

```
    case 'XXX': {
      // 具体的业务逻辑
    }

    default:
      return previousState;
  }
}
```

根据 Dan Abramov 的说法，Redux 这个名字就是来源于 Reduce+Flux，可见 reducer 在整个 Redux 架构中拥有举足轻重的作用。

下面就是 Redux 中最核心的 API——`createStore`：

```
import { createStore } from 'redux';
const store = createStore(reducers);
```

通过 `createStore` 方法创建的 `store` 是一个对象，它本身又包含 4 个方法。

- **`getState()`**：获取 store 中当前的状态。
- **`dispatch(action)`**：分发一个 action，并返回这个 action，这是唯一能改变 store 中数据的方式。
- **`subscribe(listener)`**：注册一个监听者，它在 store 发生变化时被调用。
- **`replaceReducer(nextReducer)`**：更新当前 store 里的 reducer，一般只会在开发模式中调用该方法。

在实际使用中，我们最常用的是 `getState()` 和 `dispatch()` 这两个方法。至于 `subscribe()` 和 `replaceReducer()`方法，一般会在 Redux 与某个系统（如 React）做桥接的时候使用。

关于这 4 个方法的具体作用和实现，请参考 6.5 节。

5.1.4 与 React 绑定

前面说到 Redux 的核心只有一个 `createStore()` 方法，但是仅仅使用这个方法还不足以让 Redux 在我们的 React 应用中发挥作用。我们还需要 react-redux 库——Redux 官方提供的 React 绑定。

很多刚刚接触 React 和 Redux 的开发者可能会好奇，明明有了 Redux，为什么还需要 react-redux，为什么不把它们放在一起？事实上，这是一种前端框架或类库的架构趋势，即尽可能做到平台无关（platform agnostic）。我们在第1章中也提到过，即便是 React，也在 0.14 版本之后拆分了 React 和 ReactDOM 两个库。这样拆分的好处在于，一个类库从核心逻辑上、具体与平台相关的实现上这两个层面做了拆分，能保证核心功能做到最大程度的跨平台复用。

react-redux 提供了一个组件和一个 API 帮助 Redux 和 React 进行绑定，一个是 React 组件 `<Provider/>`，一个是 `connect()`。关于它们，只需要知道的是，`<Provider/>` 接受一个 store 作为

props，它是整个 Redux 应用的顶层组件，而 `connect()` 提供了在整个 React 应用的任意组件中获取 `store` 中数据的功能。

关于这两个方法，在 6.6 节中会有更详细的介绍。

5.1.5　增强 Flux 的功能

我们在上一章中提到，Flux 的一个很大的不足在于定义的模式太过松散，这导致许多采用了 Flux 模式的开发者在实际开发过程中遇到一个很纠结的问题：在哪里发请求，如何处理异步流？

在 Redux 中，这种异步 action 的需求可以通过 Redux 原生的 middleware 设计来实现。在 5.2 节中，我们将看到更多关于 Redux middleware 的介绍与使用。

正如 Redux 官方代码库的介绍中所说，Redux 是一个可预测的状态容器（predictable state container）。简单地说，在摒弃了传统 MVC 的发布/订阅模式并通过 Redux 三大原则强化对状态的修改后，使用 Redux 可以让你的应用状态管理变得可预测、可追溯。在 5.6 节中，我们会以一个完整的例子来展示 Redux 应用是如何帮助我们优化数据修改过程以及梳理数据流动方式的。

5.2　Redux middleware

"It provides a third-party extension point between dispatching an action, and the moment it reaches the reducer."

这是 Dan Abramov 对 middleware 的描述。它提供了一个分类处理 action 的机会。在 middleware 中，你可以检阅每一个流过的 action，挑选出特定类型的 action 进行相应操作，给你一次改变 action 的机会。

5.2.1　middleware 的由来

图 5-2 表达的是 Redux 中一个简单的同步数据流动场景，点击 button 后，在回调中分发一个 action， reducer 收到 action 后，更新 state 并通知 view 重新渲染。单向数据流，看着没什么问题。但是，如果需要打印每一个 action 信息来调试，就得去改 dispatch 或者 reducer 实现，使其具有打印日志的功能。又比如，点击 button 后，需要先去服务端请求数据，只有等数据返回后，才能重新渲染 view，此时我们希望 dispatch 或 reducer 拥有异步请求的功能。再比如，需要异步请求数据返回后，打印一条日志，再请求数据，再打印日志，再渲染。

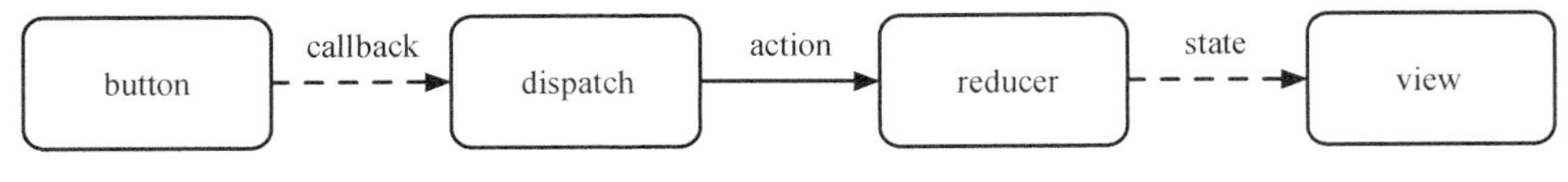

图 5-2　Redux 同步数据流动

面对多样的业务场景，单纯地修改 dispatch 或 reducer 的代码显然不具有普适性，我们需要的是可以组合的、自由插拔的插件机制，这一点 Redux 借鉴了 Koa（它是用于构建 Web 应用的 Node.js 框架）里 middleware 的思想，详情可查阅附录 A。另外，Redux 中 reducer 更关心的是数据的转化逻辑，所以 middleware 就是为了增强 dispatch 而出现的。

图 5-3 展示了应用 middleware 后 Redux 处理事件的逻辑，每一个 middleware 处理一个相对独立的业务需求，通过串联不同的 middleware 实现变化多样的功能。那么，后续我们就来讨论 middleware 是怎么写的，以及 Redux 是如何让 middleware 串联起来的。

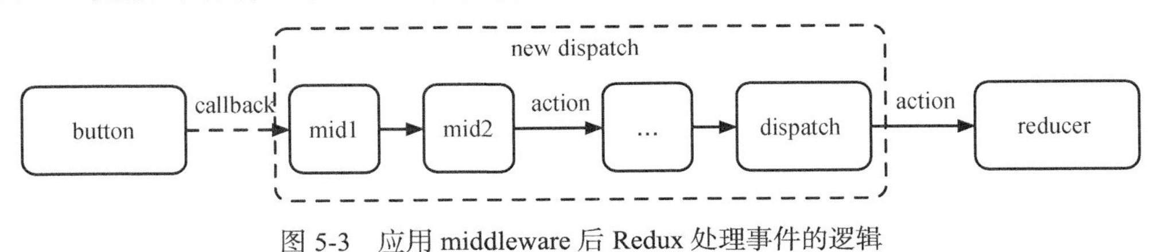

图 5-3　应用 middleware 后 Redux 处理事件的逻辑

5.2.2　理解 middleware 机制

Redux 提供了 `applyMiddleware` 方法来加载 middleware，该方法的源码如下：

```
import compose from './compose';

export default function applyMiddleware(...middlewares) {
  return (next) => (reducer, initialState) => {
    let store = next(reducer, initialState);
    let dispatch = store.dispatch;
    let chain = [];

    var middlewareAPI = {
      getState: store.getState,
      dispatch: (action) => dispatch(action),
    };
    chain = middlewares.map(middleware => middleware(middlewareAPI));
    dispatch = compose(...chain)(store.dispatch);

    return {
      ...store,
      dispatch,
    };
  }
}
```

`applyMiddleware` 的代码虽然只有二十多行，却非常精炼。

然后再来看 logger middleware 的实现：

```
export default store => next => action => {
  console.log('dispatch:', action);
```

5

```
    next(action);
    console.log('finish:', action);
  }
```

接下来，我们就分 4 步来深入解析 middleware 的运行原理。

说明 Redux 的代码都是用 ES6/ES7 写的，不熟悉 `store => next => action => {}` 或 `...state` 的读者，可以先学习下箭头函数[①]和展开运算符[②]。

---

1. 函数式编程思想设计

middleware 的设计有点特殊，是一个层层包裹的匿名函数，这其实是函数式编程中的 currying，它是一种使用匿名单参数函数来实现多参数函数的方法。`applyMiddleware` 会对 logger 这个 middleware 进行层层调用，动态地将 `store` 和 `next` 参数赋值。

currying 的 middleware 结构的好处主要有以下两点。

- **易串联**：currying 函数具有延迟执行的特性，通过不断 currying 形成的 middleware 可以累积参数，再配合组合（compose）的方式，很容易形成 pipeline 来处理数据流。
- **共享 store**：在 `applyMiddleware` 执行的过程中，store 还是旧的，但是因为闭包的存在，`applyMiddleware` 完成后，所有的 middleware 内部拿到的 store 是最新且相同的。

另外，我们会发现 `applyMiddleware` 的结构也是一个多层 currying 的函数。借助 compose，`applyMiddleware` 可以用来和其他插件加强 `createStore` 函数：

```
import { createStore, applyMiddleware, compose } from 'Redux';
import rootReducer from '../reducers';
import DevTools from '../containers/DevTools';

const finalCreateStore = compose(
  // 在开发环境中使用的 middleware
  applyMiddleware(d1, d2, d3),
  // 它会启动 Redux DevTools
  DevTools.instrument()
)(createStore);
```

2. 给 middleware 分发 store

通过如下方式创建一个普通的 store：

```
let newStore = applyMiddleware(mid1, mid2, mid3, ...)(createStore)(reducer, null);
```

上述代码执行完后，`applyMiddleware` 方法陆续获得了3个参数，第一个是 `middlewares` 数组 `[mid1, mid2, mid3, ...]`，第二个是 Redux 原生的 `createStore`，最后一个是 `reducer`。然后，我

---

① Arrow functions，详见 https://developer.mozilla.org/en-US/docs/Web/JavaScript/Reference/Functions/Arrow_functions。

② Spread operator，详见 https://developer.mozilla.org/zh-CN/docs/Web/JavaScript/Reference/Operators/Spread_operator。

们可以看到 applyMiddleware 利用 createStore 和 reducer 创建了一个 store。而 store 的 getState 方法和 dispatch 方法又分别被直接和间接地赋值给 middlewareAPI 变量 store：

```
const middlewareAPI = {
  getState: store.getState,
  dispatch: (action) => dispatch(action),
};

chain = middlewares.map(middleware => middleware(middlewareAPI));
```

然后，让每个 middleware 带着 middlewareAPI 这个参数分别执行一遍。执行完后，获得 chain 数组 [f_1, f_2, ... , f_x, ..., f_n]，它保存的对象是第二个箭头函数返回的匿名函数。因为是闭包，每个匿名函数都可以访问相同的 store，即 middlewareAPI。

说明 middlewareAPI 中的 dispatch 为什么要用匿名函数包裹呢？

我们用 applyMiddleware 是为了改造 dispatch，所以 applyMiddleware 执行完后，dispatch 是变化了的，而 middlewareAPI 是 applyMiddleware 执行中分发到各个 middleware 的，所以必须用匿名函数包裹 dispatch，这样只要 dispatch 更新了，middlewareAPI 中的 dispatch 应用也会发生变化。

---

3. 组合串联 middleware

这一层只有一行代码，却是 applyMiddleware 精华之所在：

```
dispatch = compose(...chain)(store.dispatch);
```

其中 compose 是函数式编程中的组合，它将 chain 中的所有匿名函数 [f_1, f_2, ... , f_x, ..., f_n] 组装成一个新的函数，即新的 dispatch。当新 dispatch 执行时，[f_1, f_2, ... , f_x, ..., f_n]，从右到左依次执行。Redux 中 compose 的实现是下面这样的，当然实现方式并不唯一：

```
function compose(...funcs) {
  return arg => funcs.reduceRight((composed, f) => f(composed), arg);
}
```

compose(...funcs) 返回的是一个匿名函数，其中 funcs 就是 chain 数组。当调用 reduceRight 时，依次从 funcs 数组的右端取一个函数 f_x 拿来执行，f_x 的参数 composed 就是前一次 f_{x+1} 执行的结果，而第一次执行的 f_n（n 代表 chain 的长度）的参数 arg 就是 store.dispatch。所以，当 compose 执行完后，我们得到的 dispatch 是这样的，假设 n = 3：

```
dispatch = f1(f2(f3(store.dispatch))));
```

这时调用新 dispatch，每一个 middleware 就依次执行了。

4. 在 middleware 中调用 dispatch 会发生什么

经过 compose 后，所有的 middleware 算是串联起来了。可是还有一个问题，在分发 store 时，我们提到过每个 middleware 都可以访问 store，即 middlewareAPI 这个变量，也可以拿到 store 的 dispatch 属性。那么，在 middleware 中调用 store.dispatch() 会发生什么，和调用 next() 有区别吗？现在我们来说明两者的不同：

```
const logger = store => next => action => {
  console.log('dispatch:', action);
  next(action);
  console.log('finish:', action);
};

const logger = store => next => action => {
  console.log('dispatch:', action);
  store.dispatch(action);
  console.log('finish:', action);
};
```

在分发 store 时我们解释过，middleware 中 store 的 dispatch 通过匿名函数的方式和最终 compose 结束后的新 dispatch 保持一致，所以，在 middleware 中调用 store.dispatch() 和在其他任何地方调用的效果一样。而在 middleware 中调用 next()，效果是进入下一个 middleware，如图 5-4 所示。

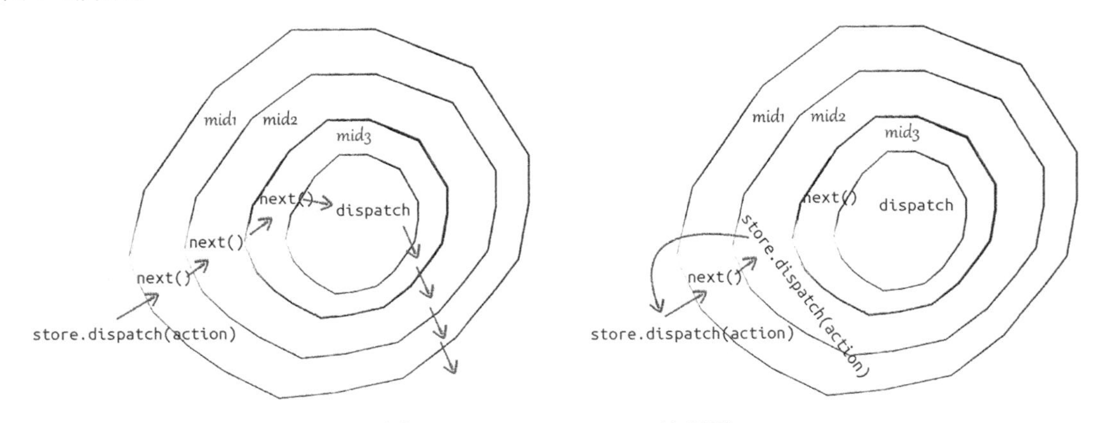

图 5-4　Redux middleware 流程图

正常情况下，如图 5-4 左图所示，当我们分发一个 action 时，middleware 通过 next(action) 一层层处理和传递 action 直到 Redux 原生的 dispatch。如果某个 middleware 使用store.dispatch (action) 来分发 action，就发生了如图 5-4 右图所示的情况，这相当于重新来一遍。假如这个 middleware 一直简单粗暴地调用 store.dispatch(action)，就会形成无限循环了。那么 store.dispatch(action) 的用武之地在哪里呢？

假如我们需要发送一个异步请求到服务端获取数据，成功后弹出一个自定义的 message。这里我们用到了 Redux Thunk：

```
const thunk = store => next => action =>
```

```
    typeof action === 'function' ?
      action(store.dispatch, store.getState) :
      next(action)
```

Redux Thunk 会判断 action 是否是函数。如果是，则执行 action，否则继续传递 action 到下一个 middleware。针对于此，我们设计了以下 action：

```
const getThenShow = (dispatch, getState) => {
  const url = 'http://xxx.json';

  fetch(url)
    .then((response) => {
      dispatch({
        type: 'SHOW_MESSAGE_FOR_ME',
        message: response.json(),
      });
    })
    .catch(() => {
      dispatch({
        type: 'FETCH_DATA_FAIL',
        message: 'error',
      });
    });
};
```

这时候只要在应用中调用 store.dispatch(getThenShow)，Redux Thunk 就会执行 getThenShow 方法。getThenShow 会先请求数据，如果成功，分发一个显示 message 的 action；否则，分发一个请求失败的 action。而这里的 dispatch 就是通过 Redux Thunk middleware 传递进来的。

在 middleware 中使用 dispatch 的场景一般是接受到一个定向 action，这个 action 并不希望到达原生的分发 action，往往用在异步请求的需求里。在下一节中，我们会详细讨论如何在 Redux 中实现异步流。

5.3 Redux 异步流

曾经前端的革新是以 Ajax 的出现为分水岭，现代应用中绝大部分页面渲染会以异步流的方式进行。我们还记得在 Flux 中，并没有定义在哪里发异步请求，那么 Redux 是如何解决这个问题的呢？

5.3.1 使用 middleware 简化异步请求

在这一节中，我们通过介绍最常用的 3 个 middleware 来介绍 Redux 怎样发异步请求。

1. redux-thunk

我们试想，如果要发异步请求，在 Redux 定义中，最合适的位置是在 action creator 中实现。但我们之前了解到的 action 都是同步情况，那么怎样让 action 支持异步情况呢？

这里引入了 redux-thunk middleware。首先我们需要知道什么是 thunk？其实在学习 Node.js 时，已经接触并熟悉 Thunk 函数了。比如：

```
fs.readFile(fileName, callback);

var readFileThunk = Thunk(fileName);
readFileThunk(callback);

var Thunk = function(fileName) {
  return function(callback) {
    return fs.readFile(fileName, callback);
  };
};
```

Thunk 函数实现上就是针对多参数的 currying 以实现对函数的惰性求值。任何函数，只要参数有回调函数，就能写成 Thunk 函数的形式。

我们再来看看 redux-thunk 的源代码：

```
function createThunkMiddleware(extraArgument) {
  return ({ dispatch, getState }) => next => action => {
    if (typeof action === 'function') {
      return action(dispatch, getState, extraArgument);
    }

    return next(action);
  };
}
```

我们很清楚地看到，当 action 为函数的时候，我们并没有调用 next 或 dispatch 方法，而是返回 action 的调用。这里的 action 即为一个 Thunk 函数，以达到将 dispatch 和 getState 参数传递到函数内的作用。

了解 redux-thunk 的原理后，这里我们模拟请求一个天气的异步请求。action 通常可以这么写：

```
function getWeather(url, params) {
  return (dispatch, getState) => {
    fetch(url, params)
      .then(result => {
        dispatch({
          type: 'GET_WEATHER_SUCCESS',
          payload: result,
        });
      })
      .catch(err => {
        dispatch({
          type: 'GET_WEATHER_ERROR',
          error: err,
        });
      });
  };
}
```

我们顺利地把同步 action 变成了异步 action。

尽管我们利用 Thunk 可以完成各种复杂的异步 action，但是对于某些复杂但是又有规律的场景，抽离出更合适的、目标更明确的 middleware 来解决会是更好的方案，而异步请求绝对是其一。

2. redux-promise

我们发现，异步请求其实都是利用 promise 来完成的，那么为什么不通过抽象 promise 来解决异步流的问题呢？

这里再引入 redux-promise middleware，然后通过源码来分析一下它是怎么做的：

```
import { isFSA } from 'flux-standard-action';

function isPromise(val) {
  return val && typeof val.then === 'function';
}

export default function promiseMiddleware({ dispatch }) {
  return next => action => {
    if (!isFSA(action)) {
      return isPromise(action)
        ? action.then(dispatch)
        : next(action);
    }

    return isPromise(action.payload)
      ? action.payload.then(
          result => dispatch({ ...action, payload: result }),
          error => {
            dispatch({ ...action, payload: error, error: true });
            return Promise.reject(error);
          }
        )
      : next(action);
  };
}
```

redux-promise 兼容了 FSA 标准，也就是说将返回的结果保存在 payload 中。实现过程非常容易理解，即判断 action 或 action.payload 是否为 promise，如果是，就执行 then，返回的结果再发送一次 dispatch。

我们利用 ES7 的 async 和 await 语法，可以简化上述异步过程：

```
const fetchData = (url, params) => fetch(url, params);

async function getWeather(url, params) {
  const result = await fetchData(url, params);

  if (result.error) {
```

```
      return {
        type: 'GET_WEATHER_ERROR',
        error: result.error,
      };
    }

    return {
      type: 'GET_WEATHER_SUCCESS',
      payload: result,
    };
  }
```

3. redux-composable-fetch

在实际应用中，我们还需要加上 loading 状态。结合上述讨论的两个开源 middleware，我们完全可以自己实现一个更贴合工程需要的 middleware，这里将其命名为 redux-composable-fetch。

在理想情况下，我们不希望通过复杂的方法去请求数据，而希望通过如下形式一并完成在异步请求过程中的不同状态：

```
{
  url: '/api/weather.json',
  params: {
    city: encodeURI(city),
  },
  types: ['GET_WEATHER', 'GET_WEATHER_SUCESS', 'GET_WEATHER_ERROR'],
}
```

可以看到，异步请求 action 的格式有别于 FSA。它并没有使用 `type` 属性，而使用了 `types` 属性。`types` 其实是三个普通 action `type` 的集合，分别代表请求中、请求成功和请求失败。

在请求 middleware 中，会对 action 进行格式检查，若存在 `url` 和 `types` 属性，则说明这个 action 是一个用于发送异步请求的 action。此外，并不是所有请求都能携带参数，因此 `params` 是可选的。

当请求 middleware 识别到这是一个用于发送请求的 action 后，首先会分发一个新的 action，这个 action 的 `type` 就是原 action 里 `types` 数组中的第一个元素，即请求中。分发这个新 action 的目的在于让 store 能够同步当前请求的状态，如将 loading 状态置为 `true`，这样在对应的界面上可以展示一个友好的加载中动画。

然后，请求 middleware 会根据 action 中的 `url`、`params`、`method` 等参数发送一个异步请求，并在请求响应后根据结果的成功或失败分别分发请求成功或请求失败的新 action。

请求 middleware 的简化实现如下，我们可以根据具体的场景对此进行改造：

```
const fetchMiddleware = store => next => action => {
  if (!action.url || !Array.isArray(action.types)) {
    return next(action);
  }
```

```
  const [LOADING, SUCCESS, ERROR] = action.types;

  next({
    type: LOADING,
    loading: true,
    ...action,
  });

  fetch(action.url, { params: action.params })
    .then(result => {
      next({
        type: SUCCESS,
        loading: false,
        payload: result,
      });
    })
    .catch(err => {
      next({
        type: ERROR,
        loading: false,
        error: err,
      });
    });
}
```

这样我们的确一步就完成了异步请求的 action。

5.3.2 使用 middleware 处理复杂异步流

在实际场景中，我们不但有短连接请求，还有轮询请求、多异步串联请求，或是在异步中加入同步处理的逻辑。这时候，使用 redux-composable-fetch 就显得力不从心了。

1. 轮询

轮询是长连接的一种实现方式，它能够在一定时间内重新启动自身，然后再次发起请求。基于这个特性，我们可以在 redux-composable-fetch 的基础上再写一个 middleware，这里命名为 redux-polling：

```
import setRafTimeout, { clearRafTimeout } from 'setRafTimeout';

export default ({ dispatch, getState }) => next => action => {
  const { pollingUrl, params, types } = action;
  const isPollingAction = pollingUrl && params && types;

  if (!isPollingAction) {
    return next(action);
  }

  let timeoutId = null;
```

```
  const startPolling = (timeout = 0) => {
    timeoutId = setRafTimeout(() => {
      const { pollingUrl, ...others } = action;

      const pollingAction = {
        ...others,
        url: pollingUrl,
        timeoutId,
      };

      dispatch(pollingAction).then(data => {
        if (data && data.interval && typeof data.interval === 'number') {
          startPolling(data.interval * 1000);
        } else {
          console.error('pollingAction should fetch data contain interval');
        }
      });
    }, timeout);
  };

  startPolling();
}

export const clearPollingTimeout = (timeoutId) => {
  if (timeoutId) {
    clearRafTimeout(timeoutId);
  }
};
```

在这个 middleware 的实现中，我们用到了 `raf` 函数，在 2.7 节中我们已经提到过它。`raf` 是实现中的关键点之一，它可以让请求在一定时间内重新发起。

另外，在 API 的设计上，我们还暴露了 `clearPollingTimeout` 方法，以便我们在需要时手动停止轮询。

最后，调用 action 来发起轮询：

```
{
  pollingUrl: '/api/weather.json',
  params: {
    city: encodeURI(city),
  },
  types: [null, 'GET_WEATHER_SUCESS', null],
}
```

至于长连接，还有其他多种实现方式，最好的方式是对其整体做一次封装，在内部实现诸如轮询和 WebSocket。

2. 多异步串联

多异步串联是我们在应用场景中常见的逻辑，根据以往的经验，是不是很快就想到用 promise 去实现。

我们试想，通过对 promise 封装是不是能够做到不论是否是异步请求，都通过 promise 来传递以达到一个统一的效果。的确，这一点非常容易就可以实现：

```
const sequenceMiddleware = ({dispatch, getState}) => next => action => {
  if (!Array.isArray(action)) {
    return next(action);
  }

  return action.reduce( (result, currAction) => {
    return result.then(() => {
      return Array.isArray(currAction) ?
        Promise.all(currAction.map(item => dispatch(item))) :
        dispatch(currAction);
    });
  }, Promise.resolve());
}
```

这里我们定义了一个名为 `sequenceMiddleware` 的 middleware。在构建 action creator 时，会传递一个数组，数组中每一个值都将是按顺序执行的步骤。这里的步骤既可以是异步的，也可以是同步的。

在实现过程中，我们非常巧妙地使用 `Promise.resolve()` 来初始化 `action.reduce` 方法，然后始终使用 `Promise.then()` 方法串联起数组，达到了串联步骤的目的。

这里还是使用之前的例子。假设我们的应用初始化时会先获取当前城市，然后获取当前城市的天气信息，那么就可以这么写：

```
function getCurrCity(ip) {
  return {
    url: '/api/getCurrCity.json',
    params: { ip },
    types: [null, 'GET_CITY_SUCCESS', null],
  }
}

function getWeather(cityId) {
  return {
    url: '/api/getWeatherInfo.json',
    params: { cityId },
    types: [null, 'GET_WEATHER_SUCCESS', null],
  };
}

function loadInitData(ip) {
  return [
    getCurrCity(ip),
    (dispatch, state) => {
      dispatch(getWeather(getCityIdWithState(state)));
    },
  ];
}
```

这种方法利用了数组的特性。可以看到，它已经覆盖了大部分场景。当然，如果串联过程中有不同的分支，就无能为力了。

3. redux-saga

在 Redux 社区，还有一个处理异步流的后起之秀，名为 redux-saga。它与上述方法最直观的不同就是用 generator 替代了 promise，我们通过 Babel 可以很方便地支持 generator：

```
function* getCurrCity(ip) {
  const data = yield call('/api/getCurrCity.json', { ip });

  yield put({
    type: 'GET_CITY_SUCCESS',
    payload: data,
  });
}

function* getWeather(cityId) {
  const data = yield call('/api/getWeatherInfo.json', { cityId });

  yield put({
    type: 'GET_WEATHER_SUCCESS',
    payload: data,
  });
}

function loadInitData(ip) {
  yield getCurrCity(ip);
  yield getWeather(getCityIdWithState(state));
  yield put({
    type: 'GET_DATA_SUCCESS',
  });
}
```

redux-saga 的确是最优雅的通用解决方案，它有着灵活而强大的协程机制，可以解决任何复杂的异步交互。要想深入学习 redux-sage，请参考官方文档。

5.4　Redux 与路由

要开发一个富客户端应用，有一样东西是必不可少的——路由（router）系统。

在过去，路由是服务端专有的部分。自从富客户端应用越来越广泛地出现在 Web 上，我们已经不能忽视前后端之间发生的巨大变化。SPA 应用也不例外，可以说，所有 SPA 都必然会由一个路由系统作为整个系统的入口。

在 React 的生态环境中，React Router 是公认的最优秀的路由解决方案。它提供了与 React 思想十分贴合的声明式的路由系统。我们可以通过 `<Router>`、`<Route>` 这两个标签以及一系列属性定义整个 React 应用的路由方案。

然而在 Redux 应用中，我们遇到了一些新的问题。其中最迫切的问题是，应用程序的所有状态都应该保存在一个单一的 store 中，而当前的路由状态很明显也属于应用状态的一部分。如果直接使用 React Router，就意味着所有路由相关的信息脱离了 Redux store 的控制，这样就违背了 Redux 的设计思想，也给我们的应用带来了更多的不确定性。

所以，我们需要一个这样的路由系统，它既能利用 React Router 的声明式特性，又能将路由信息整合进 Redux store 中。

本节中，我们将详细为大家介绍 React Router 和 react-router-redux 的使用方式、工作原理及最佳实践。

5.4.1 React Router

我们知道，React 不是一个前端应用框架，因此不像 Angular.js 或者 Ember.js 等集成了开发者可能需要的各种各样的功能，你必须选择符合自己需求且必要的部件才能打造一个完整的前端单页应用。

而说到和 React 应用搭配的路由系统，非 React Router 莫属。事实上，React Router 在 GitHub 上的代码库已经和 React 一样都归属于 reactjs Group 下。从某种意义上来说，React Router 已经成为官方认证的路由库了。

1. 路由的基本原理

简单地说，路由的基本原理即是保证 View 和 URL 同步，而 View 可以看成是资源的一种表现。当用户在 Web 界面中进行操作时，应用会在若干个交互状态中切换，路由则会记录下某些重要的状态，比如在博客系统中用户是否登录、访问哪一篇文章、位于文章归档列表的第几页等。

这些变化同样会被记录在浏览器的历史中，用户可以通过浏览器的“前进”、“后退”按钮切换状态，同样可以将 URL 分享给好友。简单地说，用户可以通过手动输入或者与页面进行交互来改变 URL，然后通过同步或者异步的方式向服务端发送请求获取资源，重新绘制 UI，如图 5-5 所示。

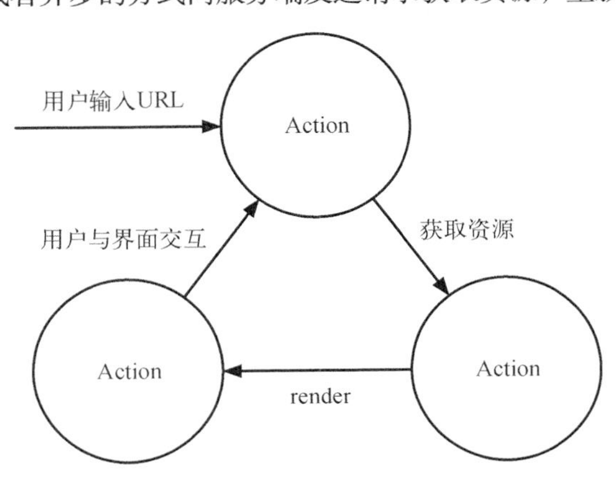

图 5-5　React Router 流程图

那么，React Router 和其他前端路由有什么区别呢？

2. React Router 的特性

React Router 中的很多特性都与 React 保持一致。回想一下，在 React 中，组件就是一个方法。props 作为方法的参数，当它们发生变化时会触发方法执行，进而帮助我们重新绘制 View。在 React Router 中，我们同样可以把 Router 组件看成一个方法，location 作为参数，返回的结果同样是 View，如图 5-6 所示。

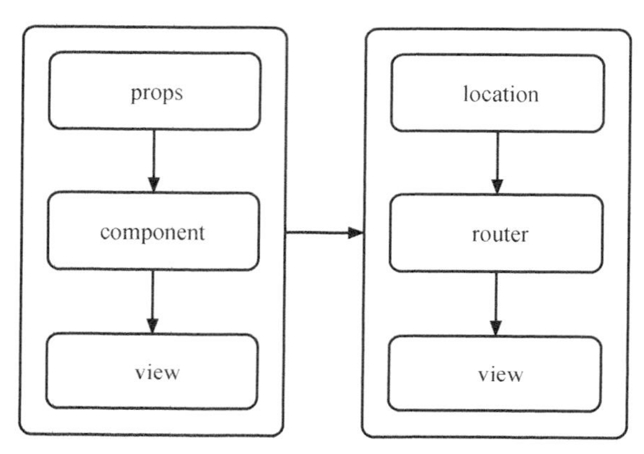

图 5-6　React 与React Router对比

- **声明式的路由**

从图 5-6 中，我们很自然就可以联想到，React 带给我们最特别的编程体验就是声明式编程，所有的交互逻辑都在 `render` 返回的 JSX 标签中得到体现。而 React Router 很好地继承了 React 的这一特点，允许开发者使用 JSX 标签来书写声明式的路由。下面是一个简单的例子：

```
import { Router, Route, browserHistory } from 'react-router';

const routes = (
  <Router history={browserHistory}>
    <Route path="/" component={App} />
  </Router>
);
```

不用过多解释，我们就可以看出当前页面 `url` 为 `/` 时，React Router 会帮我们渲染 App 这个组件。

当然，这只是最简单的路由情况，实际应用中路由配置会比这复杂得多。由于声明式标签原生的表述能力，我们依然能够在最短的时间内对整个应用的路由设计有一个全面的了解。

- **嵌套路由及路径匹配**

在许多复杂的单页应用中，嵌套路由是再常见不过的设计了。以 Gmail 为例，当我们打开首页时，页面上会展示一个顶栏、一个侧边栏和一个收件箱列表。而当点击某封具体的邮件时，界面上依然展示了顶栏和侧边栏，唯一不同的是收件箱列表变成了邮件详情。

而 React Router 为这种嵌套的情况提供了良好的支持：

```
import { Router, Route, IndexRoute, browserHistory } from 'react-router';

const routes = (
  <Router history={browserHistory}>
    <Route path="/" component={App}>
      <IndexRoute component={MailList} />
      <Route path="/mail/:mailId" component={Mail} />
    </Route>
  </Router>
);
```

在这个路由配置中，App 组件承载了显示顶栏和侧边栏的功能，而 React Router 会根据当前的 `url` 自动判断该显示邮件列表页还是详情页：

- 当 `url` 为 `/` 时，显示列表页；
- 当 `url` 为 `/mail/123` 时，显示详情页。

那么，在声明路由的时候，怎么知道 `url` 里 `mailId` 会是 123 还是 456 呢？这就要说到 React Router 的路径匹配特性了。

在声明路由时，`path` 属性指明了当前路由匹配的路径形式。若某条路由需要参数，只用简单地加上 `:`*参数名* 即可。若这个参数是可选参数，则用括号套起来（`:`*可选参数*）。

- **支持多种路由切换方式**

我们都知道路由切换无外乎使用 `hashChange` 或是 `history.pushState`。`hashChange` 的方式拥有良好的浏览器兼容性，但是 `url` 中却多了丑陋的 `/#/` 部分；而 `history.pushState` 方法则能给我们提供优雅的 `url`，却需要额外的服务端配置解决任意路径刷新的问题。

因此，React Router 提供了两种解决方案供你根据自己的业务需求进行挑选。这也是为什么我们的路由配置中需要从 `react-router` 引入 `browserHistory` 并将其当作 props 传给 Router 。

`browserHistory` 即 `history.pushState` 的实现，假如想使用 `hashChange` 的方式改变路由，从 React Router 中使用`import hashHistory` 即可。

5.4.2 React Router Redux

在 Redux 刚刚兴起的时候，社区中就出现了与之配套的解决方案 Redux Router，它基于 React Router，利用高阶组件的概念实现了路由状态与 Redux store 的绑定。然而由于 Redux Router 设计得非常烦琐，引入了太多的 API，所以学习和整合的难度太大，逐渐被 Redux Simple Router 所取代。

然而就在本书编写时，React Router 发布了 2.0.0 版本，在这一版中提供了对 Redux 应用的支持。同时，Redux Simple Router 也更名为 React Router Redux。

既然 React Router 已经这么强大，为什么我们还需要 React Router Redux 呢？正如我们在上一章中提到的，React Router Redux 的前身是 Redux Simple Router，它的职责主要是将应用的路由信息与 Redux 中的 store 绑定在一起。你可能会好奇为什么要这么做？

答案很简单。因为对于前端应用来说，路由状态（当前切换到了哪个页面，当前页面的参数有哪些，等等）也是应用状态的一部分。在很多情况下，我们的业务逻辑与路由状态有很强的关联关系。比如，最常见的一个列表页中，分页参数、排序参数可能都会在路由中体现，而这些参数的改变必然导致列表中的数据发生变化。

因此，当我们采用 Redux 架构时，所有的应用状态必须放在一个单一的 store 中管理，路由状态也不例外。而这就是 React Router Redux 为我们实现的主要功能。

1. 将 React Router 与 Redux store 绑定

React Router Redux 提供了简单直白的 API——`syncHistoryWithStore` 来完成与 Redux store 的绑定工作。我们只需要传入 React Router 中的 `history`（前面提到的 `browserHistory` 或 `hashHistory`，甚至是自己创建的 `history`），以及 Redux 中的 store，就可以获得一个增强后的 `history` 对象。

将这个 `history` 对象传给 React Router 中的 `<Router>` 组件作为 props，就给 React Router Redux 提供了观察路由变化并改变 store 的能力（反之亦然）：

```
import { browserHistory } from 'react-router'
import { syncHistoryWithStore } from 'react-router-redux'
import reducers from '<project-path>/reducers'

const store = createStore(reducers);
const history = syncHistoryWithStore(browserHistory, store);
```

2. 用 Redux 的方式改变路由

无论是 Flux 还是 Redux，想要改变数据，必须要分发一个 action。前面又讲到了，路由状态作为应用状态数据的必要性。那么，在 Redux 应用中需要改变路由时，是不是也要分发一个 action 呢？答案是肯定的。

但是在这之前，我们需要对 Redux 的 store 进行一些增强，以便分发的 action 能被正确识别：

```
import { browserHistory } from 'react-router';
import { routerMiddleware } from 'react-router-redux';

const middleware = routerMiddleware(browserHistory);
const store = createStore(
  reducers,
  applyMiddleware(middleware)
);
```

首先，我们引入了 React Router Redux 提供的 `routerMiddleware`，它实际上是一个 middleware 工厂，传入 `history` 对象，返回一个真正的 Redux middleware。最终，在创建 Redux store 时，我们将这个 middleware 启用并作为第二个参数传入 `createStore` 方法，获得被 React Router Redux 加工过的新 store。

最后，就可以用 `store.dispatch` 来分发一个路由变动的 action 了：

```
import { push } from 'react-router-redux';

// 切换路由到 /home
store.dispatch(push('/home'));
```

React Router 是一个“多变”的路由库，在 1.0 正式版之前，每一个小版本都会有大量的 API 变动，这也对开发者们的开发体验造成了极大的痛苦。但不论它怎么变，只要我们熟练掌握了其中的原理，就可以以不变应万变。

5.5 Redux 与组件

我们在 4.1 节中提到了两种类型的组件，一种是容器型组件，这种命名在第1章中提到过，另一种是展示型组件。要区分它们，主要是看是否有数据操作。

在早期 Redux 版本中，作者将上述两种组件定义为 Smart 和 Dumb 组件，但是这个名字过于晦涩。为了可以通过名字清晰地区分出两者的不同，新名字就应运而生了。

本节中，我们就来讨论一下这两种组件的定义与应用场景，以及与 Redux 的关系。

5.5.1 容器型组件

容器型组件，意为组件是怎么工作的，更具体一些就是数据是怎么更新的。它不会包含任何 Virtual DOM 的修改或组合，也不会包含组件的样式。

如果映射到 Flux 上，那么容器型组件就是与 store 作绑定的组件。如果映射到 Redux 上，那么容器型组件就是使用 connect 的组件。因此，我们都在这些组件里作了数据更新的定义。

5.5.2 展示型组件

展示型组件，意为组件是怎么渲染的。它包含了 Virtual DOM 的修改或组合，也可能包含组件的样式。同时，它不依赖任何形式的 store。一般可以写成无状态函数，但实际上展示型组件并不一定都是无状态的组件，因为很多展示型组件里依然存在生命周期方法。

这样做区分的目的是为了可以使用相同的展示型组件来配合不同的数据源作渲染，可以做到更好的可复用性。另外，展示型组件可以让设计师不用关心应用的逻辑，去随时尝试不同的组合。

5.5.3 Redux 中的组件

关于容器型组件和展示型组件，Redux 官方文档给出了对比结果，如表 5-1 所示。

表 5-1　对比容器型组件和展示型组件

	展示型组件	容器型组件
目的	长什么样子（标签、样式等）	干什么用（获取数据、更新状态等）
是否感知 Redux	否	是
要获取数据	从 this.props 中获取	使用 connect 从 Redux 状态树中获取
要改变数据	调用从 props 中传入的 action creator	直接分发任意 action
实际创建于	开发者自身	通常由 React Redux 创建

从布局的角度来看，在Redux中，强调了 3 种不同类型的布局组件：Layouts、Views和Components。它们与容器型组件和展示型组件有着怎样的对应关系呢？

1. Layouts

Layouts 指的是页面布局组件，描述了页面的基本结构，目的是将主框架与页面主体内容分离。它常常是无状态函数，传入主体内容的 children 属性。结合 5.4 节的内容，Layout 组件就是设置在最外层 Route 中的 component 里。一般 Layout 的写法如下：

```
const Layout = ({ children }) => (
  <div className='container'>
    <Header />
    <div className="content">
      {children}
    </div>
  </div>
);
```

2. Views

Views 指的是子路由入口组件，描述了子路由入口的基本结构，包含此路由下所有的展示型组件。为了保持子组件的纯净，我们在这一层组件中定义了数据和 action 的入口，从这里开始将它们分发到子组件中去。因此，Views 就是 Redux 中的容器型组件。一般 Views 的写法如下：

```
@connect((state) => {
  //...
})
class HomeView extends Component {
  render() {
    const { sth, changeType } = this.props;
    const cardProps = { sth, changeType };

    return (
      <div className="page page-home">
        <Card {...cardProps} />
      </div>
    );
  }
}
```

3. Components

顾名思义，Components 就是末级渲染组件，描述了从路由以下的子组件。它们包含具体的业务逻辑和交互，但所有的数据和 action 都是由 Views 传下来的，这也意味着它们是可以完全脱离数据层而存在的展示型组件。一般由路由传下来的 Components 的写法如下：

```
class Card extends Components {
  constructor(props) {
    super(props);

    this.handleChange = this.handleChange.bind(this);
  }

  handleChange(opts) {
    const { type } = opts;

    this.props.changeType(type);
  }

  render() {
    const { sth } = this.props;

    return (
      <div className="mod-card">
        <Switch onChange={this.handleChange}>
          // ...
        </Switch>
        {sth}
      </div>
    );
  }
}
```

通过上述 3 种组件的定义，我们看到 Redux 中对页面布局的区分，以及页面的基本结构与数据传递的形式。这么做是为了更好地利用 React 组件的可复用性。

从第 2 章到本节，我们对于 React 组件的解释终于趋于完整。对于我们来说，分清楚这些概念尤为重要。除了上述的容器型组件和展示型组件外，还有有状态（stateful）组件和无状态（stateless）组件、类（class）和方法（function）、纯（pure）组件和非纯（impure）组件。

5.6 Redux 应用实例

为了充分了解 Redux 架构在实际项目中的应用，我们准备了一个全新的 Redux SPA 示例——一个包含文章列表和文章详情等页面的简易博客系统。

在这个示例中，我们将会接触到 Redux 所有的知识点，并将其串联在一起作完整的解释。

5.6.1 初始化 Redux 项目

首先，我们从项目初始化说起。这必须从新建目录开始。新建 redux-blog 目录，用于保存整个博客系统的所有内容，包括源码、依赖、构建脚本等：

```
$ mkdir redux-blog && cd redux-blog
```

像初始化 React 项目那样，我们需要新增一个 package.json 文件，用于描述项目的基本信息以及项目需要的各种依赖。由于我们不需要将这个项目发布给其他人使用，所以在初始化的过程中不需要填写太多信息。

接着，需要安装一些必要的依赖：

```
$ npm install --save react react-dom redux react-router react-redux react-router-redux whatwg-fetch
```

可以看到，除了最基本的 React、Redux 和 react-redux 外，我们还安装了讨论过的路由库 react-router 和 react-router-redux。此外，还有 Ajax 请求兼容库 whatwg-fetch。

5.6.2　划分目录结构

安装完依赖后，我们的目录结构是这样的：

```
.
├── node_modules
└── package.json
```

一般来说，我们希望把所有的源文件放在 src/ 目录下，把测试文件放在 test/ 目录下，而最终生成的、供 HTML 引用的文件放在 build/ 目录下：

```
$ mkdir src
$ mkdir test
$ mkdir build
```

接下来的初始化工作会比较头疼，那就是 src/ 目录下的源代码该怎样组织。

在大部分的 Redux 应用例子中，我们都使用了根据类型划分的文件结构（file structure based type），其形式大致如下：

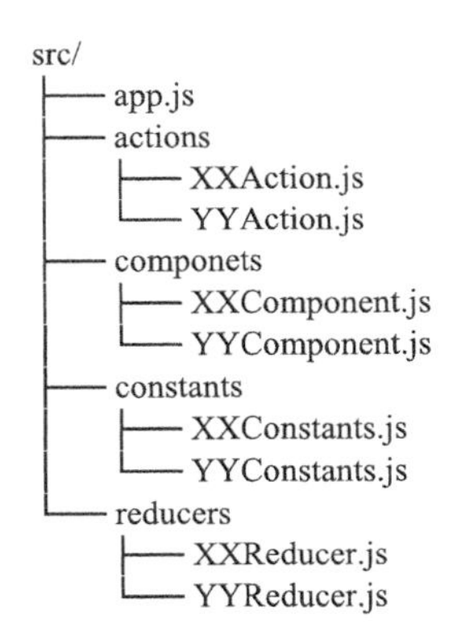

在一些功能简单的 Redux 应用中，推荐这样划分。然而在大型应用中，一般会存在多个页面，每个页面下的 components、actions 和 reducers 都少有交集，这时如果还是简单的根据类型划分文

件结构，就会导致单个文件夹下文件过多，在开发中难以快速定位某个文件。

因此，在多个 Redux 项目实践的基础上，我们将在示例博客项目中使用混合方式划分文件结构，既采用了类型划分的优势，又添加了功能划分（file structure based feature）的特点。

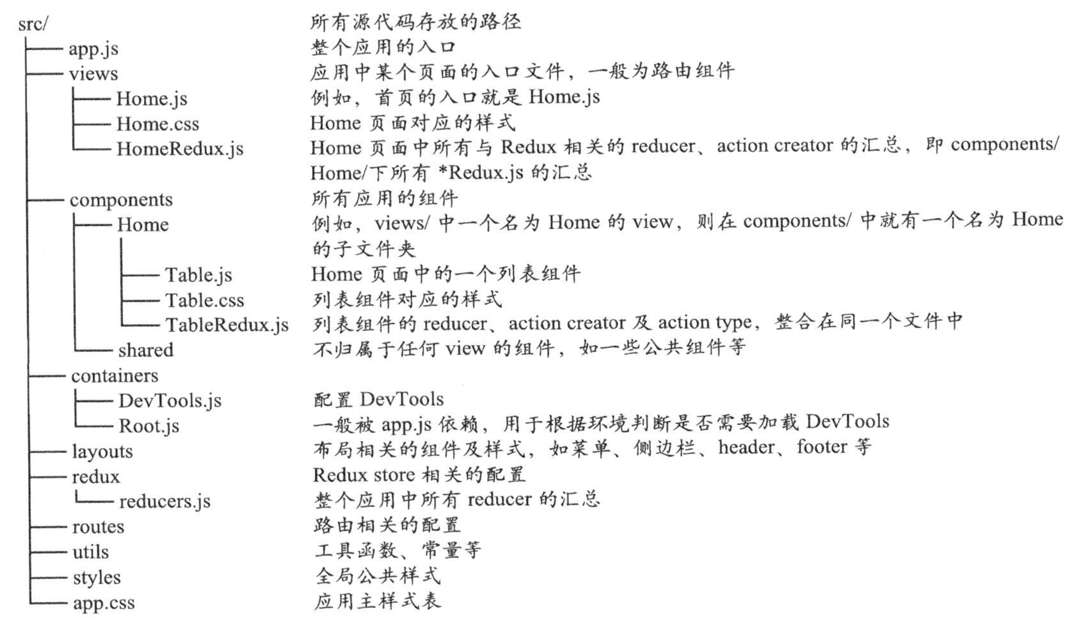

基本上，我们只需要关注的就是 views/ 和 components/ 这两个文件夹，它们也是存放绝大多数业务代码的地方。这里的两个文件夹也正好与上一节提到的 Views 与 Components 两个类型的组件一致。

在 views/ 文件夹中，存放的是每个路由的入口页，如首页（Home）、详情页（Detail）、管理后台页（Admin）等。而每一个入口都会有三个文件：*.js 是入口的组件，*.css 是对应组件的样式，而 *Redux.js 是 components/Home/ 文件夹下所有 reducer 和 action 的聚合。

在 components/Home/ 文件夹里，是当前路由对应的页面（Home）需要的所有内容——components、actions、reducers、样式等。

说明　什么是 *Redux.js？实际上，按照 Redux 应用的一般目录结构划分方式，应该分别有 reducers、action creators 和 constants 文件夹。但是在实际应用中，我们发现这样的划分方式略显烦琐，添加一个组件需要至少新建 4 个文件。同时对于业务应用来说，reducers 等于 Redux 相关的文件并不太可能被其他地方复用，因此放在一个文件里组织并管理是更好的选择。目前，在 Redux 社区中也存在一个类似的规范[1]。

① Ducks modular redux，详见 https://github.com/erikras/ducks-modular-redux。

5.6.3　设计路由

在开始具体写代码之前，我们还需要做另外一项非常重要的规划——设计路由。

以我们的博客系统为例，起码需要一个首页来显示文章列表，一个详情页来显示博客内容，一个后台管理页来方便我们对文章数据进行增、删、改、查。

因此，我们分别在 src/views/ 和 src/components/ 下新建对应的文件夹和文件：

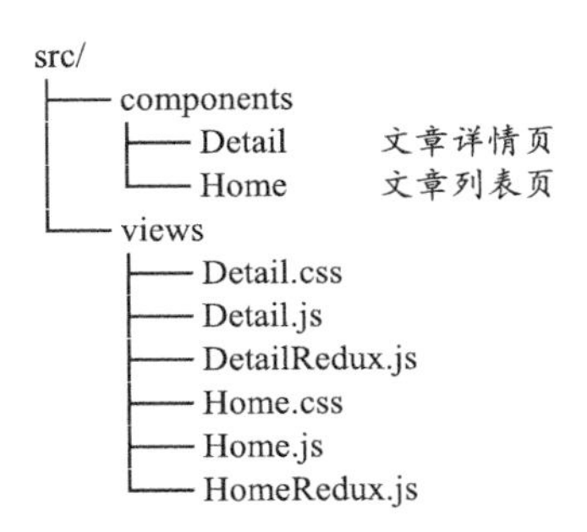

按照我们的目录结构，所有的路由配置应该放在 src/routes/ 目录下，因此在这个目录下新建 index.js 文件，用来配置整个应用的所有路由信息：

```
src/
├── components
├── routes
│   └── index.js
└── views
```

在路由配置文件中，首先应该引入所有需要的依赖：

```
// routes/index.js
import React from 'react';
import { Router, Route, IndexRoute, hashHistory } from 'react-router';

import Home from '../views/Home';
import Detail from '../views/Detail';
```

接下来，使用 react-router 提供的组件来定义应用的路由：

```
const routes = (
  <Router history={hashHistory}>
    <Route path="/" component={Home} />
    <Route path="/detail/:id" component={Detail} />
  </Router>
);
```

在上述配置里，我们先告诉 react-router 使用 `hashHistory` 作为前端路由的实现方式，通过改变 URL 的散列值（`#` 后面的部分）来实现路由的切换。使用 `hashHistory` 的好处是实现简单，兼容性好，不需要做额外的服务端改造。

如果追求更好的用户体验，使用 `browserHistory` 是更好的选择。`browserHistory` 使用的是 HTML5 的 `pushState` API。这种技术也有一定的局限性，首先需要服务器端将所有的请求重定向到首页，其次部分较老的浏览器并不支持 `pushState` 技术。

为了得到更好的兼容性，我们在实例项目中选择 `hashHistory`。

接下来是我们熟悉的标签嵌套语法，在 `<Router>` 标签内部，是两个 `<Route>` 标签，它们代表着我们定义的两条路由记录，对应的目录如下：

```
/               首页，即文章列表页
/detail/:id     文章详情页
```

每条路由信息都包含了对应的路径和需要渲染的组件。可以看到，这些组件就是我们在 views/ 文件夹中定义的路由入口页组件。

最后，为了能最快看到效果，我们将 views/ 下的所有路由入口组件初始化为只渲染标题的 React 组件。以 Home 组件为例，src/views/Home.js 文件中的代码如下：

```
import React, { Component } from 'react';

class Home extends Component {
  render() {
    return (
      <h1>Home</h1>
    );
  }
}

export default Home;
```

Detail.js 同理，这里不再详述。

5

5.6.4 让应用跑起来

现在我们已经配置好了整个应用的路由，那么该怎么在浏览器中看到效果呢？很显然，我们需要一个应用的入口文件，通常会将其命名为 app.js。

让我们在 src/ 文件夹下新建 app.js：

```
src/
├── app.js
├── components
├── routes
└── views
```

然后在文件的开头引入需要的依赖。很显然，我们需要 React 来渲染所有的组件。此外，还需要引入刚刚定义的路由结构：

```
import ReactDOM from 'react-dom';
```

```
import routes from './routes/';
```

最后，只需要简单地把路由渲染到 DOM 环境中即可。注意，这里我们并没有直接渲染到 document.body 节点上，而是特别选择了 id 为 root 的节点：

```
ReactDOM.render(routes, document.getElementById('root'));
```

React 官方并不推荐将组件渲染到 document.body 上，因为这个节点很可能会被修改，比如动态添加一个 <script> 标签等，这将使 React 的 DOM diff 计算变得更加困难。

到这里，整个 App 的雏形已经完成了，但它只有最基本的路由功能。那么该怎么在浏览器里看到效果呢？没错，我们还需要一个 HTML 页面。

在根目录下再新建一个 index.html 用于加载所有的脚本和样式文件：

```
<!DOCTYPE html>
<html>
<head>
  <title>redux blog</title>
</head>
<body>
  <div id="root"></div>
  <script type="text/javascript" src="build/app.bundle.js"></script>
</body>
</html>
```

看了上述代码，你肯定会疑惑，为什么加载 JavaScript 脚本的地址是 build/app.bundle.js？这就涉及我们在附录 A 中提到的构建工具 webpack 了，它会把 src/ 目录下的所有文件根据依赖关系打包成一个可供浏览器加载并执行的 JavaScript 文件。

这是构建相关的配置。在附录 A 中，我们会学到如何搭建基本的 React 项目环境，包括使用 nvm 管理 Node.js 版本、使用 Babel 将 ES6 语法编译为兼容性更好的 ES5 代码、使用 Sass 来编写和管理样式等。

但是对于一个完整的前端应用来说，这些准备工作还远远不够。在 Redux SPA 项目中，我们依然使用 webpack 构建。可以说，webpack 已经成为 React 社区中的御用工具。在本节后面我们会提到， Redux 作者开发的 react-transform-hmr 和 react-transform-catch-errors 等都可以方便地整合进 webpack 的构建脚本中使用。

配置 webpack 来实现 SPA 的构建、自动刷新甚至组件热重载以及 ES6 语法转译，与配置 React 应用大同小异，具体可参见附录 A。现在让我们在整个应用的根目录下新建 webpack.config.js 来配置构建工具 webpack：

```
var path = require('path');

module.exports = {
  entry: 'src/app.js',
  output: {
```

```
    path: path.join(__dirname, 'build'),
    filename: 'app.bundle.js',
    publicPath: '/build/',
  },
  module: {
    loaders: [{
      test: /\.js$/,
      include: path.join(__dirname, 'src'),
      loader: 'babel',
    }],
  },
};
```

简单地说，这个配置文件让 webpack 以 src/app.js 为入口，将文件需要的所有依赖打包成一个独立可执行的 JavaScript 文件，并保存到 build/app.bundle.js。此外，当解析 src/ 文件夹下的 .js 文件时，使用 Babel 进行转译。

我们需要一段命令来让 webpack 执行构建命令。因为在后续的教程中会经常使用这段命令，所以我们可以将其写成 `npm scripts`。打开 package.json，添加 `scripts` 字段：

```
{
  "scripts": {
    "build": "./node_modules/.bin/webpack"
  }
}
```

后面就可以通过在终端运行 `npm run build` 命令来执行我们的构建脚本了：

```
$ npm run build

> redux-blog@1.0.0 build /Code/redux-blog
> webpack

Hash: 3b0c35273ffeb406d662
Version: webpack 1.12.14
Time: 1331ms
        Asset    Size  Chunks             Chunk Names
app.bundle.js  833 kB       0  [emitted]  main
    + 220 hidden modules
```

一切正常的话，就会发现 build/ 文件夹已经被自动创建，里面有一个全新的文件 app.bundle.js。

接着赶紧用浏览器打开 index.html 看看效果，如图 5-7 所示。

5

图 5-7　Redux 应用的执行结果

这个 Redux 应用看起来并不是很高大上，因为看到的只是一个突兀的 `<h1>` 标签而已。另外，我们注意一下地址栏，当前页面的地址看着也有些奇怪：file:///Code/redux-blog/index.html#/?_k=0e9k95。

因为我们没有在本地启动一个静态文件服务器，所以浏览器用 file:/// 协议解析了 index.html。

比较奇怪的是 `#` 之后的部分。了解 URL 知识的人应该知道 `#` 之后的部分称为散列（hash），改变散列值并不会触发页面跳转，而是会在页面中跳转到相应的锚点（若存在的话）。

而对于我们的应用来说，真正的路由信息其实就存在于 `#` 号之后。实际上，你会在 `#` 之后看到许多有意思的符号，比如 index.html#/detail/3?mode=1#title 是一个非常典型的前端路由 URL。对于浏览器来说，这段 URL 的散列值是 `#/detail/3?mode=1#title`，但是 React Router 又对这段散列做了解析，生成了逻辑上的前端路由，包含 `path`、`query` 和 `hash` 等概念。

现在，试试在 `#` 之后输入下面一段 URL，看看发生了什么：

```
index.html#/detail
```

我们发现界面依然很丑，`<h1>` 标题依然很突兀，但是标题的文字已经从 Home 变成了 Detail，这就是 React Router 带给我们的前端路由系统。

最后还有一点比较奇怪，那段 `?_k=0e9k95` 是什么？我们知道在 URL 中 `?` 之后表示的是 query，这段 query 事实上是 React Router 为了提供每一条路由记录持久化数据而生成的唯一标识。如果你不需要这样的特性，也可以使用 React Router 提供的 `createHistory` 方法创建自定义的 `history` 对象。

5.6.5 优化构建脚本

首先，亟待解决的问题是应用的 URL。很显然，file:/// 并不是一个合适的 URL 前缀。我们知道，一般网站都会采用 HTTP 或 HTTPS 协议来提供 Web 网页，因此需要在本地启动一个 http 服务器以便我们通过 HTTP 协议访问应用。

此外，虽然我们把 webpack 的构建脚本集成到了 `npm scripts` 中，但是每次修改都需要在终端执行 `npm run build` 命令也是一种痛苦。如果每次修改源代码时都能自动构建并刷新页面，那将是一种非常好的开发体验。好消息是，这些都可以通过 webpack-dev-server 简单实现。

首先，添加 webpack-dev-server 作为项目的依赖：

```
$ npm install -D webpack-dev-server
```

接下来，将下面的脚本添加到 `npm scripts` 中，我们后续将用 `npm run watch` 命令来执行：

```
./node_modules/.bin/webpack-dev-server --hot --inline --content-base .
```

在终端中运行 `npm run start`，将会看到 webpack 输出一长串的构建信息。这时打开浏览器，输入 http://localhost:8080/，看看是不是和原来直接用浏览器打开 index.html 看到的效果一模一样？

说明 如果没有正常看到页面，该怎么办？确认本地的 8080 端口是否被占用，若是，则可以给 webpack-dev-server 添加 `--port 7777` 参数来指定自定义的端口。

5.6.6 添加布局文件

虽然我们已经在浏览器中看到了整个应用的雏形，但总觉得哪里还是不对劲。一般来说，一个网站起码会有一个导航栏，用于提供各种链接，而不是让用户手动输入 URL 来实现页面的切换。此外，可能还会有一个公共的页脚，用于显示版权信息、友情链接或者备案信息等。

那么，这些文件应该怎么组织呢？显然，它们应该被放置在布局文件所在的 src/layouts 文件夹下。下面让我们来创建这些文件。

说明 为了在浏览器中看到每次代码变动后的效果，我们需要不断执行 `npm run build` 命令。实际上，可以启动 webpack 的 watch 模式，每当文件发生改变时，自动重新构建。在 package.json 的 `scripts` 中添加一条新的记录可以解决这个问题：`"watch":"./node_modules/.bin/webpack --watch"`。然后在终端中执行 `npm run watch` 命令。

首先，新建 src/layouts 目录，然后添加两个文件——Frame.js 和 Nav.js：

```
src/
├── components
├── layouts
│   ├── Frame.js
│   └── Nav.js
├── routes
└── views
```

接着我们先看看 Nav.js。顾名思义，这个组件里将会显示所有的导航链接。实际上，它的代码也很简单：

```
import React, { Component } from 'react';
import { Link } from 'react-router';

class Nav extends Component {
  render() {
    return (
      <nav>
        <Link to="/">Home</Link>
      </nav>
    );
  }
}
```

唯一需要注意的是，我们引入了 React Router 提供的 Link 组件，使用这个组件可以模拟 `<a>` 标签进行链接跳转。`<Link>` 的使用方法与 `<a>` 非常类似，唯一不同的是在指定链接的时候使用 `to` 属性而不是 `href`。

接下来，我们还引入了一个新的组件 Frame.js。先看看它长什么样：

```
import React, { Component } from 'react';
import Nav from './Nav';

class Frame extends Component {
  render() {
    return (
      <div className="frame">
        <section className="header">
          <Nav />
        </section>
        <section className="container">
          {this.props.children}
        </section>
      </div>
    );
  }
}
```

可以看到，Frame 引入了 Nav 组件作为依赖，并将其渲染了出来。此外，Frame 组件还渲染了 `this.props.children`。

让我们再思考一下我们的页面——文章列表页和详情页，每一个页面的结构都是**导航+具体**

模块的结构。当然，我们也可以在每个组件的 `render` 方法里写入路由，但是这样明显会造成代码的冗余，也没有实现模块之间的关注分离。

所以，我们抽出了 Frame 组件来实现这样的结构。实际上，这也是 layouts/ 文件夹下的组件需要实现的功能。

那么，在 Frame 组件中 `this.props.children` 代表什么呢？在解释之前，我们需要对 src/routes/index.js 进行一番改造：

```
import React from 'react';
import { Router, Route, IndexRoute, hashHistory } from 'react-router';

import Frame from '../layouts/Frame';
import Home from '../views/Home';
import Detail from '../views/Detail';

const routes = (
  <Router history={hashHistory}>
    <Route path="/" component={Frame}>
      <IndexRoute component={Home} />
      <Route path="/detail/:id" component={Detail} />
    </Route>
  </Router>
);

export default routes;
```

首先，我们引入了 React Router 提供的另外一个组件 IndexRoute，同时引入了刚刚添加的 layouts 目录下的 Frame 组件。

我们做出的最大改变是，原本并列式的路由声明变成了嵌套式的路由声明。最外层的 `<Router>` 配置没有变化，`/` 路由对应的组件不再是 Home，而变成了 Frame。也就是说，当访问 `/` 路由时，将渲染 Frame 组件。

但是，Frame 组件除了渲染导航之外，并没有渲染任何有意义的东西啊？是的，这就是为什么我们嵌套了一个 `<IndexRoute>` 组件。这样的定义表示当访问 `/` 时，实际渲染的组件是 Frame 和 Home。

在这种情况下， Home 组件就会作为 Frame 组件的子组件。因此，在 Frame 的 `render` 方法中渲染 `this.props.children` 时，渲染的其实是 Home 组件。

另外一条路由 `/detail/:id` 也被定义成了 `/` 的子路由，这意味着当访问 `/detail` 时，渲染的是 Frame 和 Detail 组件。

做好了这些修改，打开浏览器再来看看效果，如图 5-8 所示。

5

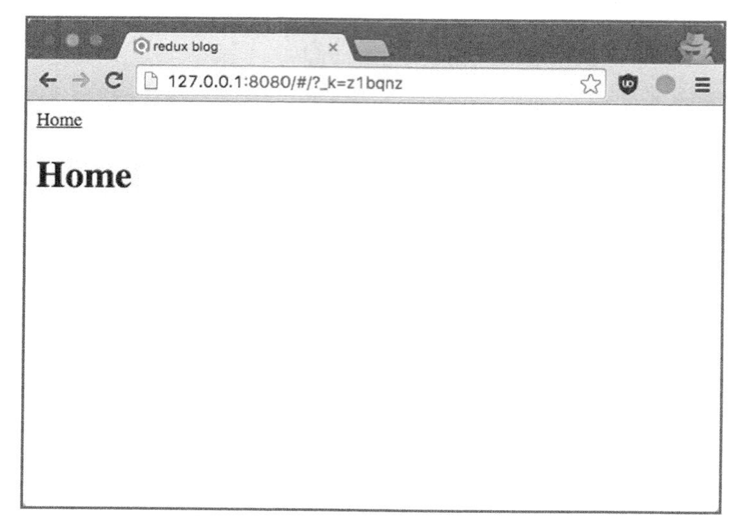

图 5-8　导航效果

5.6.7　准备首页的数据

当访问我们的博客时，用户希望看到的自然是文章列表，这也是 Home 组件需要显示的数据。

在 5.6.2 节中我们说到，views/ 文件夹下放着的是所有的路由入口页，而 components/ 下放着的是每个入口页需要的组件、样式以及 Redux 相关的文件。

因此，我们需要在 src/components/Home/ 文件夹下添加几个新文件：

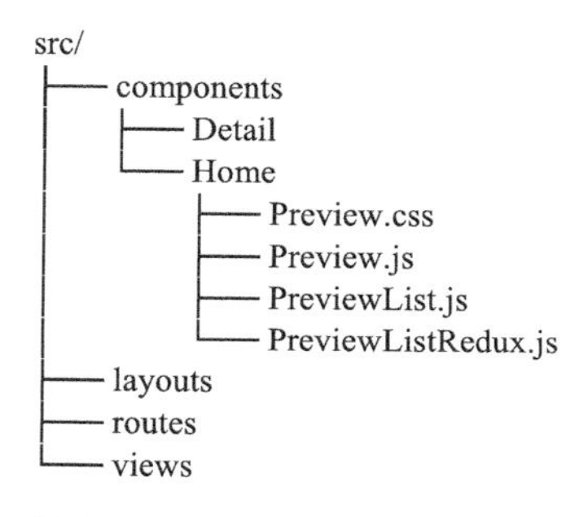

其中 Preview.js 中定义了一个纯渲染、无状态的文章预览组件：

```
import React, { Component } from 'react';
import './Preview.css';

class Preview extends Component {
  static propTypes = {
    title: React.PropTypes.string,
    link: React.PropTypes.string,
```

```
  };

  render() {
    return (
      <article className="article-preview-item">
        <h1 className="title">{this.props.title}</h1>
        <span className="date">{this.props.date}</span>
        <p className="desc">{this.props.description}</p>
      </article>
    );
  }
}
```

我们在这个组件中引入了一个名为 Preview.css 样式文件。顾名思义，这是 Preview 组件依赖的样式文件。但 JavaScript 中怎么能引入 CSS 呢？实际上，其实这是 webpack 的一个插件 css-loader 所做的。css-loader 会识别到所有引入 CSS 的语句，并解析出对应的 CSS 文件地址，以 `<style>` 标签的形式动态插入到 DOM 节点中。

接下来的内容会稍显复杂。首先看看 PreviewList.js：

```
import React, { Component } from 'react';
import Preview from './Preview';

class PreviewList extends Component {
  static propTypes = {
    articleList: React.PropTypes.arrayOf(React.PropTypes.object)
  };

  render() {
    return this.props.articleList.map(item => (
      <Preview {...item} key={item.id} />
    ));
  }
}
```

可以看出，PreviewList 也是一个无状态组件，它引入了 Preview 组件，并将传入的 `articleList` 遍历渲染出若干个对应的 Preview 组件。

PreviewList 本身并没有什么特别难以理解的地方，但是和它名字很相似的PreviewList-Redux.js 则是本节内容的关键。在介绍 Redux 应用目录结构时，我们提到过，*Redux.js 里包含了 *.js 这个组件需要的 reducer、action creator 和 constants。

现在让我们揭开它们的神秘面纱：

```
const initialState = {
  loading: true,
  error: false,
  articleList: [],
};

const LOAD_ARTICLES = 'LOAD_ARTICLES';
```

5

```
const LOAD_ARTICLES_SUCCESS = 'LOAD_ARTICLES_SUCCESS';
const LOAD_ARTICLES_ERROR = 'LOAD_ARTICLES_ERROR';

export function loadArticles() {
  return {
    types: [LOAD_ARTICLES, LOAD_ARTICLES_SUCCESS, LOAD_ARTICLES_ERROR],
    url: '/api/articles.json',
  };
}

function previewList(state = initialState, action) {
  switch (action.type) {
    case LOAD_ARTICLES: {
      return {
        ...state,
        loading: true,
        error: false,
      };
    }

    case LOAD_ARTICLES_SUCCESS: {
      return {
        ...state,
        loading: false,
        error: false,
        articleList: action.payload.articleList,
      };
    }

    case LOAD_ARTICLES_ERROR: {
      return {
        ...state,
        loading: false,
        error: true,
      };
    }

    default:
      return state;
  }
}

export default previewList;
```

这是实例中截至目前为止最复杂的文件，下面让我们分 3 部分来理解它。

首先，它定义了 `initialState`。可以看到，它在文件末尾的 `previewList` 函数（目前我们暂且叫它函数）中作为第一个参数 `state` 的默认值。也就是说，当传入的 state 为空时，state 将使用 `initialState` 的值。

定义 `initialState` 是为了 Redux 初始化并确定每个 reducer 的结构。而当初始化完成后，每次响应 action 时，reducer 将获得上一次计算出的 state 作为参数，这时 `initialState` 将不再发挥作用。

接下来的 3 个常量定义和一个函数定义在逻辑上属于一个整体，但是分别有不同的意义。LOAD_ARTICLES 等 3 个常量就是我们说的 constants，也就是一个 action 中的 type 字段，它们用来标识 Redux 应用中一个独立的 action。

而 loadArticles() 就是一个 action creator。因为每次调用 loadArticles() 函数时，它都会返回一个 action，所以 action creator 之名恰如其分。

至于这个 action creator 返回的 action，我们已经在 5.2 节里提到过，它是由 redux-composable-fetch 这个 middleware 所定义的格式。

在 PreviewListRedux.js 的最后，则是我们定义的 reducer。可以看到，我们的 reducer 会响应3种类型的 action——LOAD_ARTICLES、LOAD_ARTICLES_SUCCESS 和 LOAD_ARTICLES_ERROR，这也是我们在之前刚刚定义的 action creator 可能会触发的 action 类型。

看到这里，我们应该大概明白了一个 *Redux.js 文件所包含的内容与各自的职责。接下来，我们继续看看它们是怎么在整个 Redux 应用中发挥作用的。

5.6.8 连接 Redux

在 5.6.7 节中，我们终于见识了 reducer 和 action creator 的真面目，而在这一节中，我们将学习怎么将这些 reducer 和 action creator 整合起来，最终变成应用中的一部分。

在 5.5 节中，我们详解了两类组件——容器型组件和展示型组件，这两类组件最直观的区别在于是否感知 Redux 的存在，或者说，是否使用 connect 方法让组件从 Redux 的状态树中获取数据。

5

1. 让容器型组件关联数据

我们现在已经熟悉了 views/ 文件夹和 components/ 文件夹的职责区别。很显然，views/HomeRedux.js 包含了 Home 页面所有组件相关的 reducer 及 actionCreator：

```
import { combineReducers } from 'redux';

// 引入 reducer 及 actionCreator
import list from '../components/Home/PreviewListRedux';

export default combineReducers({
  list,
});

export * as listAction from '../components/Home/PreviewListRedux';
```

可以看到，views/ 目录下的 *Redux.js 文件在更大程度上只是起到一个整合分发的作用。和 components/ 目录下的 *Redux.js 文件一样，它默认导出的是当前路由需要的所有 reducer 的集合。这里我们引入了 Redux 官方提供的 combineReducers 方法，通过这个方法，我们可以方便地将多个 reducer 合并为一个。

此外，HomeRedux.js 还将 PreviewListRedux.js 中所有导出的对象合并后，导出一个 `listAction` 对象。稍后，就会看到我们为什么要这么组织文件。

先对 views/Home.js 做一些修改，让它与 Redux 进行第一次亲密接触：

```
import React, { Component } from 'react';
import { bindActionCreators } from 'redux';
import { connect } from 'react-redux';
import PreviewList from '../components/Home/PreviewList';
import { listActions } from './HomeRedux';

class Home extends Component {
  render() {
    return (
      <div>
        <h1>Home</h1>
        <PreviewList
          {...this.props.list}
          {...this.props.listActions}
        />
      </div>
    );
  }
}

export default connect(state => {
  return {
    list: state.home.list,
  };
}, dispatch => {
  return {
    listActions: bindActionCreators(listActions, dispatch),
  };
})(Home);
```

这里我们引入了 Redux 提供的工具方法 `bindActionCreators`、react-redux 提供的 `connect` 方法以及在 components/Home/ 下的 PreviewList 组件。

另一个值得关注的修改点是，我们不再默认导出一个 React 组件，而是导出了将 Home 组件传入 `connect` 函数调用的结果后最终生成的组件。

事实上，调用 `connect` 函数返回了一个高阶组件生成器，而这个生成器会基于原始组件生成一个全新的组件，并给这个组件添加额外的 props。

在构造一个高阶组件生成器时，`connect` 最多接受 4 个参数，分别如下。

- **`[mapStateToProps(state, [ownProps]): stateProps]`**（类型：函数）：接受完整的 Redux 状态树作为参数，返回当前组件相关部分的状态树，返回对象的所有 key 都会成为组件的 props。

- [mapDispatchToProps(dispatch, [ownProps]): dispatchProps]（类型：对象或函数）：接受 Redux 的 dispatch 方法作为参数，返回当前组件相关部分的 action creator，并可以在这里将 action creator 与 dispatch 绑定，减少冗余代码。
- [mergeProps(stateProps, dispatchProps, ownProps): props]（类型：函数）：如果指定这个函数，你将分别获得 mapStateToProps、mapDispatchToProps 返回值以及当前组件的 props 作为参数，最终返回你期望的、完整的 props。
- [options]（类型：对象）：可选的额外配置项，有以下两项。
  - [pure = true]（类型：布尔）：该值设为 true 时，将为组件添加 shouldComponentUpdate() 生命周期函数，并对 mergeProps 方法返回的 props 进行浅层对比。
  - [withRef = false]（类型：布尔）：若设为 true，则为组件添加一个 ref 值，后续可以使用 getWrappedInstance() 方法来获取该 ref，默认为 false。

关于 connect 函数的更多用法及背后的原理，请参考 6.5 节。

在我们的例子中，我们暂时只关心前两个参数，即 mapStateToProps 和 mapDispatchToProps。

在 mapStateToProps 中，我们从整棵 Redux 状态树中选取了 state.home.list 分支作为当前组件的 props，并将其命名为 list。这样，在 Home 组件中，就可以使用 this.props.list 来获取到所有 PreviewListRedux 中定义的状态。

而在 mapDispatchToProps 中，我们从前面提到的 HomeRedux.js 中引入了 listActions，并使用 Redux 提供的工具函数将 listActions 中的每一个 action creator（目前只有一个）与 dispatch 进行绑定，最终我们可以在 Home 组件中使用 this.props.listActions 来获取到绑定之后的 action creator。

最后，需要特别说明的是 Home 组件的 render 方法。我们将在 connect 中对生成的 this.props.list 和 this.props.listActions 分别进行解构，然后传给 PreviewList 组件作为 props。

2. 让展示型组件使用数据

相比于容器型组件与 Redux 的复杂交互，展示型组件实现起来则简单得多，毕竟一切需要的东西都已经通过 props 传进来了：

```
import React, { PropTypes, Component } from 'react';
import Preview from './Preview';

class PreviewList extends Component {
  static propTypes = {
    loading: PropTypes.bool,
    error: PropTypes.bool,
    articleList: PropTypes.arrayOf(PropTypes.object),
    loadArticles: PropTypes.func,
  };

  componentDidMount() {
    this.props.loadArticles();
```

```
  }

  render() {
    const { loading, error, articleList } = this.props;

    if (error) {
      return <p className="message">Oops, something is wrong.</p>;
    }

    if (loading) {
      return <p className="message">Loading...</p>;
    }

    return articleList.map(item => (<Preview {...item} key={item.id} />));
  }
}
```

首先，我们扩充了原本定义的 `propTypes`，新增了 `loading`、`error` 以及 `loadArticles` 的定义。

其次，我们添加了 `componentDidMount` 生命周期方法。在 PreviewList 组件加载完成后，我们调用了 `this.props.loadArticles()` 来加载文章列表。

最后，我们在 `render` 方法中针对不同的状态渲染出了友好的提示信息。

注意，在 PreviewList 组件中，所有的数据都来自 `this.props`。展示型组件自身不维护任何状态，也不知道 Redux 的存在。

3. 注入 Redux

在“让容器型组件关联数据 ”一节中，我们学习了如何使用 `connect` 方法关联 Redux 状态树中的部分状态。问题是，完整的 Redux 状态树是哪里来的呢？这一节将解答你的疑惑。

按照我们的目录约定，所有与 Redux 自身配置相关的代码都放在 src/redux/ 文件夹下，下面让我们来初始化这些文件：

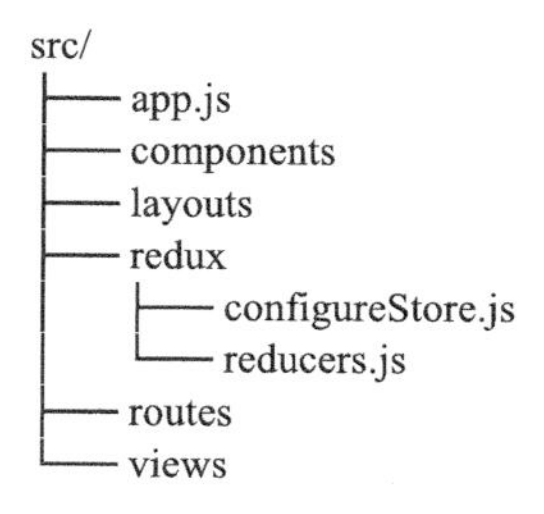

先来看看 reducers.js，这个文件里汇总了整个应用所有的 reducer，而汇总的方法则十分简单。因为我们在 views/ 文件夹中已经对各个路由需要的 reducer 做过一次整理聚合，所以在 reducers.js 中直接引用 views/*Redux.js 中默认导出的 reducer 即可。

而 configureStore.js 则是生成 Redux store 的关键文件，其中将看到 5.1 节中提到的 Redux 的核心 API——`createStore` 方法：

```
import { createStore, combineReducers, compose, applyMiddleware } from 'redux';
import { routerReducer } from 'react-router-redux';

import ThunkMiddleware from 'redux-thunk';
import rootReducer from './reducers';

const finalCreateStore = compose(
  applyMiddleware(ThunkMiddleware)
)(createStore);

const reducer = combineReducers(Object.assign({}, rootReducer, {
  routing: routerReducer,
}));

export default function configureStore(initialState) {
  const store = finalCreateStore(reducer, initialState);

  return store;
}
```

在 configureStore.js 中，并没有直接使用 Redux 提供的原始 `createStore` 方法来创建 store，而是利用 `compose` 方法对 `createStore` 方法进行了增强，并生成了新的 `createStore` 方法——`finalCreateStore`。

`applyMiddleware` 是 Redux 提供的另一个 API，也是 Redux 具有高度可扩展性的重要保障。使用 middleware，可以让 Redux 解析各种类型的 action。除了最原始的对象外，我们的 action 还可以是方法、 promise，以及任何你能想象的类型。

此外，我们还在初始化 Store 时引入了 react-router-redux 提供的 routerReducer，这个 reducer 帮助我们实现了路由状态与 Redux store 的统一。

在完成 store 的配置后，我们需要在某个地方新建一个实例，即 app.js：

```
import ReactDOM from 'react-dom';
import React from 'react';
import configureStore from './redux/configureStore';
import { Provider } from 'react-redux';
import { syncHistoryWithStore } from 'react-router-redux';
import { hashHistory } from 'react-router';
import routes from './routes';

const store = configureStore();
const history = syncHistoryWithStore(hashHistory, store);

ReactDOM.render((
  <Provider store={store}>
    {routes(history)}
  </Provider>
), document.getElementById('root'));
```

首先，我们引入了刚刚定义的 `configureStore` 方法。接着，引入 Redux 提供的 Provider 组件，它将成为整个 Redux 应用的根组件。

接下来的两个依赖是为了完善我们的路由系统。我们将原本在 src/routes/index.js 中引入的 React Router 中的 `hashHistory` 改为在 app.js 中引入，因为 react-router-redux 需要对这个 `history` 对象进行强化，以此保证 React Router 与 Redux store 的一致和统一。

做了这么多改动，是时候看看效果了，如图 5-9 所示。

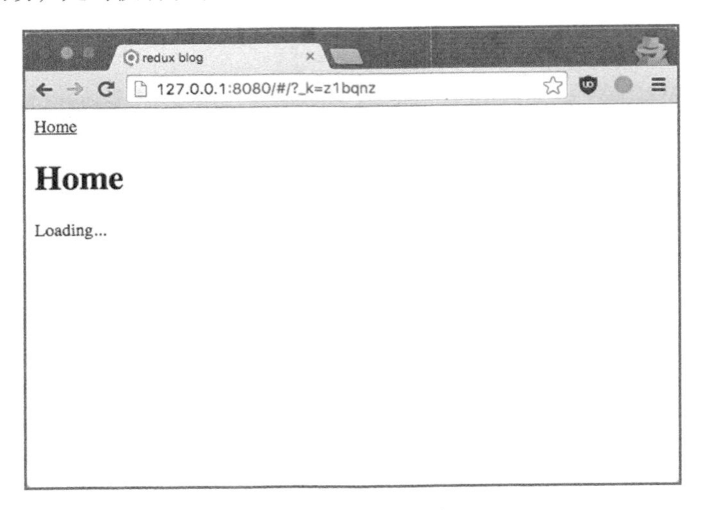

图 5-9　应用界面

虽然界面看起来只是多了一个 Loading 状态，但实际上我们已经完成了 Redux 应用绝大部分功能的连线搭桥，剩下的只是丰富样式和业务逻辑。

5.6.9　引入 Redux Devtools

在丰富业务逻辑之前，我们有必要先在项目中引入 Redux 应用的大杀器——Redux Devtools。在 Redux 中，所有的数据变化都来源一个个的 action，因此，如果有一个工具能方便我们查看 action 的触发记录以及数据的更改情况，我们就可以非常方便地对应用进行调试。好消息是，Redux 本身就提供了这样强大的功能。

由于 Devtools 并没有打包到 Redux 包中，我们需要单独下载这些依赖：

```
$ npm install --save-dev redux-devtools redux-devtools-log-monitor redux-devtools-dock-monitor
```

这里我们不仅下载了 redux-devtools，同时还下载了 redux-devtools-log-monitor 和 redux-devtools-dock-monitor，后面两个其实是 React 组件。Redux 作者在设计 Devtools 时，特意将模块进行了清晰的划分，这样你可以根据自己的需要选择合适的 monitor。

现在将 DevTools 初始化的相关代码统一放在 src/redux/DevTools.js 中：

```
import React from 'react';
import { createDevTools } from 'redux-devtools';
import LogMonitor from 'redux-devtools-log-monitor';
import DockMonitor from 'redux-devtools-dock-monitor';

const DevTools = createDevTools(
  <DockMonitor toggleVisibilityKey='ctrl-h'
               changePositionKey='ctrl-q'>
    <LogMonitor theme='tomorrow' />
  </DockMonitor>
);

export default DevTools;
```

DockMonitor 决定了 DevTools 在屏幕上显示的位置，我们可以按 Control+Q 键切换位置，或者按 Control+H 键隐藏 DevTool。而 LogMonitor 决定了 DevTools 中显示的内容，默认包含了 action 的类型、完整的 action 参数以及 action 处理完成后新的 state。效果如图 5-10 所示。

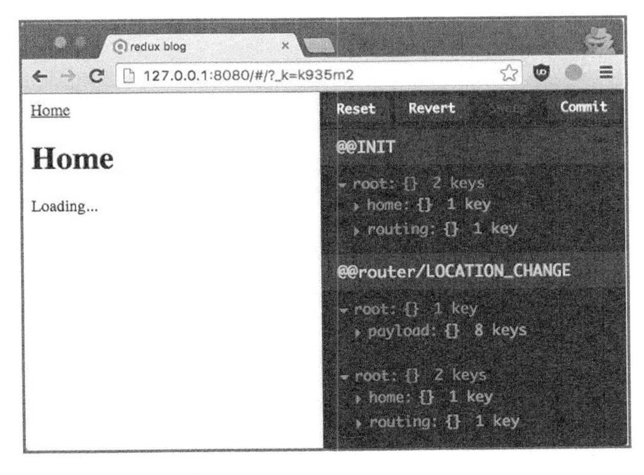

图 5-10 Redux DevTools

引入 Redux DevTools 后，极大地简化了我们对于整个应用状态的推导工作。因为我们能看到每次 action 的完整信息，以及 action 处理之后的 state，而这些 state 又被 connect 后用于 React 组件的渲染，最终呈现在用户界面上。

5.6.10 利用 middleware 实现 Ajax 请求发送

事实上，当在浏览器中预览我们的 Redux 应用时，你会发现这样一个错误信息：

```
Uncaught Error: Actions may not have an undefined "type" property. Have you misspelled a constant?
```

这是因为 Redux 没有正确识别我们在 views/Home/PreviewListRedux.js 中定义的 `loadArticles()` 方法返回的 action。

在 5.2 节中，我们已经介绍了如何使用 redux-composable-fetch 这个 middleware 实现异步请求，现在只需要引入这个 middleware 并把它传给 store 增强器即可。

让我们回顾一下 configureStore 的实现：

```
import { createStore, combineReducers, compose, applyMiddleware } from 'redux';
import { routerReducer } from 'react-router-redux';

import ThunkMiddleware from 'redux-thunk';
// 引入请求 middleware 的工厂方法
import createFetchMiddleware from 'redux-composable-fetch';
import rootReducer from './reducers';

// 创建一个请求 middleware 的示例
const FetchMiddleware = createFetchMiddleware();

const finalCreateStore = compose(
  applyMiddleware(
    ThunkMiddleware,
    // 将请求 middleware 注入 store 增强器中
    FetchMiddleware
  )
)(createStore);

const reducer = combineReducers(Object.assign({}, rootReducer, {
  routing: routerReducer,
}));

export default function configureStore(initialState) {
  const store = finalCreateStore(reducer, initialState);

  return store;
}
```

这样，我们的应用就能正确识别任何异步请求的 action 了。

5.6.11　请求本地的数据

由于我们的博客系统需要通过异步请求获取数据，而为了减少不必要的干扰，我们并不会具体实现一个服务端程序来响应这些数据。因此，一个可行的方式是在本地模拟这些结果。

前面说到，我们可以利用 webpack-dev-server 在本地启动一个简单的 http 服务器来响应页面，这里同样可以利用这一特性伪造一些本地数据：

```
src/
api/
  articles.json  文章列表
  article/
    1.json       id 为 1 的文章信息，以此类推
    2.json
    3.json
```

这样我们在访问 http://127.0.0.1:8080/api/articles.json 时，其实访问的是我们在本地定义的 JSON 文件，而不是远程服务器的接口。这个技巧在本地开发前端代码时会经常用到。

说明 如果你不能通过上述链接正常访问到存储在本地的 JSON 文件，请确保执行 `webpack-dev-server` 命令时添加了 `--content-base .` 参数。

我们在 articles.json 中模拟了如下的数据结构：

```
{
  [
    "id": 1,
    "title": "Angular2 中那些我看不懂的地方",
    "description": "博客停更了近 3 个月，实在是愧对很多在微博上推荐的同学。因为最近大部分时间都投入
     在公司里一个比较复杂的项目中，直到本周才算正式发布，稍得解脱。说这个项目复杂，不仅是因为需求设
     计复杂，更是因为在这个[...]",
    "date": "2016-04-17"
  ],
  ...
}
```

看看自动刷新的浏览器里面，一个博客的雏形是否已经展示出来了？如图 5-11 所示。

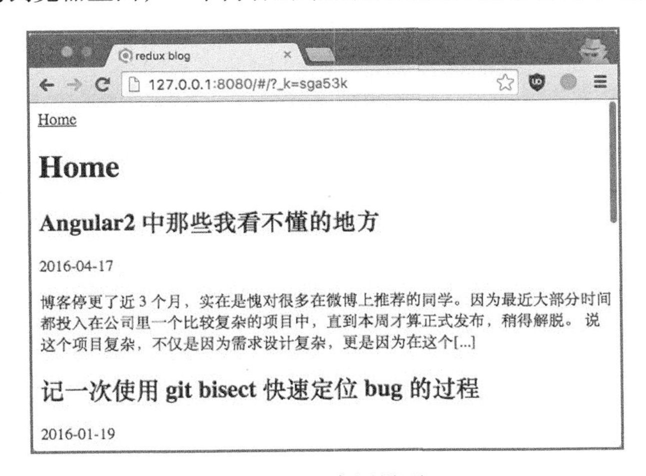

图 5-11 应用界面

5.6.12 页面之间的跳转

现在博客的首页已经初见效果，下一步就是要实现文章详情页了。首先要考虑的问题是，用户怎么进入文章详情页？当然是点击链接。

前面讲到 Nav.js 时，已经领略了使用 React Router 提供了 `<Link>` 组件模拟链接的做法，但是在 Redux 应用中，路由状态也属于整个应用状态的一部分，所以更合理的方案应该是通过分发

action 来更新路由。

在这一节中，我们会讲述怎样实现通过分发 action 的方法完成 Redux 应用的路由更新。

由于 React Router 本身是一个独立的路由处理库，要想把 React Router 中维持的状态暴露给 Redux 应用，或是在 Redux 应用中修改 React Router 的状态，我们需要某种手段将这二者结合起来，这就要说到 react-router-redux 中提供的 `routerMiddleware` 了：

```
// redux/configureStore.js
import { hashHistory } from 'react-router';
import { routerMiddleware } from 'react-router-redux';

import rootReducer from './reducers';

const finalCreateStore = compose(
  applyMiddleware(
    // 引入其他 middleware
    // ...
    // 引入 react-router-redux 提供的 middleware
    routerMiddleware(hashHistory)
  )
)(createStore);
```

引入了新的 middleware 之后，就可以像下面这样简单修改当前路由了：

```
import { push } from 'react-router-redux';

// 在任何可以拿到 store.dispatch 方法的环境中
store.dispatch(push('/'));
```

既然做好了准备工作，让我们对文章列表页组件进行小小的修改，以便完成路由跳转：

```
// components/Home/Preview.js
import React, { Component, PropTypes } from 'react';

class Preview extends Component {
  static propTypes = {
    title: PropTypes.string,
    link: PropTypes.string,
    push: PropTypes.func,
  };

  handleNavigate(id, e) {
    // 阻止原生链接跳转
    e.preventDefault();

    // 使用 react-router-redux 提供的方法跳转，以便更新对应的 store
    this.props.push('/detail/${id}');
  }

  render() {
    return (
      <article className="article-preview-item">
```

```
        <h1 className="title">
          <a href={`/detail/${this.props.id}`} onClick={this.handleNavigate.bind(this,
            this.props.id)}>
            {this.props.title}
          </a>
        </h1>
        <span className="date">{this.props.date}</span>
        <p className="desc">{this.props.description}</p>
      </article>
    );
  }
}
```

显而易见的变化是，我们在原本的标题中添加了链接，并指定了点击链接时由 handleNavigate 方法来响应。在 handleNavigate 方法中，首先执行 e.preventDefault() 来阻止原始的链接跳转，然后调用了一个之前并不存在的 this.props.push 方法，它就是用来处理路由的更新的。

由于 PreviewList 本身是一个对 Redux 无感知的展示型组件，所以它并不能直接获取到 store 的引用，也就无法使用 store.dispatch 方法来随意分发 action。因此，我们需要给 PreviewList 传递一个绑定好 dispatch 的 push 方法，让它直接调用即可。那么，哪里可以直接拿到 store.dispatch 呢？很简单，所有使用 connect 方法的组件都可以感知 Redux：

```
// views/Home.js
import React, { Component } from 'react';
import { bindActionCreators } from 'redux';
import { connect } from 'react-redux';
import PreviewList from '../components/Home/PreviewList';
import { listActions } from './HomeRedux';
import { push } from 'react-router-redux';

class Home extends Component {
  render() {
    return (
      <div>
        <h1>Home</h1>
        <PreviewList
          {...this.props.list}
          {...this.props.listActions}
          push={this.props.push}
        />
      </div>
    );
  }
}

export default connect(state => {
  return {
    list: state.home.list,
  };
}, dispatch => {
  return {
```

```
    listActions: bindActionCreators(listActions, dispatch),
    push: bindActionCreators(push, dispatch),
  };
})(Home);
```

我们在 Home.js 中引入了 react-router-redux 提供的 push 方法，将其和 store.dispatch 绑定后，作为 props 传给了 PreviewList。因为在 PreviewList 里并没有任何直接修改路由的需要，所以 PreviewList 又将 push 传递给了 Preview。这样，我们在 Preview 里就可以通过 this.props.push() 来修改路由了。

现在点击其中一个链接，看看 Redux Devtools 中记录了怎样的 action，如图 5-12 所示。

图 5-12　应用界面

可以看到，在地址栏中我们的路由已经发生了改变，Redux Devtools 也为我们记录下了这次 action。但是，界面看起来不太正常吧？那是因为我们还没有在 Detail 组件中写任何逻辑。

当我们点击一篇博文的链接进入详情页时，应用应该根据当前路由中博文的 id 请求对应的详细数据。由于详情页中的逻辑与列表页并没有太大的差别，这里就不再给出详细的代码了。

5.6.13　优化与改进

Redux DevTools 虽然功能强大，但是这样的工具绝对不应该出现在生产环境中。因为它不仅增加了最终打包 JavaScript 文件的大小，更会很大程度地影响整个应用的性能。

所以，我们希望调整代码以及构建脚本，最终实现在开发环境中加载 Redux DevTools，而在生产环境中不进行任何加载。

要实现这样的需求，首先需要添加一款 webpack 的插件——DefinePlugin，这款插件允许我们定义任意的字符串，并将所有文件中包含这些字符串的地方都替换为指定值。

其次，我们需要了解一种常见的定义 Node.js 应用环境的方法——环境变量。一般意义上来说，我们习惯使用 process.env.NODE_ENV 这个变量的值来确定当前是在什么环境中运行应用。当读取不到该值时，默认当前是开发环境；而当 process.env.NODE_ENV=production 时，我们认为当前是生产环境。

掌握这两点知识后，只需要在代码中添加合适的判断语句，最终 webpack 会根据不同的环境帮我们将判断语句中的条件换为可以直接求值的表达式。而在生产环境中，配合另一款插件 UglifyJS 的无用代码移除功能，可以方便地将任何不必要的依赖统统移除。比如，下面的代码在开发环境是这样的：

```
if (process.env.NODE_ENV === 'production') {
  // 这里的代码只会在生成环境执行
} else {
  // 这里的代码只会在开发环境执行
}
```

当在生产环境构建时，代码将先被转化为：

```
if (true) {
  // 这里的代码只会在生成环境执行
} else {
  // 这里的代码只会在开发环境执行
}
```

并最终进一步转化为：

```
// 这里的代码只会在生成环境执行
```

这样既保证了不同环境加载不同代码的灵活性，又保证了在生产环境打包时最小程度地引入依赖。

5.6.14 添加单元测试

在上一章中，我们学习了如何使用 Jest 测试 Flux 中的 store。虽然借助 Jest 强大的 mock 功能可以实现我们的最终目的，但是那些技巧确实会让新手们感觉有点摸不着头脑。

这种疑惑在我们测试 Redux 中的 reducer 时将不复存在，因为 reducer 就是最常见也是最纯洁的函数。

因此，我们将不需要任何额外的模拟或设置，只需要选择自己喜欢的测试运行框架和断言库，直接完成测试用例并执行即可。

这里以测试 previewList 这个 reducer 为例，让我们看看具体的测试代码该如何编写：

```
import previewList, { LOAD_ARTICLES_SUCCESS } from '../src/components/Home/PreviewListRedux';

describe('Preview List Reducer', () => {
```

```
  it('should propagate new articles when loaded', () => {
    const data = [{id: 1, title: 'test'}];
    const result = previewList({
      type: LOAD_ARTICLES_SUCCESS,
      payload: data,
    });

    expect(result.articleList).to.deep.equal(data);
  });
});
```

更有意思的是，借助 Redux 神奇的 Devtools 以及其优秀的扩展能力，在开源社区中出现了一个可以“帮助我们写测试”的 Redux Devtools——`redux-test-recorder`。在开启这个 Devtools 之后，我们只需要按照页面的交互方式操作一遍应用，就能自动生成 reducer 的单元测试代码。

到这里，Redux 应用的核心概念我们已经熟悉得差不多了。接下来，暂时忘掉 Redux 的 API、酷炫的 DevTools，思考一下我们为什么需要 Redux？

5.7　小结

在本章中，我们详细介绍了 Redux 应用架构。从 SPA 应用的角度讲述了如何构建一个 Redux React 应用，并对 Redux、React Redux、Redux middleware 作了源码解读，希望读者有一个较深层次的理解。

千里之行，始于足下，Redux 应用架构的出现还是为了能够在生产环境中解决更加复杂的业务问题。在下一章中，我们将着重阐述 Redux 在复杂应用中是如何发挥作用的。

第 6 章

Redux 高阶运用

上线一年以来，Redux 在 npm 上的下载量已经超过了 300 万次，使用 Redux 完成的项目总数正在以惊人的速度上升。为什么 Redux 如此受开发者的喜爱呢？本章将深入 Redux 场景，结合企业级应用场景，讲述 Redux 在复杂表单应用开发时的一些经验与优化。

6.1 高阶 reducer

在 Redux 架构中，reducer 是一个纯函数，它的职责是根据 `previousState` 和 `action` 计算出新的 state。在复杂应用中，Redux 提供的 `combineReducers` 让我们可以把顶层的 reducer 拆分成多个小的 reducer，分别独立地操作 state 树的不同部分。而在一个应用中，很多小粒度的 reducer 往往有很多重复的逻辑，那么对于这些 reducer，如何去抽取公用逻辑，减少代码冗余呢？这种情况下，使用高阶 reducer 是一种较好的解决方案。

在讲述如何使用高阶 reducer 抽取公用逻辑之前，我们先来定义高阶 reducer 的概念。我们之前对函数式编程已经有所了解，知道高阶函数是指将函数作为参数或者返回值的函数。

类似地，高阶 reducer 就是指将 reducer 作为参数或者返回值的函数。

有没有意识到 `combineReducers` 其实就是一个高阶 reducer。因为 `combineReducers` 就是将一个 reducer 对象作为参数，最后返回顶层的 reducer。

下面我们将以两个典型的案例给大家讲述高阶 reducer 的常见使用方法。

6.1.1 reducer 的复用

我们将顶层的 reducer 拆分成多个小的 reducer，肯定会碰到 reducer 的复用问题。例如有 A 和 B 两个模块，它们的 UI 部分相似，此时可以通过配置不同的 props 来区别它们。那么这种情况下，A 和 B 模块能不能共用一个 reducer 呢？答案是否定的。我们先来看一个简单的 reducer：

```
const LOAD_DATA = 'LOAD_DATA';
const initialState = { ... };
```

```
function loadData() {
  return {
    type: LOAD_DATA,
    ...
  };
};

function reducer(state = initialState, action) {
  switch (action.type) {
    case LOAD_DATA:
      return {
        ...state,
        data: action.payload,
      };
    default:
      return state;
  }
}
```

如果我们将这个 reducer 绑定到 A 和 B 这两个不同的模块，造成的问题将会是，当 A 模块调用 `loadData` 来分发相应的 action 时，A 和 B 的 reducer 都会处理这个 action，然后 A 和 B 的内容就完全一致了。

这里我们需要意识到，在一个应用中，不同模块间的 `actionType` 必须是全局唯一的。

因此，要解决 `actionType` 唯一的问题，有一个方法就是通过添加前缀的方式来做到：

```
function generateReducer(prefix, state) {
  const LOAD_DATA = prefix + 'LOAD_DATA';

  const initialState = { ...state, ... };

  return function reducer(state = initialState, action) {
    switch (action.type) {
      case LOAD_DATA:
        return {
        ...state,
          data: action.payload,
        };
      default:
        return state;
    }
  };
}
```

这样只要 A 模块和 B 模块分别调用 `generateReducer` 来生成相应的 reducer，就能解决 reducer 复用的问题了。而对于 `prefix`，我们可以根据自己的项目结构来决定，例如 `${页面名称}_${模块名称}`。只要能够保证全局唯一性，就可以写成一种前缀。

6.1.2 reducer 的增强

除了解决复用的问题，高阶 reducer 的另一个重要作用就是对原始的 reducer 进行增强。redux-undo 就是典型的利用高阶 reducer 来增强 reducer 的例子，它的主要作用是使任意 reducer 变成可以执行撤销和重做的全新 reducer。我们来看看它的核心代码实现：

```
function undoable(reducer) {
  const initialState = {
    // 记录过去的 state
    past: [],
    // 以一个空的 action 调用 reducer 来产生当前值的初始值
    present: reducer(undefined, {}),
    // 记录后续的 state
    future: []
  };

  return function (state = initialState, action) {
    const { past, present, future } = state;

    switch (action.type) {
      case '@@redux-undo/UNDO':
        const previous = past[past.length - 1];
        const newPast = past.slice(0, past.length - 1);

        return {
          past: newPast,
          present: previous,
          future: [ present, ...future ]
        };
      case '@@redux-undo/REDO':
        const next = future[0];
        const newFuture = future.slice(1);

        return {
          past: [ ...past, present ],
          present: next,
          future: newFuture
        };
      default:
        // 将其他 action 委托给原始的 reducer 处理
        const newPresent = reducer(present, action);

        if (present === newPresent) {
          return state;
        }

        return {
          past: [...past, present],
          present: newPresent,
          future: []
        };
    }
```

```
  };
}
```

有了这个高阶 reducer，就可以对任意一个 reducer 进行封装：

```
import { createStore } from 'redux';

function todos(state = [], action) {
  switch (action.type) {
    case 'ADD_TODO':
    // ...
  }
}

const undoableTodos = undoable(todos);
const store = createStore(undoableTodos);

store.dispatch({
  type: 'ADD_TODO',
  text: 'Use Redux',
});

store.dispatch({
  type: 'ADD_TODO',
  text: 'Implement Undo',
});

store.dispatch({
  type: '@@redux-undo/UNDO',
});
```

查看高阶 reducer `undoable` 的实现代码可以发现，高阶 reducer 主要通过下面 3 点来增强 reducer：

- 能够处理额外的 action；
- 能够维护更多的 state；
- 将不能处理的 action 委托给原始 reducer 处理。

6.2　Redux 与表单

React 单向绑定的特性极大地提升了应用的执行效率，但是相比于简单易用的双向绑定，单向绑定在处理表单等交互的时候着实有些力不从心。具体到 React 应用中，单向绑定意味着你需要手动给每一个表单控件提供 `onChange` 回调函数，同时需要将它们的状态初始化在 `this.state` 中。不仅如此，一个体验友好的表单还需要有明确的错误状态和错误信息，甚至某些输入项还需要异步校验功能。也就是说，表单里的一个有效字段至少需要 2 ~ 3 个本地状态。

在 Angular.js 中，表单相关的问题在框架层面已经得到了很好的解决。那么，对于 React+Redux 应用，有没有什么好的方案呢？

下面我们将从两个层面来解答这个问题：对于简单的表单应用，为了减少重复冗余的代码，可以使用 redux-form-utils 这个工具库，它能利用高阶组件的特性为表单的每个字段提供 `value` 和 `onChange` 等必须值，而无需你手动创建；对于复杂的表单，则可以使用 redux-form。虽然同样基于高阶组件的原理，但如果说 redux-form-utils 是一把水果刀的话，那么 redux-form 就是一把多功能的瑞士军刀。除了提供表单必须的字段外，redux-form 还能实现表单同步验证、异步验证甚至嵌套表单等复杂功能。

6.2.1 使用 redux-form-utils 减少创建表单的冗余代码

了解 redux-form-utils 之前，我们先看看如何使用原生 React 处理表单：

```
import React, { Component } from 'react';

class Form extends Component {
  constructor(props) {
    super(props);

    this.handleChangeAddress = this.handleChangeAddress.bind(this);
    this.handleChangeGender = this.handleChangeGender.bind(this);

      this.state = {
      name: '',
      address: '',
      gender: '',
    };
  }

  handleChangeName(e) {
    this.setState({
      name: e.target.value,
    });
  }

  handleChangeAddress(e) {
    this.setState({
      address: e.target.value,
    });
  }

  handleChangeGender(e) {
    this.setState({
      gender: e.target.value,
    });
  }

  render() {
    const { name, address, gender } = this.state;
    return (
      <form className="form">
```

6

```
          <input name="name" value={name} onChange={this.handleChangeName} />
          <input name="address" value={address} onChange={this.handleChangeAddress} />
          <select name="gender" value={gender} onChange={this.handleChangeGender}>
            <option value="male" />
            <option value="female" />
          </select>
        </form>
      );
    }
  }
```

可以看到，虽然我们的表单里只有 3 个字段，但是已经有非常多的冗余代码。如果还需要加上验证等功能，那么这个表单对应的处理代码将会更加膨胀。

仔细分析表单的代码实现，我们发现几乎所有的 onChange 处理器逻辑都很类似，只是需要改变表单字段即可。对于某些复杂的输入控件，比如自己封装了一个 TimePicker 组件，也许回调名称不是 onChange，而是 onSelect。同样，onSelect 回调里提供的参数也许并不是 React 的合成事件，而是一个具体的值。通过分析表单控件可能的输入和输出，我们将通过使用 redux-form-utils 减少 Redux 处理表单应用时的冗余代码：

```
// components/MyForm.js
import React, { Component } from 'react';
import { createForm } from 'redux-form-utils';

@createForm({
  form: 'my-form',
  fields: ['name', 'address', 'gender'],
})
class Form extends Component {
  render() {
    const { name, address, gender } = this.props.fields;
    return (
      <form className="form">
        <input name="name" {...name} />
        <input name="address" {...address} />
        <select {...gender}>
          <option value="male" />
          <option value="female" />
        </select>
      </form>
    );
  }
}
```

可以看到，实现同样功能的表单，代码量减少了近一半以上。

redux-form-utils 提供了两个方便的工具函数——createForm(config) 和 bindRedux(config)，前者可以当作 decorate 使用，传入表单的配置，自动为被装饰的组件添加表单相关的 props；而后者则生成与 Redux 应用相关的 reducer、initialState 和 actionCreator 等。

下面先看看如何在 reducer 里整合 redux-form-utils：

```
// reducer/MyForm.js
import { bindRedux } from 'redux-form-utils';

const { state: formState, reducer: formReducer } = bindRedux({
  form: 'my-form',
  fields: ['name', 'address', 'gender'],
});

const initialState = {
  foo: 1,
  bar: 2,
  ...formState,
};

function myReducer(state = initialState, action) {
  switch (action.type) {
    case 'MY_ACTION': {
      // ...
    }

    default:
      return formReducer(state, action);
  }
}
```

我们把同样的配置传给 `bindRedux` 方法，并获得这个表单对应的 reducer 和初始状态 `formState`，并将这些内容整合在 reducer 中。

完成 `createForm` 和 `bindRedux` 这两个函数后，一个基于 Redux 的表单应用就完成了。为了后续修改表单更加灵活，建议将配置文件单独保存，并分别在组件和 reducer 中引入对应的配置文件。

6.2.2 使用 redux-form 完成表单的异步验证

redux-form-utils 为我们提供了实现表单最基本的功能，但是为了让填写表单的体验更加友好，在把数据提交到服务端之前，我们应该做一些基本的表单校验，比如必填字段不能为空等。要实现校验等更复杂的表单功能，需要用到 redux-form。

在使用和配置方面，redux-form 与 redux-form-utils 没有太多的差异，唯一不同的是 redux-form 需要在 Redux 应用的 state 树中挂载一个独立的节点。这意味着，所有使用 redux-form 创建的表单中的字段都会在一个固定的位置，如 `state.form.myForm` 或 `state.form.myOtherForm` 均挂载在 `state.form` 下：

```
import { createStore, combineReducers } from 'redux';
import { reducer as formReducer } from 'redux-form';
```

```
const reducers = {
  // 其他的 reducer ...
  // 所有表单相关的 reducer 挂载在 form 下
  form: formReducer,
}

const reducer = combineReducers(reducers);
const store = createStore(reducer);
```

完成了基本的配置后，现在看看 redux-form 如何帮我们完成表单验证功能：

```
import React, { Component } from 'react';
import { reduxForm } from 'redux-form';

function validate(values) {
  if (values.name == null || values.name === '') {
    return {
      name: '请填写名称',
    };
  }
}

@reduxForm({
  form: 'my-form',
  fields: ['name', 'address', 'gender'],
  validate,
})
class Form extends Component {
  render() {
    const { name, address, gender } = this.props.fields;
    return (
      <form className="form">
        <input name="name" {...name} />
        { name.error && <span>{name.error}</span> }
        <input name="address" {...address} />
        <select {...gender}>
          <option value="male" />
          <option value="female" />
        </select>
        <button type="submit">提交</button>
      </form>
    );
  }
}
```

在上面的表单中，我们在提交时对 `name` 字段做了非空验证，而在 Form 组件的 `render` 方法中，同时添加了显示相应错误的逻辑。触发验证、重新渲染、表单纯洁性判断等过程，均被 redux-form 进行了封装，对使用者透明。

可以看到，使用 redux-form 校验表单十分简单易用，从很大程度上填补了 Redux 应用在框架层面处理表单应用的不足。

6.2.3　使用高阶 reducer 为现有模块引入表单功能

在前面两节中，我们学到了如何使用 redux-form-utils 及 redux-form 实现表单的各种功能。但如果你已经有一个完整的 Redux 应用，如何能在最小改动的基础上添加表单相关的功能呢？其中一种方案是 6.1 节中提到的技术。

鉴于 redux-form-utils 和 redux-form 均没有提供类似的功能，我们需要用到开源社区的另外一个 React Redux 表单实现——react-redux-form。

假设你的 reducer 中已经写好了如下逻辑：

```
// MyReducer.js
const initialState = {
  firstName: '',
  lastName: '',
  fullName: '',
};

function myReducer(state = initialState, action) {
  switch (actions.type) {
    case 'GET_FULL_NAME':
      return {
        ...state,
        fullName: `${state.firstName} ${state.lastName}`,
      };
    default:
      return state;
  }
}
```

如果想要利用 react-redux-form 提供的表单功能，则需要引入一个高阶 reducer——modeled，用它来装饰我们的 `myReducer`：

```
import { modeled } from 'react-redux-form';

const initialState = /* ... */

function myReducer(...) {
  /* ... */
}

// 为我们的 reducer 提供处理表单的能力
const myModeledReducer = modeled(myReducer, 'my');

export default myModeledReducer;
```

装饰完成后，当你想要修改定义在这个 reducer 里的状态，则需要用到 react-redux-form 的 `actions.change` 方法：

```
import { actions } from 'react-redux-form';
```

```
let state = { firstName: 'Daniel', lastName: 'Walker' };

let newState = myModeledReducer(state, actions.change('my.firstName', 'Johnnie'));
// => { firstName: 'Johnnie', lastName: 'Walker' }
```

可以看到，使用 react-redux-form 的高阶 reducer 可以简单快捷地为 reducer 代码添加表单处理的能力，而无需对现有的代码及结构进行大幅的修改。

6.3 Redux CRUD 实战

在实际业务的开发过程中，少不了搭建各种各样的后台管理应用，而这一类应用的核心功能之一就是“增、删、改、查（CRUD）”。我们在上一节中如何介绍了使用 redux-form-utils 和 redux-form 完成简单和复杂的表单类应用开发，在本节中，我们将实现一个小型但功能完备的增、删、改、查应用。为了完成这个应用，我们还需要用到 Ant Design 中的 Table 及 Modal 组件。

6.3.1 准备工作

在开始具体的增、删、改、查逻辑之前，先按照第 5 章中的 Redux 应用架构初始化一个项目，其目录结构如下：

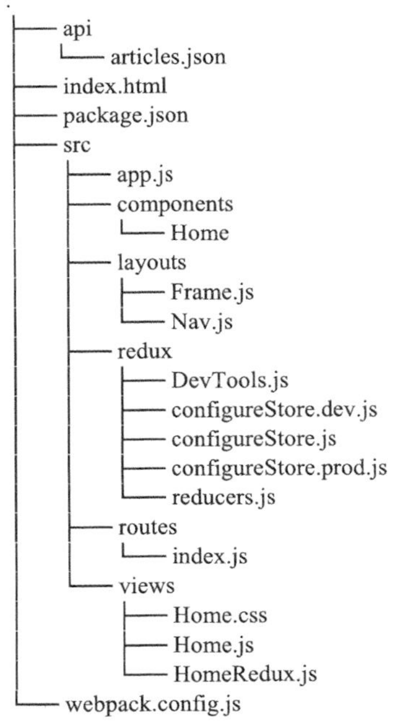

```
.
├── api
│   └── articles.json
├── index.html
├── package.json
├── src
│   ├── app.js
│   ├── components
│   │   └── Home
│   ├── layouts
│   │   ├── Frame.js
│   │   └── Nav.js
│   ├── redux
│   │   ├── DevTools.js
│   │   ├── configureStore.dev.js
│   │   ├── configureStore.js
│   │   ├── configureStore.prod.js
│   │   └── reducers.js
│   ├── routes
│   │   └── index.js
│   └── views
│       ├── Home.css
│       ├── Home.js
│       └── HomeRedux.js
└── webpack.config.js
```

在第 5 章的基础上，我们需要额外依赖 antd 和 redux-form-utils 这两个 npm 包，其中 antd 即为 Ant Design 提供的一系列优秀 React 组件的集合。也正因此，我们还需要在 index.html 中引入对应的样式文件。

在实际开发过程中，建议使用 Ant Design 提供的 Babel 插件 babel-plugin-antd 来实现插件和样式的按需加载。

为了保持简洁，在以下代码片段中，我们将省略部分样式代码：

```
$ npm install -S antd redux-form-utils
```

此外，我们依然遵循之前的约定，在本地的 /api 目录模拟服务器接口。因此，我们的应用操作的数据对象将是文章（article）。

最后，将多余的 /detail 相关的文件删除，并将 components/Home/ 下的组件删除。至此，我们已经完成了应用的架构搭建。

6.3.2 使用 Table 组件完成“查”功能

增、删、改、查中，实现起来最简单的可能就是“查”了。通常，我们会使用表格组件来展示数据，配合输入框和“搜索”按钮实现数据的搜索和过滤。

首先，我们在 components/Home/ 中添加 Table 组件及其对应的 Redux 文件：

```
src/
├── app.js
├── components
│   └── Home
│       ├── Table.js
│       └── TableRedux.js
├── layouts
├── redux
├── routes
└── views
```


对于查询需求来说，首先需要请求到数据。因此，我们在 TableRedux 文件中需要定义请求数据的 action creator：

```
// TableRedux.js
function loadArticles() {
  return {
    url: '/api/articles.json',
    types: ['LOAD_ARTICLES', 'LOAD_ARTICLES_SUCCESS', 'LOAD_ARTICLES_ERROR'],
  };
}
```

说明 如果你对这样的 action 格式感到疑惑，请参考 5.3 节。

以及响应 action 的 reducer：

```
// TableRedux.js
const initialState = {
  articles: [],
  loading: true,
  error: false,
};

function articles(state = initialState, action) {
  switch (action.type) {
    case 'CHANGE_QUERY': {
      return {
        ...state,
        query: action.payload.query,
      };
    }

    case 'LOAD_ARTICLES': {
      return {
        ...state,
        loading: true,
        error: false,
      };
    }

    case 'LOAD_ARTICLES_SUCCESS': {
      return {
        ...state,
        articles: action.payload,
        loading: false,
        error: false,
      };
    }

    case 'LOAD_ARTICLES_ERROR': {
      return {
        ...state,
        loading: false,
        error: true,
      };
    }

    default:
      return state;
  }
}
```

上述 reducer 中的代码，指定了在请求数据中、请求数据成功及请求失败 3 种状态下 reducer 应该怎样修改状态的逻辑。

接下来，我们需要一个组件来展示请求到的数据：

```
// components/Home/Table.js
import React, { Component, PropTypes } from 'react';
import { Table } from 'antd';

const columns = [{
  title: '标题',
  dataIndex: 'title',
}, {
  title: '描述',
  dataIndex: 'desc',
}, {
  title: '发布日期',
  dataIndex: 'date',
}];

class ArticleTable extends Component {
  render() {
    return (
      <Table columns={columns} data={this.props.articles} />
    );
  }
}

export default ArticleTable;
```

下面在 views 中应用这些逻辑。

首先，我们需要在 views/HomeRedux.js 中引入已经定义好的 reducer 和 `actionCreator`，并按照约定好的规则统一输出：

```
// views/HomeRedux.js
import tableReducer from '../components/Home/TableRedux';
import { combineReducers } from 'redux';

export default combineReducers({
  table: tableReducer,
});

export * as tableActions from '../components/Home/TableRedux';
```

同时在入口的 views 页面中关联数据源并渲染对应的组件：

```
// views/Home.js
import React, { Component } from 'react';
import { connect } from 'react-redux';
import ArticleTable from '../components/Home/Table';
import { tableActions } from './HomeRedux';

@connect(state => ({
  table: state.articles.table,
}), { tableActions })
class ArticleCRUD extends Component {
  render() {
```

```
    return (
      <div className="page">
        <ArticleTable {...this.props.table} {...this.props.tableActions} />
      </div>
    );
  }
}

export default ArticleCRUD;
```

到这一步，我们已经完成了最基础的数据展示操作。要真正实现“查”，还需要加入搜索功能：

```
// components/Home/Table.js
import React, { Component, PropTypes } from 'react';
import { Table } from 'antd';

const columns = [{
  title: '标题',
  dataIndex: 'title',
}, {
  title: '描述',
  dataIndex: 'desc',
}, {
  title: '发布日期',
  dataIndex: 'date',
}];

class ArticleTable extends Component {
  render() {
    return (
      <div className="table">
        <div className="search">
          <input
            type="text"
            placeholder="请输入关键字"
            value={this.props.query}
            onChange={this.props.changeQuery}
          />
          <button onClick={this.props.search}>搜索</button>
        </div>
        <Table
          columns={columns}
          data={this.props.articles}
        />
      </div>
    );
  }
}

export default ArticleTable;
```

我们在 ArticleTable 组件中添加了一个简单的搜索框和“搜索”按钮，下面看看对应的 reducer

及 actionCreator 实现：

```
// TableRedux.js
const initialState = {
  articles: [],
  loading: true,
  error: false,
  query: '',
};

function changeQuery(e) {
  return {
    type: 'CHANGE_QUERY',
    payload: {
      query: e.target.value.trim(),
    },
  };
}

function search() {
  return (dispatch, getState) => {
    const { query } = getState().articles.table;
    return dispatch(loadArticles(query));
  }
}

function loadArticles(query) {
  return {
    // ...
  };
}

function articles(state = initialState, action) {
  switch (action.type) {
    case 'CHANGE_QUERY': {
      return {
        ...state,
        query: action.payload.query,
      };
    }

    // ...

    default:
      return state;
  }
}
```

因为新增了搜索框，所以我们需要多维护一个状态来表示当前已经输入搜索词，以及修改这个状态所对应的 actionCreator 和 reducer。

其次，利用现有的接口，添加 `query` 参数实现搜索的效果。为了代码复用，实现搜索功能的 search 方法并没有具体的发请求逻辑，而是调用了初始化时的加载方法。而对于初始化时的加载方法，我们进行了小小的改造，以兼容有无 `query` 参数这两种场景。

至此，最简单的“查”操作就完成了，效果如图 6-1 所示。

Home

请输入关键字　搜索

标题	描述	发布日期
样例文章1	这是样例的内容。这是样例的内容。这是样例的内容。这是样例的内容。这是样例的内容。这是样例的内容。这是样例的内容。这是样例的内容。这是样例的内容。这是样例的内容。	2016-04-17
样例文章2	这是样例的内容。这是样例的内容。这是样例的内容。这是样例的内容。这是样例的内容。这是样例的内容。这是样例的内容。这是样例的内容。这是样例的内容。这是样例的内容。	2016-01-19
样例文章3	这是样例的内容。这是样例的内容。这是样例的内容。这是样例的内容。这是样例的内容。这是样例的内容。这是样例的内容。这是样例的内容。这是样例的内容。这是样例的内容。	2016-01-02
样例文章4	这是样例的内容。这是样例的内容。这是样例的内容。这是样例的内容。这是样例的内容。这是样例的内容。这是样例的内容。这是样例的内容。这是样例的内容。这是样例的内容。	2015-12-12
样例文章5	这是样例的内容。这是样例的内容。这是样例的内容。这是样例的内容。这是样例的内容。这是样例的内容。这是样例的内容。这是样例的内容。这是样例的内容。这是样例的内容。	2015-10-25

‹ 1 ›

图 6-1　“查”操作界面

6.3.3　使用 Modal 组件完成“增”与“改”

新增一条数据时，通常会弹出一个对话框，此时需要在里面输入所有的必填字段。而修改这条数据时，需要自动填充所有字段对应的值，以及一个隐藏的 id，以实现修改的效果。

让我们按照 Table 的方式为 Modal 初始化代码：

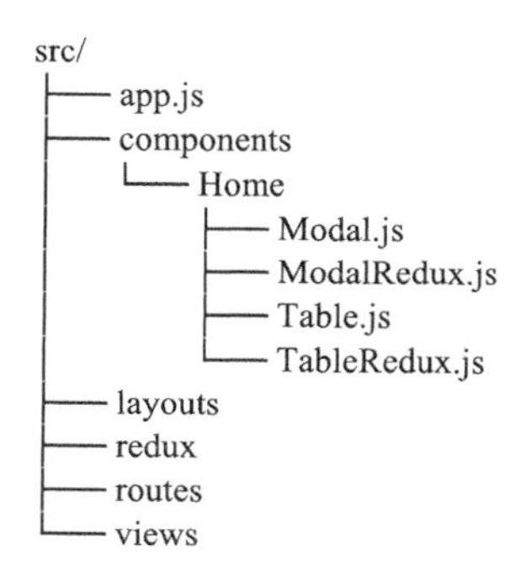

在 Modal 中，可以利用 redux-form-utils 或 redux-form 来简化表单输入流程。本节使用

redux-form-utils 来实现这个功能：

```
// components/Home/Modal.js
import React, { Component, PropTypes } from 'react';
import { Modal } from 'antd';
import { createForm } from 'redux-form-utils';
import formConfig from './Modal.config';

@createForm(formConfig)
class ArticleModal extends Component {
  render() {
    const { title, desc, date } = this.props.fields;
    return (
      <Modal
        isVisible={this.props.isVisible}
        onCancel={this.props.onCancel}
        onOk={this.props.onOk}
      >
        <div className="form">
          <div className="control-group">
            <label>标题</label>
            <input type="text" {...title} />
          </div>
          <div className="control-group">
            <label>描述</label>
            <textarea {...title} />
          </div>
          <div className="control-group">
            <label>发布日期</label>
            <input type="date" {...title} />
          </div>
        </div>
        <button onClick={this.props.onOk}>确认</button>
        <button onClick={this.props.onCancel}>取消</button>
      </Modal>
    );
  }
}

export default ArticleModal;
```

而 ModalRedux 中初始化的逻辑与上一节类似，此处不再赘述。下面着重看看表单填写完成后，怎样向服务端提交数据：

```
// components/Home/ModalRedux.js
function addArticle() {
  return (dispatch, getState) => {
    const { title, desc, date } = getState().article.modal.form;

    return dispatch({
      url: '/api/articles.json',
      method: 'POST',
      params: {
```

```
        title: title.value,
        desc: desc.value,
        date: date.value,
      },
    });
  };
}
```

在实现 Modal 的自身逻辑后，我们将其整合到页面中，并添加显示对话框的逻辑：

```
// views/Home.js
import React, { Component } from 'react';
import { connect } from 'react-redux';
import ArticleTable from '../components/Home/Table';
import ArticleModal from '../components/Home/Modal';
import { tableActions, modalActions } from './HomeRedux';

@connect(state => {
  return {
    table: state.articles.table,
    modal: state.articles.modal,
  };
}, {
  tableActions,
  modalActions,
})
class ArticleCRUD extends Component {
  render() {
    return (
      <div className="page">
        <button onClick={this.props.modalActions.showModal}>新增文章</button>
        <ArticleTable {...this.props.table} {...this.props.tableActions} />
        <ArticleModal {...this.props.modal} {...this.props.modalActions} />
      </div>
    );
  }
}

export default ArticleCRUD;
```

效果如图 6-2 所示。

图 6-2 新增数据界面

6.3.4 巧用 Modal 实现数据的删除确认

用户在进行删除操作前，一个友好的提示框能够避免许多误删的情况。但是这样给开发者带来了新的烦恼，即需要维护的状态太多。“对话框是否打开”作为一个状态还在忍受范围内，“删除确认对话框”是否显示难道也要作为一个状态吗?

因此，在实际的开发实践中，我们建议对此类一次性、非持久化的状态，可以考虑使用非 Redux 的状态管理系统，如 promise，甚至是 `this.state` 来解决。

在本例中，我们将利用 Ant Design 中 Modal 组件提供的单例方法 `Modal.confirm()` 来完成删除确认工作，而不引入一个新的状态：

```
function handleDelete(id) {
  Modal.confirm({
    title: '提示',
    content: '确认要删除这篇文章吗? ',
    onOk() {
      // 分发删除文章对应的 action
    },
  });
}
```

当然，要想最终提供删除功能，还需要在表格组件中新增一列操作区域，并增加对应的“删除”按钮：

```
// components/Home/Table.js
const columns = [{
  title: '标题',
  dataIndex: 'title',
}, {
  title: '描述',
  dataIndex: 'desc',
}, {
```

```
    title: '发布日期',
    dataIndex: 'date',
  }, {
    title: '操作',
    render(text, record) {
      return <a className="op-btn" onClick={this.handleDelete.bind(this, record)}>删除</a>;
    },
  }];

  // ...
    handleDelete(record) {
      Modal.confirm({
        title: '提示',
        content: '确认要删除该文章吗? ',
      }).then(() => {
        this.props.deleteArticle(record);
      });
    }

    render() {
      // ...
      return (
        <Table columns={columns.map(c => c.render ? ({
          ...c,
          render: c.render.bind(this),
        }) : c)} dataSource={this.props.articles} />
      );
    }
```

效果如图 6-3 所示。

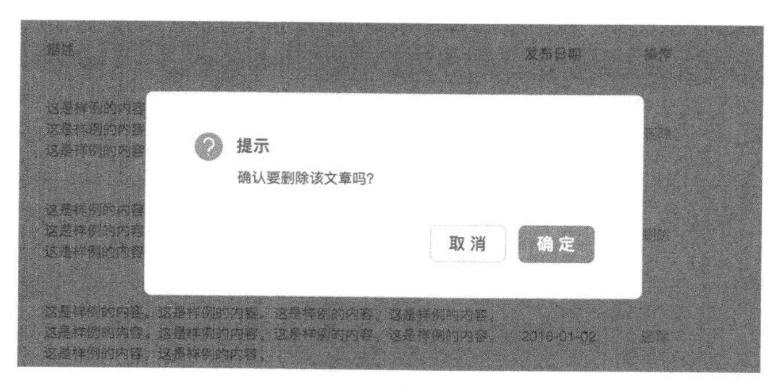

图 6-3　删除确认界面

6.3.5　善用 promise 玩转 Redux 异步事件流

刚接触 Redux 的人在开发 Redux 应用时，感觉最头疼的地方莫过于任何状态的修改都要放在 reducer 中来处理。虽然这样严格的要求确实方便管理整个应用的状态变更，但是对于某些我们确定不会有副作用的状态变更，有时候使用 promise 来管理会更加简单、流畅。如果能够熟练运用这一技巧，能让你的 Redux 应用开发效率得到明显提升。

以上一节中“删除一篇文章的需求”为例，当用户点击“删除”按钮时，首先会弹出对话框询问用户是否确认要删除，若用户点击“确定”按钮，则发送删除文章的请求。如果考虑更好的用户体验，我们应该反馈删除操作是否成功。

如果使用 reducer 来管理状态，至少需要记录“删除确认对话框是否弹出”和“删除请求发送状态（发送中、成功、失败）”这 4 个状态。如果换用基于 promise 的处理方式呢？

```
// ...
handleDelete(record) {
  Modal.confirm({
    title: '提示',
    content: '确认要删除该文章吗？',
    onOk() {
      this.props.deleteArticle(record).then(() => {
        Modal.alert({
          title: '提示',
          content: '删除成功',
        });
      }, (err) => {
        Modal.alert({
          title: '提示',
          content: '删除失败',
        });
      });
    },
  });
}
```

可以看到，我们在之前例子的基础上添加了一段 promise 的逻辑，而这段逻辑居然添加在发送请求的 `actionCreator` 调用之后。这是怎么做到的呢？事实上，这是 `redux-composable-fetch` 通过利用 Redux 中 `dispatch` 方法会返回被处理的 action 这一设计，巧妙地将实现异步请求的 promise 返回给调用者来实现的。

经过改造，我们在一个方法中就完成了若干个状态的判断及处理，不可谓不简单高效。

需要特别说明的是，基于 promise 的异步事件流处理对于 Redux 应用来说是一种反模式，因此在实际开发过程中，一定要对哪些场景可以使用这种模式作出清晰的判断。可供参考的条件有：这个状态的修改是否会影响到其他模块？这个状态是否会通过其他模块初始化？如果答案都是否定的，那么你就可以安心地使用 promise 模式了。

6.4 Redux 性能优化

在 Redux 架构的应用中，数据流动清晰明了，但是在数据流动中也出现了许多不必要的重复计算和渲染。因次，我们需要避免这些“重复”来优化性能。

6.4.1 Reselect

在 Redux 中，通常称 store 中的数据为“源数据”。我们要求在 reducer 中保持简单，不处理数据。我们会在 `connect` 的 `mapStateToProps` 中把 state 中的数据做一些转换和合并，生成的“衍生数据”通过 props 提供给组件。Redux 作者把这个产生衍生数据的方法，称为 selector。

举个例子，state 中有一份 `radioGroup` 的数据：

```
{
  result: 1,
  entities: {
    1: {
      value: 1,
      name: 'A'
    },
    2: {
      value: 2,
      name: 'B'
    }
  }
}
```

但是 View 层 RadioGroup 组件接收的数据格式是：

```
[{
  name: 'A',
  value: 1,
  selected: true
}, {
  name: 'B',
  value: 2,
  selected: false
}]
```

这里引出了 reactjs group 下的 reselect 库。我们利用 reselect 在 `connect` 当中对 `radioGroup` 做如下转换：

```
import { createSelector } from 'reselect';

const getRadioGroup = (state) => state.radioGroup;

const transformRadioGroup = createSelector(
  getRadioGroup,
  (radioGroup) => ({
    radioGroupCompute: Object.keys(radioGroup.entities)
      .map(key => ({
        ...radioGroup[key],
        selected: key === String(radioGroup.result),
      }));
  }),
);
```

```
@connect(
  transformRadioGroup,
  mapDispatchToProps
)
```

试想一下，如果此时改变了 store 中 `radioGroup` 以外的任何数据，`connect` 都会重新计算一次 `transformRadioGroup` 方法，也就是说 `transformRadioGroup` 方法也会不必要地重新执行。

事实上，对于 Redux 来说，每当 store 发生改变时，所有的 `connect` 都会重新计算。在一个大型应用中，浪费的重复计算可想而知。为了减少性能浪费，我们想到对 `connect` 中的这些 selector 函数做缓存。

Redux 拥抱了函数式编程，而在函数式编程中，纯函数的众多好处之一就是方便做缓存。那么，如何用纯函数做缓存呢？

在数学上，如果自变量不变，因变量总是不变。同样，用相同的参数执行纯函数多次，每次返回的结果一定相同。也就是说，如果纯函数的参数不变的话，可以把之前用同样的参数计算出来的结果直接返回。

幸运的是，reselect 库中已经自带了缓存特性。其中相关的实现如下：

```
export function defaultMemoize(func, equalityCheck = defaultEqualityCheck) {
  let lastArgs = null
  let lastResult = null
  return (...args) => {
    if (
      lastArgs !== null &&
      lastArgs.length === args.length &&
      args.every((value, index) => equalityCheck(value, lastArgs[index]))
    ) {
      return lastResult
    }
    lastResult = func(...args)
    lastArgs = args
    return lastResult
  }
}
```

`defaultMemoize` 函数运用了闭包的原理，使纯函数的参数和结果缓存在内存中。为了让 `defaultMemoize` 函数中缓存的数据常驻内存，我们需要让 `defaultMemoize` 处于全局作用域，或者用其他作用域链连接到全局作用域。

当我们调用 `createSelector` 方法时，就会执行 `createSelectorCreator(defaultMemoize)(...args)`。

抽象 selector，我们就不会因为参数的改变而重计算衍生数据，而且 selector 可以互相组合，提供给不同的 `connect` 使用，这也成为 Redux 应用开发中必不可少的约定之一。

6.4.2　Immutable Redux

我们在 5.6.7 节中展示了 reducer 的写法，截取其中的关键片断，如下：

```
case LOAD_ARTICLES: {
  return {
    ...state,
    loading: true,
    error: false,
  };
}
```

这本身就是一种 Immutable 的写法，我们在书写 reducer 的代码时，也尽量需要按照这种语法去写。如果层级很深的话，可以通过自己封装函数实现，也可以通过 updeep 库来做。比如：

```
import u from 'updeep';

// ...
case LOAD_ARTICLES: {
  return u({
    title: { subTitle: 'react in action' },
    loading: true,
    error: false,
  }, state);
}
```

我们增加一个嵌套更深的数据结构，那么在引用 updeep 后，数据就具备了"不可变性"。但不幸的是，在 Redux 中，`combineReducers` 方法的实现使用的是纯对象结构，是可变的。如果要彻底使用不可变数据结构去做整体架构的话，可以尝试使用 redux-immutable：

```
import { combineReducers } from 'redux-immutable';
import { createStore } from 'redux';

const initialState = Immutable.Map();
const rootReducer = combineReducers({});
const store = createStore(rootReducer, initialState);
```

我们看到，只是 `combineReducers` 引用有所变化。如果整体使用 Immutable.js，也不失为一个较好的性能优化点。

6.4.3　Reducer 性能优化

由于 Redux 的易扩展性，我们可以轻易封装一些针对 reducer 的性能优化方法，这里列举几个常用的方法。

1. `logSlowReducers`

说到性能优化，我们必须要知道在分发 action 过程中哪一个 reducer 最慢，是什么原因慢。在生产环境中，我们可以使用 `logSlowReducers` 函数，它能够筛选出执行时间较高的 reducer 以及对应的 action，从而有针对性地做优化。

那么，怎么实现它呢？众所周知，Redux 的所有 reducer 都被合并到一个 reducer 上。因此，我们可以轻易对 reducer 进行包装来打印特定的 reducer：

```
export default function logSlowReducers(reducers, thresholdInMs = 8) {
  Object.keys(reducers).forEach((name) => {
    const reducer = reducers[name];

    // 将每个 reducer 用高阶函数包装
    reducers[name] = (state, action) => {
      const start = Date.now();
      const result = originalReducer(state, action);
      const diffInMs = Date.now() - start;

      if (diffInMs >= thresholdInMs) {
        console.warn(`Reducer ${name} took ${diffInMs} ms for ${action.type}`);
      }
      return result;
    };
  });
  return reducers;
}
```

上述代码中，我们记录了 `thresholdInMs` 时间参数作为边界条件。当 reducer 执行时间超过了这个时间后，就会在浏览器中报警告。最后，可以很方便地通过分析工具记录下结果，然后一一来分析。

2. specialActions

在 Redux 中，每个 action 被分发，所有的 reducer 都会被执行一次。虽然每个 reducer 仅仅只是执行一个 `switch` 判断，但所有的 reducer 加起来的执行时间也不容小觑。

大多数情况下，应用的 action 都是和某个 reducer 对应。因此，我们可以指定特殊情况，让 Redux 在特殊情况之外只执行与 action 对应的那个 reducer。例如：

```
const specialActions = (reducer, reg, actions) => {
  return (state, action) => {
    if (actions.indexOf(action.type) !== -1) {
      return reducer(state);
    }

    if (action.type.match(reg)) {
      return reducer(state);
    }

    return state;
  }
}

combineReducers({
```

```
  counter: specialActions(counter, /COUNTER$/, [SELECT_RADIO]),
  radio: specialActions(radio, /RADIO$/, [INCREMENT_COUNTER]),
});
```

但像这样的优化，建议你放到最后，作极致优化时再考虑。在大多数情况下，我们最需要关注的是几个最大的性能瓶颈。

3. batchActions

很多时候，我们需要同步分发很多独立的 action，例如：

```
dispatch(action1);
dispatch(action2);
dispatch(action3);
```

我们先来剖析一下分发一个 action 的过程是怎样的。

首先，Redux 会利用 reducer 更新当前 state，然后执行所有订阅 state 更新的回调，这个回调一般是 `connect` 中的 `mapToProps` 方法。

因此，分发是一个较为复杂的过程。当我们同步分发多个 action 时，我们只想让界面渲染最终的状态而已，这个过程产生的很多中间状态并没有必要关心。那么，能否按照以下封装把这几个 action 合并呢？

```
dispatch(batchActions([action1, action2, action3]));
```

答案还是可以的：

```
const BATCH = 'BATCHED_ACTIONS';
const batchActions = actions => ({ type: BATCH, payload: actions });

const canBatchedReducer = reducer => {
  const batchedReducer = (state, action) => {
    if (action.type === BATCH) {
      return action.payload.reduce(batchedReducer, state);
    }

    return reducer(state, action);
  }
}
```

当然，我们还可以通过类似的优化点来优化 Redux 应用的性能，但总体原则一定是减少计算和渲染。

6.5　解读 Redux

讲了这么多实战的内容，我们相信大家对 Redux 已经有了基本的认识。在本节中，我们将从源码的角度深入了解 Redux 中 `createStore` 方法的具体实现，详细了解 Redux 的工作原理。

说明 以下内容基于 Redux 3.5.2 版本进行。

6.5.1 参数归一化

createStore 可谓是整个 Redux 的灵魂。基本上，Redux 的核心功能已经全部被囊括在 createStore 及 createStore 方法最终生成的 store 中。下面让我们了解一下 createStore 究竟是怎么工作的。

首先，看看 createStore 的函数签名：

```
export default function createStore(reducer, initialState, enhancer) {
  // ...
}
```

可以看出，它接受三个参数：reducer、initialState 和enhancer 。在前面的例子中，我们已经用过前两个参数进行 createStore 调用。那么，enhancer 在 createStore 中扮演了什么角色呢?

事实上，createStore 的第三个参数是在 Redux 3.1.0 之后才加入的。下面我们看看它究竟是如何工作的：

```
// createStore.js 第 30 行起
if (typeof initialState === 'function' && typeof enhancer === 'undefined') {
  enhancer = initialState
  initialState = undefined
}

if (typeof enhancer !== 'undefined') {
  if (typeof enhancer !== 'function') {
    throw new Error('Expected the enhancer to be a function.')
  }

  return enhancer(createStore)(reducer, initialState)
}
```

从上述代码中可以看出，createStore 中的第二个参数不仅扮演着 initialState 的角色。如果我们传入的第二个参数是函数类型，那么 createStore 会认为你忽略了 initialState 而传入了一个 enhancer。

如果我们传入了一个有效的 enhancer，createStore 会返回 enhancer(createStore)(reducer, initialState) 的调用结果，这是常见的高阶函数调用方法。在这个调用中，enhancer 接受 createStore 作为参数，对 createStore 的能力进行增强，并返回增强后的 createStore。然后再将 reducer 和 initialState 作为参数传给增强后的 createStore，最终得到生成的 store。

典型使用案例是 redux-devtools-extension，它将 Redux DevTools 做成浏览器插件。

6.5.2　初始状态及 getState

在完成基本的参数校验之后，在 createStore 中声明如下变量及 getState 方法：

```
var currentReducer = reducer
var currentState = initialState
var listeners = []
var isDispatching = false

/**
 * Reads the state tree managed by the store.
 *
 * @returns {any} The current state tree of your application.
 */
function getState() {
  return currentState
}
```

从上面的代码中可以看到，我们定义了 4 个本地变量。

- **currentReducer**：当前的 reducer，支持通过 store.replaceReducer 方式动态替换 reducer，为代码热替换提供了可能。
- **currentState**：应用的当前状态，默认为初始化时的状态。
- **listeners**：当前监听 store 变化的监听器。
- **isDispatching**：某个 action 是否处于分发的处理过程中。

而 getState 方法用于返回当前状态。

6.5.3　subscribe

在 getState 之后，我们定义了 store 的另一个方法 subscribe：

```
function subscribe(listener) {
  listeners.push(listener)
  var isSubscribed = true

  return function unsubscribe() {
    if (!isSubscribed) {
      return
    }

    isSubscribed = false
    var index = listeners.indexOf(listener)
    listeners.splice(index, 1)
  }
}
```

你可能会感到奇怪，好像我们在 Redux 应用中并没有使用 store.subscribe 方法？事实上，React Redux 中的 connect 方法隐式地帮我们完成了这个工作。

6.5.4 dispatch

接下来，要说到的就是 store 非常核心的一个方法，也是我们在应用中经常直接（store.dispatch({ type: 'SOME_ACTION' })）或间接（使用 connect 将 action creator 与 dispatch 关联）使用的方法——dispatch：

```
function dispatch(action) {
  if (!isPlainObject(action)) {
    throw new Error(
      'Actions must be plain objects. ' +
      'Use custom middleware for async actions.'
    )
  }

  if (typeof action.type === 'undefined') {
    throw new Error(
      'Actions may not have an undefined "type" property. ' +
      'Have you misspelled a constant?'
    )
  }

  if (isDispatching) {
    throw new Error('Reducers may not dispatch actions.')
  }

  try {
    isDispatching = true
    currentState = currentReducer(currentState, action)
  } finally {
    isDispatching = false
  }

  listeners.slice().forEach(listener => listener())
  return action
}
```

相比于 getState 和 subscribe，dispatch 的代码稍显复杂，下面我们逐行分析一下。

首先，我们校验了 action 是否为一个原生 JavaScript 对象，若不是，则抛出错误。接着，我们校验了 action 对象是否包含 type 字段，这段检查更大程度上是为了帮助粗心的开发者发现拼错 type 常数的情况。

接下来判断当前是否处于某个 action 的分发过程中，这个检查主要是为了避免在 reducer 中分发 action 的情况，因为这样做可能导致分发死循环，同时也增加了数据流动的复杂度。

确认当前不属于分发过程中后，先设定标志位，然后将当前的状态和 action 传给当前的 reducer，用于生成最新的 state。这看起来一点都不复杂，这也是我们反复强调的 reducer 工作过程——纯函数、接受状态和 action 作为参数，返回一个新的状态。

在得到新的状态后，依次调用所有的监听器，通知状态的变更。需要注意的是，我们在通知监听器变更发生时，并没有将最新的状态作为参数传递给这些监听器。这是因为在监听器中，我们可以直接调用 `store.getState()` 方法拿到最新的状态。

最终，处理之后的 action 会被 `dispatch` 方法返回。

6.5.5 replaceReducer

这个方法主要用于 reducer 的热替换，在开发过程中我们一般不会直接使用这个 API：

```
function replaceReducer(nextReducer) {
  currentReducer = nextReducer
  dispatch({ type: ActionTypes.INIT })
}
```

完成上述方法的声明后，我们分发了 Redux 应用的第一个 action：

```
dispatch({ type: ActionTypes.INIT })
```

这是为了拿到所有 reducer 中的初始状态（你是否还记得在定义 reducer 时，第一个参数为 `previousState`，如果该参数为空，我们提供默认的 `initialState`）。只有所有的初始状态都成功获取后，Redux 应用才能有条不紊地开始运作。

现在我们对 Redux 的实现原理有了一个完整的认识。相比 Flux，Redux 的设计有非常多值得推敲的地方，我们也因此领略了不同编程思想碰撞的火花。Redux 本身是一个通用思想，现在已经有其他框架对 Redux 进行变化使用的案例，如 Vuex 等。

6.6 解读 react-redux

在发布 1.0.0 正式版之前，Redux 的代码库中不仅有 Redux 本身的实现，还有许多跟 React 相关的方法。然而从 1.0.0 起，所有与 React 有关的实现全部被转移到了另一个库 react-redux 中。

顾名思义，react-redux 为我们提供了 React 与 Redux 之间的绑定，也就是我们在例子中使用的 Provider 和 `connect` 方法。在本节中，我们将从源代码层面详细解读 react-redux 的设计思路以及实现原理。

说明　以下分析基于 react-redux@4.4.5 版本的 API 进行。

6.6.1 Provider

在我们的例子中，Provider 是整个应用最外层的 React 组件，它接受一个 store 作为 props。除此之外，似乎没有什么特别之处。那么，Provider 拿到这个 store 做了什么处理呢？让我们看看 Provider 的源码：

```
export default class Provider extends Component {
  getChildContext() {
    return { store: this.store }
  }

  constructor(props, context) {
    super(props, context)
    this.store = props.store
  }

  render() {
    const { children } = this.props
    return Children.only(children)
  }
}
```

以上是 react-redux 中 Provider 的部分源代码。可以看到，其实 Provider 的实现非常简单。在 `constructor` 中，拿到 props 中的 store，并挂载在当前实例上。同时定义了 `getChildContext` 方法，该方法定义了自动沿组件传递的特殊 props。

除了 context，Provider 的源代码中还有如下几行特殊的定义：

```
if (process.env.NODE_ENV !== 'production') {
  Provider.prototype.componentWillReceiveProps = function (nextProps) {
    const { store } = this
    const { store: nextStore } = nextProps

    if (store !== nextStore) {
      warnAboutReceivingStore()
    }
  }
}
```

熟悉 Node 的读者，就会知道 `process` 是 Node 应用自带的一个全局变量，可以获取当前进程的若干信息。而在许多前端库中，经常会使用 `process.env.NODE_ENV` 这个环境变量来判断当前是在开发环境还是生产环境中。

从上面的定义可以看出，如果当前不是生产环境，Provider 中额外定义了一个 `componentWillReceiveProps` 的生命周期。在这个生命周期中，如果发现 props 中的 store 发生了变化，则执行 `warnAboutReceivingStore`：

```
let didWarnAboutReceivingStore = false
function warnAboutReceivingStore() {
  if (didWarnAboutReceivingStore) {
    return
  }
  didWarnAboutReceivingStore = true

  warning(
    '<Provider> does not support changing `store` on the fly. ' +
    'It is most likely that you see this error because you updated to ' +
```

```
        'Redux 2.x and React Redux 2.x which no longer hot reload reducers ' +
        'automatically. See https://github.com/reactjs/react-redux/releases/' +
        'tag/v2.0.0 for the migration instructions.'
      )
    }
```

实际上，warnAboutReceivingStore 是一个为了方便开发者升级的警示方法，并没有任何实际的作用。

6.6.2 connect

相比于 Provider，connect 的实现就复杂得多，毕竟 connect 这个函数接受的参数多达 4 个，每个参数又有若干种可选形式。若想了解 connect 的作用和原理，还需要一步一步理清 connect 的具体实现。

首先，让我们看看 connect 函数的代码结构：

```
import hoistStatics from 'hoist-non-react-statics'

export default function connect(mapStateToProps, mapDispatchToProps, mergeProps, options = {}) {
  // ...
  return function wrapWithConnect(WrappedComponent) {
    // ...
    class Connect extends Component {
      // ...
      render() {
        // ...
        if (withRef) {
          this.renderedElement = createElement(WrappedComponent, {
            ...this.mergedProps,
            ref: 'wrappedInstance'
          })
        } else {
          this.renderedElement = createElement(WrappedComponent,
            this.mergedProps
          )
        }

        return this.renderedElement
      }
    }
    // ...
    return hoistStatcis(Connect, WrappedComponent);
  }
}
```

可以看出，connect 函数本身返回名为 wrapWithConnect 的函数，而这个函数才是真正用来装饰 React 组件的。而在我们装饰一个 React 组件时，其实就是把组件在 Connect 类的 render 方法中进行渲染，并获取 connect 中传入的各种额外数据。

接下来，让我们依次对 connect 函数的 4 个参数做深度了解。

1. mapStateToProps

connect 的第一个参数定义了我们需要从 Redux 状态树中提取哪些部分当作 props 传给当前组件。一般来说，这也是我们使用 connect 时经常传入的参数。事实上，如果不传入这个参数，React 组件将永远不会和 Redux 的状态树产生任何关系。具体在源代码中的表现为：

```
export default function connect(mapStateToProps, mapDispatchToProps, mergeProps, options = {}) {
  const shouldSubscribe = Boolean(mapStateToProps)
  // ...
  class Connect extends Component {
    // ...
    trySubscribe() {
      if (shouldSubscribe && !this.unsubscribe) {
        this.unsubscribe = this.store.subscribe(this.handleChange.bind(this))
        this.handleChange()
      }
    }
    // ...
  }
}
```

因此，如果尝试使用 connect 让组件与 Redux 状态树产生关联，第一个参数 mapStat eToProps 可以说是必传的。

那么，我们传入的 mapStateToProps 是怎么生效的呢？看看 Connect 类中定义的configure FinalMapState 方法就能略知一二：

```
const mapState = mapStateToProps || defaultMapStateToProps
// ...
class Connect extends Component {
  configureFinalMapState(store, props) {
    const mappedState = mapState(store.getState(), props)
    const isFactory = typeof mappedState === 'function'

    this.finalMapStateToProps = isFactory ? mappedState : mapState
    this.doStatePropsDependOnOwnProps = this.finalMapStateToProps.length !== 1

    if (isFactory) {
      return this.computeStateProps(store, props)
    }

    if (process.env.NODE_ENV !== 'production') {
      checkStateShape(mappedState, 'mapStateToProps')
    }
    return mappedState
  }

  computeStateProps(store, props) {
    if (!this.finalMapStateToProps) {
      return this.configureFinalMapState(store, props)
```

```
    }

    const state = store.getState()
    const stateProps = this.doStatePropsDependOnOwnProps ?
      this.finalMapStateToProps(state, props) :
      this.finalMapStateToProps(state)

    if (process.env.NODE_ENV !== 'production') {
      checkStateShape(stateProps, 'mapStateToProps')
    }
    return stateProps
  }
}
```

首先，我们对 connect 中传入的 mapStateToProps 参数做了默认参数校验，若没有传入，则使用 defaultMapStateToProps。defaultMapStateToProps 只是一个返回空对象的方法而已。

在最终渲染被 `connect` 装饰过的组件时，会调用 `this.computeStateProps` 计算出最终从 Redux 状态树中提取出了哪些值作为当前组件的 props。

而在计算之前，又会校验当前组件是否有定义 finalMapStateToProps，若没有，则返回 this.configureFinalMapState 的调用结果。那么 configureFinalMapState 里又做了什么处理呢？

首先，将当前的 store 和 props 作为参数传给 `mapState`，得到执行的结果。根据 react-redux 文档中的说明，一般情况下，传给 `connect` 的 `mapStateToProps` 函数必须返回一个对象。但是在某些特殊情况下，比如需要针对个别组件进行极致优化的时候，`mapStateToProps` 也可以返回一个函数。这也是为什么在源代码中需要判断返回的值是否为函数。

接下来，如果 `mapState` 返回的是函数，那么当前组件最终的 `mapStateToProps` 方法就是我们传入的第一个参数执行后返回的那个函数，否则就还是原先定义的 `mapState` 函数。

我们可能会疑惑为什么传给 `connect` 的第一个参数本身是一个函数，react-redux 还允许这个函数的返回值也是一个函数呢？

简单地说，这样设计可以允许我们在 `connect` 的第一个参数里利用函数闭包进行一些复杂计算的缓存，从而实现效率优化的目的。更多关于这方面优化的内容，可以在 6.4 节中了解到。

2. `mapDispatchToProps`

说完了 `mapStateToProps`，让我们来看看 `mapDispatchToProps` 方法，这也是 `connect` 方法接受的第二个参数。它接受 store 的 `dispatch` 作为第一个参数，同时接受 `this.props` 作为可选的第二个参数。利用这个方法，我们可以在 `connect` 中方便地将 actionCreator 与 dispatch 绑定在一起（利用 `bindActionCreators` 方法），最终绑定好的方法也会作为 props 传给当前组件。

具体设计上与 mapStateToProps 的思路基本一致，除了 mapDispatchToProps 接受的第一个参数是store.dispatch 而不是 store.getState()。

3. mergeProps

根据文档中的定义，mergeProps 参数也是一个函数，接受 stateProps、dispatchProps 和 ownProps 作为参数。实际上，stateProps 就是我们传给 connect 的第一个参数 mapStateToProps 最终返回的 props。同理，dispatchProps 是第二个参数的最终产物，而 ownProps 则是组件自己的 props。这个方法更大程度上只是为了方便对三种来源的 props 进行更好的分类、命名和重组。

4. options

connect 参数接受的最后一个参数是 options，其中包含了两个配置项。

- **pure**：布尔值，默认为 true。当该配置为 true 时，Connect 中会定义 shouldComponentUpdate 方法并使用浅对比判断前后两次 props 是否发生了变化，以此来减少不必要的刷新。如果应用严格按照 Redux 的方式进行架构，该配置保持默认即可。
- **withRef**：布尔值，默认为 false。如果设置为 true，在装饰传入的 React 组件时，Connect 会保存一个对该组件的 refs 引用，你可以通过 getWrappedInstance 方法来获得该 refs，并最终获得原始的 DOM 节点。

6.6.3 代码热替换

很多第一次接触 Redux 的开发者都是被它的代码热替换功能吸引住的眼球。不少人知道实现热替换是 Redux 的 store 提供了 replaceReducer 的功能支持。事实上，如果不是 react-redux 中的 connect 方法也添加了相关的支持，代码热替换功能不可能在 Redux 应用中那么轻而易举地实现：

```
if (process.env.NODE_ENV !== 'production') {
  Connect.prototype.componentWillUpdate = function componentWillUpdate() {
    if (this.version === version) {
      return
    }


    this.version = version
    this.trySubscribe()
    this.clearCache()
  }
}
```

代码热替换功能肯定发生在应用开发过程中，因此首先最外层有一个对当前环境的判断。若在开发环境，则为 connect 额外定义一个 componentWillUpdate 的生命周期方法，判断当前组件的version 是否与全局的 version 不同，若不同，则更新 version 并重新执行订阅等操作。

那么，这个 version 是如何定义的呢？让我们再次回到 connect 的源代码中寻找答案：

```
// 帮助追踪热重载
let nextVersion = 0
```

```
export default function connect(mapStateToProps, mapDispatchToProps, mergeProps, options = {}) {
  // ...
  // 帮助追踪热重载
  const version = nextVersion++

  return function wrapWithConnect(WrappedComponent) {
    // ...
    class Connect extends Component {
      constructor(props, context) {
        // ...
        this.version = version;
      }
    }
  }
}
```

在每次 connect 执行的时候，nextVersion 都会加 1，而 version 则被赋为当前的版本号。同时在 Connect 类初始化进行构造时，会将全局的 version 设为自己实例的 version。这样，connect 下次执行的时候，version 发生了变化，因而在额外定义的 componentWillUpdate中，当前示例的 version 与全局 version 不相同，最终触发了 Redux 的重新订阅及缓存清空。

需要额外说明的是，为了让使用 connect 与 Redux 进行绑定的组件能够尽可能避免不必要的更新，connect 中还定义了一系列的判断当前组件是否需要更新的逻辑。这些逻辑主要是根据当前的配置进行 state 的前后对比，可以想象成一个建议的 shouldComponentUpdate 实现。

6.7　小结

本章继续从 Redux 的各方面深入讲述其实际应用，其中很多内容来自于经验，可能并不是最佳实践，因此这些内容只是抛砖引玉，怎样实践才是最佳实践仍待读者去探索。

前端应用架构在这个时代下高速发展，现在业界对 Redux 有些过度宣传，其实并不是所有应用都需要“最佳实践”里的全家桶。我们需要有更宽广的视野去看待不同的解决方案，比如 RxJS、MobX、Cerebral 等。

Redux 作者 Dan Abramov 认为，未来 Redux 只是一个更大的架构中的一个环节。这个更大的架构被称为 Immutable App Architecture 架构，它试图去解决更多的问题，诸如描述性的数据获取、易于测试的异步流、优化开发者体验等。

第 7 章 React 服务端渲染

众所周知，在目前的 Web 应用中，各种交互操作变得越来越丰富，对用户体验的要求也越来越高。这几年，Node.js 引领了前后端分层的浪潮，而 React 的出现让分层思想可以更加彻底地执行，尤其是 React 同构的出现。这个黑科技到底是如何实现的，本章就来一探究竟。

7.1 React 与服务端模板

进入富客户端时代后，早期流行的架构都存在一个通病，那就是首屏加载的白屏问题，即模板内容空，所有的交互及数据请求逻辑都需要在客户端加载并执行 JavaScript 后才完成对内容的填充。这一问题对于应用的用户体验来说是一个极大的损害，针对这个问题，React 给出了自己的解决方案，那就是服务端渲染。

7.1.1 什么是服务端渲染

服务端渲染，意味着前端代码可以在服务端作渲染，进而达到在同步请求 HTML 时，直接返回渲染好的页面。这样做的好处主要有以下 3 点。

- **利于 SEO**。服务端渲染可以让搜索引擎更容易读取页面的 meta 信息以及其他 SEO 的相关信息，大大增加了网站在搜索引擎中的可见度。
- **加速首屏渲染**。客户端渲染的一个缺点是，当用户第一次进入站点时，因为此时浏览器中没有缓存，需要下载代码后在本地渲染，时间较长。而服务端渲染则是，用户在下载时已经是渲染好的页面了，其打开速度比本地渲染快。
- **服务端和客户端可以共享某些代码，避免重复定义**。这样可以使结构更清晰，增加可维护性。

React 之所以能做到服务端渲染，主要是因为 ReactDOM。我们对 `ReactDOM.render` 方法并不陌生，这是 React 渲染到 DOM 中的方法。在 ReactDOM 中，还有一个分支 react-dom/server，它可以让 React 组件以字符串的形式渲染。

React 官方给我们提供服务端渲染的 API——`renderToString` 和 `renderToStaticMarkup`，它们

都是 react-dom/server 内的方法。它们与 `render` 的区别是 `render` 方法需要指定具体渲染到 DOM 上的节点，但这两个方法都只返回了一段 HTML 字符串。这就是让 React 成为模板语言的充分条件。而这两个方法的区别如下。

- **`React.renderToString`**：它把 React 元素转成一个 HTML 字符串并在服务端标识 `reactid`。所以在浏览器端再次渲染时，React 只是做事件绑定等前端相关的操作，而不会重新渲染整个 DOM 树，这样能带来高性能的页面首次加载。"同构"黑魔法主要就是从这个 API 而来的。
- **`React.renderToStaticMarkup`**：它相当于简化版的 `renderToString`。如果应用基本上是静态文本，建议用这个方法。少了大批的 `reactid`，DOM 自然精简了不少，在 IO 流传输上也节省了流量。

配合 `renderToString` 和 `renderToStaticMarkup` 这两个方法使用，`React.createElement` 将返回的 `ReactElement` 作为参数传递给前面两个方法。

7.1.2　react-view

要做到在服务端渲染，我们还需要做一些准备工作。

每一个 B/S 架构的框架都会涉及 View 层的展现，Koa 也不例外。我们在做 View 层模板引擎的时候，一般有两种做法：一种是做成插件的形式，另一种是做成 middleware 的形式。

再说回 React，常常有人说它是增强版的模板引擎。从表象来看，它的确是。React 可以替换变量，有条件判断，有循环判断，其 JSX 语法让渲染过程与 HTML 没什么两样。毕竟说到底 React 就是 JavaScript，而 React 所推崇的无状态函数，彻彻底底地把 React 变成了像是模板的样子。

从内在来看，React 还是 JavaScript，可以方便地做模块化管理，有内部状态，有自己的数据流。它可以做一部分 Controller，或者说，可以完全承担 Controller 的工作。

但是在服务端，使用模板是为了做浏览器同步 HTML 的请求。因此，简单地说，同步页面的请求只需要有渲染 HTML 文本的功能就行了。

事实上，Koa 官方已经为我们实现了 react-view 这个插件。下面通过进一步解读它的代码来学习 React 怎么参与到 View 的渲染，以及怎么实现 Node View 引擎 react-view。

7.1.3　react-view 源码解读

对于 react-view 的源码，我们主要从配置、渲染、cache 和 Babel 这 4 个方面来讲解。

1. 配置

配置是设计的源头之一，一切源码都可以从配置开始研究：

```
var defaultOptions = {
```

```
  doctype: '<!DOCTYPE html>',
  beautify: false,
  cache: process.env.NODE_ENV === 'production',
  extname: 'jsx',
  writeResp: true,
  views: path.join(__dirname, 'views'),
  internals: false
};
```

观察上述配置，会发现有 handlebars 或是 jade View 有相似之处。我们看到 react-view 的配置与其他 View 的配置有些是相同的，有些又是不同的。比如 `doctype`、`internals` 这些配置都是其他模板引擎不会有的。

那么，模板常用的配置应该是什么呢?

- viewPath：在上述配置代码中，用的是 `views`，其含义都是相同的，就是配置 View 的目录。这是每一个模板 plugin 或 middleware 都需要去配的路径信息。
- extname：表示后缀名是什么。一般来说，模板引擎都有自己独有的后缀，当然不排除可以有喜好选择的情况。比如对于 React 而言，就可以写成是 .jsx 或 .js 两种不同的形式。
- cache：我想一般模板引擎都会带缓存功能，因为模板的解析是需要耗费资源的，而模板本身的改动频度是非常低的。每当发布的时候，我们去刷新一次模板即可。

2. 渲染

标准的渲染过程其实非常简单。对于 React 来说，就是读取目录下的文件，就像前端加载一样使用 `require`。最后，利用 `ReactDOMServer` 中的方法来渲染：

```
var render = internals
  ? ReactDOMServer.renderToString
  : ReactDOMServer.renderToStaticMarkup;

...

var markup = options.doctype || '';
try {
  var component = require(filepath);
  // 转换 ES6 代码后，组件输出可能是形如 { default: Component } 的形式
  component = component.default || component;
  markup += render(React.createElement(component, locals));
} catch (err) {
  err.code = 'REACT';
  throw err;
}

if (options.beautify) {
  // 注意：它可能会弄错一些重要的空格，而且和生产环境下有所不同
  markup = beautifyHTML(markup);
}

var writeResp = locals.writeResp === false
```

```
    ? false
    : (locals.writeResp || options.writeResp);

if (writeResp) {
  this.type = 'html';
  this.body = markup;
}

return markup
```

这里我们截取最关键的片段。正如我们预估的渲染过程一样。但我们看到，从流程上看有 4 个细节。

(1) 设置 doctype 的目的

在一般模板中，我们很少看到将 doctype 放在配置中配置，但因为 React 的特殊性，我们不得不这么做。原因很简单，render 方法返回时，一定需要一个包裹的标签，比如 <div>、<ul>，甚至是 <html>。因此，我们需要手动去加 <doctype> 标签。

(2) 渲染 React 组件

这里就是我们刚才提到的两个关键 API。在 render 方法里，我们看到了 React.createElement 方法。因为在服务端 render 方法没有 Babel 编译，所以写的其实是 <component {...locals} /> 编译后的代码。

(3) 美化 HTML

options.beautify 配置了我们是否要美化 HTML，默认情况下这是关闭的。任何需要编译的模板引擎一般都会有类似的配置。在 React 中，因为 render 后的代码是未格式化的单行字符串，所以返回到前台时都是无法阅读的代码。在必要时，我们可以开启这个配置。

(4) 绑定到上下文

最后一步，尽管有一个开关控制，但我们看到最后是把内容绑定到 this.body 下的。这里省略了一部分代码，最终实现 react-view 其实是重载了 app.context.render 方法。如果 app.context.render 方法是 function* 的话，那么我们的 react-view 就会变为 middleware。

3. cache

我们从一开始就看到了配置中有 cache 配置，但是这个 cache 是不是我们所想的呢？这里来看一下源代码：

```
// 匹配模板文件路径以清除 cache
var match = createMatchFunction(options.views);

...

if (!options.cache) {
  cleanCache(match);
}
```

这里的 cleanCache 自然指的是缓存清除的方法：

```
function cleanCache(match) {
  Object.keys(require.cache).forEach(function(module) {
    if (match(require.cache[module].filename)) {
      delete require.cache[module];
    }
  });
}
```

为什么这么做呢？因为我们读取 React 文件用的是 require 方法，而不是 readFile 方法。而在 Node.js 中，require 本身就带有缓存机制，Node.js 在第一次加载某个模块时就会将该模块缓存，存入全局的 _cache 中。在一般情况下，我们都需要这么做。

在传统模板引擎中，缓存机制一般设置在文件读取处，主要作用是将磁盘存储转为内存存储。而在 react-view 中，使用的模板即是 JavaScript 文件，所以使用 require 本身就不用再加入额外的缓存机制了。

值得关注的是，如果 delete require.cache 出现在服务端代码中，是极易出现内存泄漏的。

4. Babel

我想很多开发者在写 React 组件时用的是 ES6 class，而且会用到很多 ES6/ES7 的方法，不巧的是 Node.js 还不支持其中的某些高级特性。因此，就引到了一个话题，服务端如何引用 Babel?

在业务中有 babel-node 这类解决方案，但这毕竟是一个实验性的 Node.js，我们不能拿到生产环境去冒险。

在 koa/react-view middleware 内，有一段说明，它建议开发者在使用的时候加入 babel-register 作实时编译。关于这个问题，当然也可以写在 middleware 内，在加载模板前引入。但 Koa View 不在内部实现，我相信是因为 Babel 不论是否引用，都需要在被使用的项目中重新引用这一问题。

其实，实现 View 非常简单，我们也从一些维度看到了设计一个 View 的一般方法。在具体实现的时候，我们可以用一些更好的方法去做，比如用类来抽象 View，用 promise 来描述过程。这些留待读者自己去优化。

最后，推荐 Airbnb 公司推出的 hypernova 综合解决方案，它除了支持 Node.js 以外，还支持 Ruby 等语言。可以说，它是业界备受关注的服务端渲染解决方案。

7.2 React 服务端渲染

在 7.1 节中，我们学习了 React 在服务端渲染的基础理论，即 ReactDOMServer 提供的两个 API 以及服务端实现的 View 插件。在本节中，我们就以一个具体的例子展开，来看如何用 React 做服务端渲染。

7.2.1　玩转 Node.js

渲染端渲染的基础不仅在于 API，还在于我们使用的是 Node.js。下面使用 Koa 这个服务端框架来做服务端渲染的实践。

首先，新建一个应用 react-server-koa-simple，其目录结构如下：

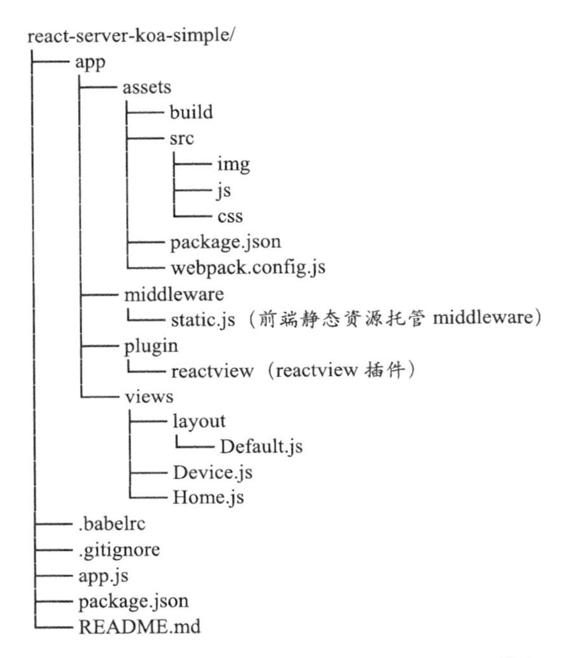

当然，我们需要一个 Koa 插件来做 React 模板渲染，这正是 7.1 节所讲的 react-view。React 作为服务端模板的渲染就是将 `render` 方法插入到 app 上下文中，目的是在 controller 层中调用 `this.render(viewFileName, props, children)` 并通过 `this.body` 输出文档流至客户端。

再来写一个用 React 实现的 View：

```
// app/views/Home.js
render() {
  const { microdata, mydata } = this.props;
  const homeJs = `${microdata.styleDomain}/build/${microdata.styleVersion}/js/home.js`;
  const scriptUrls = [homeJs];

  return (
    <Default
      microdata={microdata}
      scriptUrls={scriptUrls}
      title={"demo"}>
      <div id="demoApp"
        data-microdata={JSON.stringify(microdata)}
        data-mydata={JSON.stringify(mydata)}>
```

```
        <Content mydata={mydata} microdata={microdata} />
      </div>
    </Default>
  );
}
```

这里做了几件事：初始化 DOM，用 data 属性作为服务端数据埋点，渲染前后端公共的 Content 组件，引用客户端组件。而在客户端，我们就可以很方便地拿到服务端的数据：

```
import ReactDOM from 'react-dom';
import Content from './components/Content.js';

const appEle = document.getElementById('demoApp');
const microdata = JSON.parse(appEle.getAttribute('data-microdata'));
const mydata = JSON.parse(appEle.getAttribute('data-mydata'));

ReactDOM.render(
  <Content mydata={mydata} microdata={microdata} />,
  appEle
);
```

然后，到了启动 Koa 应用的时候。下面我们来完善启动入口 app.js 来验证我们的想法：

```
const koa = require('koa');
const koaRouter = require('koa-router');
const path = require('path');
const reactview = require('./app/plugin/reactview/app.js');
const Static = require('./app/middleware/static.js');

const App = () => {
  let app = koa();
  let router = koaRouter();

  // 初始化 /home 路由分派的 generator
  router.get('/home', function* () {
    // 执行 view 插件
    this.body = this.render('Home', {
      microdata: {
        domain: '//localhost:3000',
      },
      mydata: {
        nick: 'server render body',
      },
    });
  });
  app.use(router.routes()).use(router.allowedMethods());

  // 注入 reactview
  const viewpath = path.join(__dirname, 'app/views');
  app.config = {
    reactview: {
      viewpath: viewpath,
    },
```

7

```
  }
  reactview(app);

  return app;
};

const createApp = () => {
  const app = App();

  // http 服务端口监听
  app.listen(3000, () => {
    console.log('3000 is listening!');
  });

  return app;
};
createApp();
```

现在，访问上面预先设置好的路由，通过 http://localhost:3000/home 来验证服务端的启动，如图 7-1 和图 7-2 所示。

```
~/G/r/react-server-koa-simple >>> node app                                                            master *
3000 is listening!
component function Home() {
    (0, _classCallCheck3.default)(this, Home);
    return (0, _possibleConstructorReturn3.default)(this, (Home.__proto__ || (0, _getPrototypeOf2.default)(Home)).apply(this, arguments));
  }
  reactview [markup:] +0ms <!DOCTYPE html>
<html data-reactroot="" data-reactid="1" data-react-checksum="272512024">

<head data-reactid="2">
    <meta charset="utf-8" data-reactid="3" />
    <meta http-equiv="X-UA-Compatible" content="IE=edge" data-reactid="4" />
    <meta http-equiv="Cache-Control" content="no-siteapp" data-reactid="5" />
    <meta name="renderer" content="webkit" data-reactid="6" />
    <meta name="viewport" content="width=device-width, initial-scale=1" data-reactid="7" />
    <title data-reactid="8">demo</title>
</head>

<body data-reactid="9">
    <div id="demoApp" data-microdata="{&quot;styleDomain&quot;:&quot;//localhost:8080&quot;,&quot;styleVersion&quot;:&quot;1.0.0-rc4&quot;}" data-mydata="{&quot;nick&quot;:&quot;ser
ver render body&quot;}" data-reactid="10">
        <div data-reactid="11">
            <!-- react-text: 12 -->hello:
            <!-- /react-text -->
            <!-- react-text: 13 -->server render body
            <!-- /react-text -->
        </div>
    </div>
    <script src="//localhost:8080/build/1.0.0-rc4/js/home.js" data-reactid="14"></script>
</body>

</html>
```

图 7-1 服务端

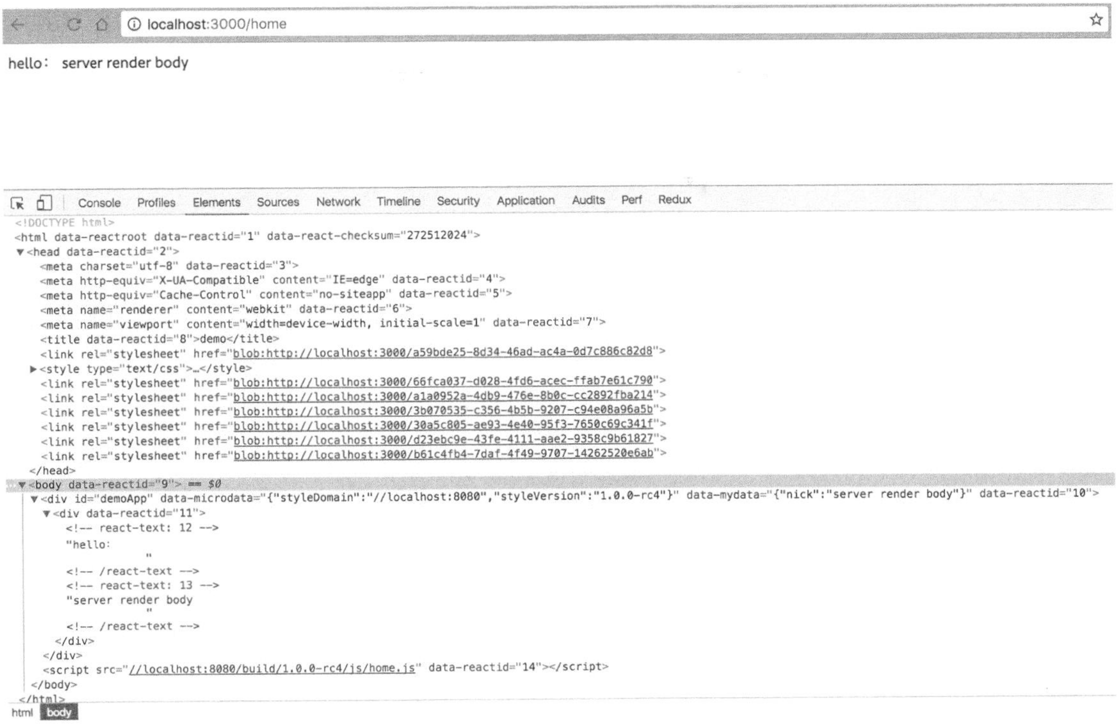

```
localhost:3000/home

hello：  server render body

Console  Profiles  Elements  Sources  Network  Timeline  Security  Application  Audits  Perf  Redux
<!DOCTYPE html>
<html data-reactroot data-reactid="1" data-react-checksum="272512024">
▼<head data-reactid="2">
    <meta charset="utf-8" data-reactid="3">
    <meta http-equiv="X-UA-Compatible" content="IE=edge" data-reactid="4">
    <meta http-equiv="Cache-Control" content="no-siteapp" data-reactid="5">
    <meta name="renderer" content="webkit" data-reactid="6">
    <meta name="viewport" content="width=device-width, initial-scale=1" data-reactid="7">
    <title data-reactid="8">demo</title>
    <link rel="stylesheet" href="blob:http://localhost:3000/a59bde25-8d34-46ad-ac4a-0d7c886c82d8">
  ▶<style type="text/css">…</style>
    <link rel="stylesheet" href="blob:http://localhost:3000/66fca037-d028-4fd6-acec-ffab7e61c790">
    <link rel="stylesheet" href="blob:http://localhost:3000/a1a0952a-4db9-476e-8b0c-cc2892fba214">
    <link rel="stylesheet" href="blob:http://localhost:3000/3b070535-c356-4b5b-9207-c94e08a96a5b">
    <link rel="stylesheet" href="blob:http://localhost:3000/30a5c805-ae93-4e40-95f3-7650c69c341f">
    <link rel="stylesheet" href="blob:http://localhost:3000/d23ebc9e-43fe-4111-aae2-9358c9b61827">
    <link rel="stylesheet" href="blob:http://localhost:3000/b61c4fb4-7daf-4f49-9707-14262520e6ab">
  </head>
▼<body data-reactid="9"> == $0
  ▼<div id="demoApp" data-microdata="{"styleDomain":"//localhost:8080","styleVersion":"1.0.0-rc4"}" data-mydata="{"nick":"server render body"}" data-reactid="10">
    ▼<div data-reactid="11">
        <!-- react-text: 12 -->
        "hello:
               "
        <!-- /react-text -->
        <!-- react-text: 13 -->
        "server render body
               "
        <!-- /react-text -->
      </div>
    </div>
    <script src="//localhost:8080/build/1.0.0-rc4/js/home.js" data-reactid="14"></script>
  </body>
</html>
html  body
```

图 7-2　客户端

7.2.2　React-Router 和 Koa-Router 统一

现在，我们已经建立起服务端渲染的基础了，接着再考虑如何统一服务端和客户端的路由。假设我们的路由设置成 /device/:deviceID 这种形式，那么服务端是怎么实现的呢？

```
// 初始化 device/:deviceID 路由分派的 generator
router.get('/device/:deviceID', function* () {
  const deviceID = this.params.deviceID;

  this.body = this.render('Device', {
    isServer: true,
    microdata: microdata,
    mydata: {
      path: this.path,
      deviceID: deviceID,
    },
  });
});
```

我们看到，服务端的初始化非常简单。当客户端发起路由请求时，服务端就取到相应的数据并将其放到 Device 这个 View 下并返回。我们再来看下 Device 的实现：

```
render() {
  const { microdata, mydata, isServer } = this.props;
  const deviceJs = `${microdata.styleDomain}/build/${microdata.styleVersion}/js/device.js`;
  const scriptUrls = [deviceJs];

  return (
    <Default
      microdata={microdata}
      scriptUrls={scriptUrls}
      title={"demo"}>
      <div
        id="demoApp"
        data-microdata={JSON.stringify(microdata)}
        data-mydata={JSON.stringify(mydata)}>
        <Iso
          microdata={microdata}
          mydata={mydata}
          isServer={isServer}
        />
      </div>
    </Default>
  );
}
```

以及前端访问 app 的入口实现：

```
const appEle = document.getElementById('demoApp');

function getServerData(key) {
  return JSON.parse(appEle.getAttribute(`data-${key}`));
};

// 从服务端埋点处 <div id="demoApp"> 获取 microdata 和 mydata
const microdata = getServerData('microdata');
const mydata = getServerData('mydata');

ReactDOM.render(
  <Iso microdata={microdata} mydata={mydata} isServer={false} />,
  appEle
);
```

前后端公用 Iso.js 模块，前端路由同样可以设置成 `/device/:deviceID` 这种形式：

```
class Iso extends Component {
  static propTypes = {
    // ...
  };

  // 包裹 Route 的 Component，目的是注入服务端传入的 props
  wrapComponent(Comp) {
    const { microdata, mydata } = this.props;
```

```
    return class extends Component({
      render() {
        return (
          <Comp microdata={microdata} mydata={mydata}>
            this.props.children
          </Comp>
        );
      }
    });
  }

  // LayoutView 为路由的布局，DeviceView 为参数处理模块
  render() {
    const { isServer, mydata } = this.props;

    return (
      <Router history={isServer ? createMemoryHistory(mydata.path || '/') : browserHistory}>
        <Route path="/"
          component={this.wrapComponent(LayoutView)}>
          <IndexRoute component={this.wrapComponent(DeviceView)} />
          <Route path="/device/:deviceID" component={DeviceView} />
        </Route>
      </Router>
    );
  }
}
```

这样就实现了服务端和前端路由的同构。无论我们是初次访问资源路径 /device/all、/device/pc、/device/wireless，还是在页面上切换这些资源路径，效果都是一样的。这样既保证了初次渲染有符合预期的 DOM 输出，又保证了代码简洁，最重要的是前后端实现用的同一套。

这里注意以下两点。

- Iso 的 `render` 方法需要判断 `isServer`，服务端用 `createMemoryHistory`，前端用 `browserHistory`。
- 如果 react-router 的组件需要使用 props，必须对其进行包裹 `wrapComponent`。这是因为服务端渲染的数据需要通过 props 的方式来传递，而 react-router 只提供了 component 的方式，并不支持追加 props。引用 react-route 的源码：

```
propTypes: {
  path: string,
  component: _PropTypes.component,
  components: _PropTypes.components,
  getComponent: func,
  getComponents: func
},
```

为什么服务端获取数据不和客户端保持一致，而在 component 用 `fetchData` 作数据绑定？这就关系到接下来要探讨的同构 Model 问题。

7.2.3　同构数据处理的探讨

我们都知道，浏览器端获取数据需要发起 Ajax 请求。事实上，发起的请求 URL 对应着服务端一个路由控制器。

React 是有生命周期的，我们绑定 Model 并获取数据的过程应在 `componentDidMount` 方法里完成。在服务端，React 是不会去执行 `componentDidMount` 方法的。因为 React 的 `renderTranscation` 分成两部分 `ReactReconcileTransaction` 和 `ReactServerRenderingTransaction`，在服务端的实现只是移除了浏览器端的一些方法而已。

服务端处理数据是线性的，且是不可逆的，从发起请求、去数据库获取数据、处理业务逻辑、组装成 HTML 到输出给浏览器。显然，服务端和浏览器端是矛盾的。

我们或许会想到利用 ES6 classes 语法提供的静态变量来做点文章。确实，React 为我们提供了入口，不仅能提供静态属性，也能提供静态方法，还能一起定义：

```
/**
 * 一个对象包含了属性与方法，它用组件的构造函数取代了它本身的原型（静态方法）
 *
 * @type {object}
 * @optional
 */
statics: SpecPolicy.DEFINE_MANY,
```

利用 statics 扩展我们的组件：

```
class ContentView extends Component {
  statics: {
    fetchData: function (callback) {
      ContentData.fetch().then((data) => {
        callback(data);
      });
    }
  };

  componentDidMount() {
    this.constructor.fetchData((data) => {
      this.setState({
        data: data,
      });
    });
  }
  ...
});
```

其中 `ContentData.fetch()` 需要实现两套。

- **服务端**：封装服务端 service 层的方法。
- **浏览器端**：封装 Ajax 方法。

其中服务端调用：

```
require('ContentView').fetchData((data)=> {
  this.body = this.render('Device', {
    isServer: true,
    microdata: microdata,
    mydata: data,
  });
});
```

这样的确可以解决 Model 层的同构，但这并不是一个好方法，好像回到了 JSP 时代。

当然，你肯定会问，那么 Redux 可以实现服务端渲染吗？当然可以，有兴趣的读者可以参考官方文档①。在 GitHub 上，有一个关于 Redux 同构实现的热门例子②，可以帮助各位深入学习。

7.3 小结

关于服务端渲染，在本章中，我们只是初尝其味，相信还有很多读者关心 GraphQL 和 Relay 在客户端与服务端的应用。

它们看上去是未来之路，但现在为了它们所提供的优势，又需要编写大量与业务逻辑无关的代码，让我们十分忧虑该如何降低这套架构在实际落地中的成本。随着技术的发展，我相信会有更加完美的解决方案产生，届时我们再来讨论。

① server rendering，详见 http://cn.redux.js.org/docs/recipes/ServerRendering.html。

② react universal hot example，详见 https://github.com/erikras/react-redux-universal-hot-example。

第 8 章

玩转 React 可视化

DT 时代，数据爆发式增长，面对海量的数据，用户的注意力却越来越分散，如何在最短的时间内传达重要的数据成为了一个必须要解决的问题。数据可视化就是为了解决这样的问题，通过计算机图形、图像和交互的表达增强用户对数据的认知。

数据可视化是一门交叉学科，集合了数学、人工智能、图形图像、交互、视觉、心理学等方面的知识。我们在 Web 端所理解的可视化大都是线、柱、饼等图表，以及这些基础图表的衍生和组合。在技术层面，常见的技术有 SVG、Canvas、WebGL，本章中我们会重点讲述如何在 React 中使用 Canvas 和 SVG 完成各种可视化需求。

8.1 React 结合 Canvas 和 SVG

Canvas 和 SVG 是 HTML5 中主要的 2D 图形技术，前者提供画布标签和绘制 API，后者是一整套独立的矢量图形语言。本节通过介绍两者以及结合使用这两者与 React，让开发者渐渐走入可视化的世界。

8.1.1 Canvas 与 SVG

首先，我们了解一下什么是 Canvas 和 SVG。

1. 什么是 Canvas

Canvas，顾名思义就是画布，是 HTML5 新增的元素，主要用于图形图像相关的绘制。Canvas 基于像素，提供 2D 绘制函数，只能通过脚本来绘制图形。因此，React 与 Canvas 并没有直接的联系。对于 React 来说，Canvas 标签只是普通 HTML 标签而已，其处理方式与其他原生标签一致。

Canvas 在 Web 端常见的使用场景如下：

- 绘制各种图形元素，如多边形和 Bezier 曲线
- 图片图像处理
- 创建复杂的动画
- 视频处理与渲染

此外，在 IE 浏览器上，从 IE9 开始兼容 Canvas。

2. 什么是 SVG

SVG(Scalable Vector Graphics),全称可缩放矢量图形,是一种用来描述二维矢量图形的 XML 标记语言。SVG 是一个 W3C 标准,已经存在十几年了,能够与其他的 W3C 标准(如 CSS 和 DOM) 协同工作。因此，React 支持 SVG 标签也是一件非常自然的事。正因为此，我们可以在 React 中使用 SVG 标签来做很多其他 HTML 标签做不了的事。

SVG 在 Web 端常见的使用场景如下：

- 绘制各种图形元素，如多边形和 Bezier 曲线
- 渲染页面中的图标（icon）
- 制作网站 Logo
- 绘制线、柱、饼等图表，甚至是更复杂的可视化图表

此外，与 Canvas 相同，在 IE 上也是从 IE9 开始兼容 SVG 的。在 IE9 以下的浏览器中，使用一种名为 VML 的技术，其作用类似于 SVG。React 在 15.0 版本中，对 SVG 的属性和标签支持得比较完善。

3. 比较 SVG 与 Canvas

我们看到，在图形元素的渲染上，Canvas 和 SVG 都支持。事实上，在这方面，业界的选型也各有不同，如 echarts 使用 Canvas，highcharts 使用的是 SVG。介于 SVG 的矢量特性，它在绘制图形上更有优势，或者说更合理。但因为 SVG 在无线浏览器上支持得并不理想，一些现代图表库选择用 Canvas 来绘制以得到更好的兼容性。

关于它们的对比，图 8-1 给出了清晰的解释。

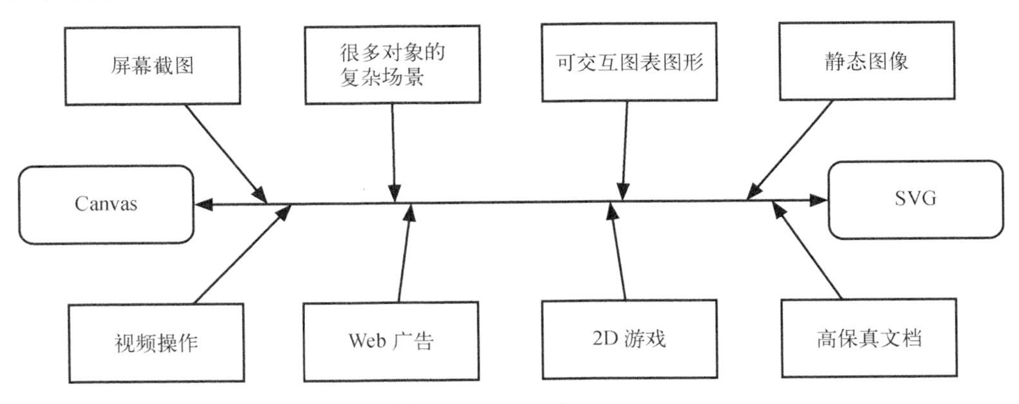

图 8-1　Canvas 与 SVG

8.1.2　在 React 中的 Canvas

首先，我们看看 Canvas 怎么在 React 上实现组件的。先看一个例子：

```
import React, { Component, PropTypes } from 'react';
import ReactDOM, { findDOMNode } from 'react-dom';

class Graphic extends Component {
  static propTypes = {
    rotation: PropTypes.number,
    color: PropTypes.string,
  };

  static defaultProps = {
    rotation: 0,
    color: 'green',
  };

  componentDidMount() {
    const context = findDOMNode(this).getContext('2d');
    this.paint(context);
  }

  componentDidUpdate() {
    const context = findDOMNode(this).getContext('2d');
    context.clearRect(0, 0, 200, 200);
    this.paint(context);
  }

  paint(context) {
    context.save();
    context.translate(100, 100);
    context.rotate(this.props.rotation, 100, 100);
    context.fillStyle = this.props.color;
    context.fillRect(-50, -50, 100, 100);
    context.restore();
  }

  render() {
    return <canvas width={200} height={200} />;
  }
}
```

这个例子在画布上绘制了一个正方形。我们可以在使用它的时候传入 `rotation` 和 `color`，来改变正方形的角度和颜色。我们看到，Canvas 是自带生命周期的，包括初始化、绘制和清空，它的更新过程就会用自带 API，而不是 `setState` 了。自然，谈到在 React 中加入其他库的方法，就是指融合其他库的生命周期方法到 React 组件中。之后讲到 D3 的例子时，还会提到。

Canvas 在 React 中的应用，在 Github 上存在一个著名的库——react-canvas，它由 Flipboard 公司开发。请注意，它并不是可视化相关的实现，也不是封装 Canvas API 的库，而是让 Canvas 标签替代 DOM，借助 Canvas 渲染的高性能和 React 组件化思想的产物，曾经一度被视为移动开发的新星。

8.1.3 React 中的 SVG

讲到 SVG，因为它的表达方式更贴近 React 使用原生和自定义标签构建组件化的思路，因此，后面也会主要围绕它来展开。首先，从 SVG 标签实现的一些组件实例开始讲起。

1. SVG 图形元素

我们把 SVG 图形元素分为基础元素和 Bezier 曲线两类，下面分别介绍一下。

- **基础元素**

要使用 SVG 元素来绘制一些基础图形，只需要像使用其他 DOM 标签那样就行：

```
const BaseShapes = (props) => {
  return (
    <svg width={500} height={200} viewBox="0 0 1000 400">
      <circle cx={100} cy={200} r={80} fill="#1e74e7" fillOpacity={0.4}
        stroke="#1e74e7" strokeWidth={4} />
      <rect x={265} y={90} width={150} height={200} fill="#99cc33"
        stroke="#99cc33" fillOpacity={0.4} strokeWidth={4} />
      <path d="M500,200L550,200L600,50L700,350L800,50L900,350L950,200h50"
        stroke="#ffab18" fill="none" strokeWidth={4} />
    </svg>
  );
}
```

效果如图 8-2 所示。

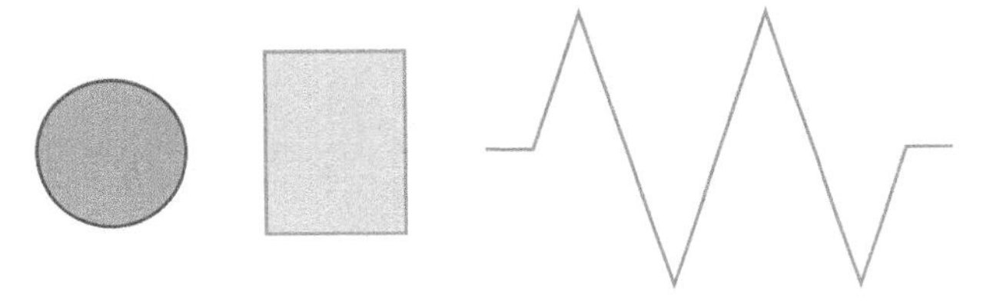

图 8-2 基本元素渲染结果

至此，我们可以从 SVG 与 Canvas 的实现上作一个对比：SVG 本身就是一组组嵌套的标签，我们可以通过配置标签的属性来得到想要的图形元素；而 Canvas 需要用 JavaScript 来生成。在代码表现上，两者表现出了非常大的差异。

- **Bezier 曲线**

然后，我们尝试来绘制 Bezier（贝塞尔）曲线。Bezier 曲线需要接收起点、终点、控制点这 3 个控制条件，即我们需要设置这 3 个 prop。这 3 个 prop 一旦确定，绘制出来的 Bezier 曲线就是唯一的：

```
import React, { PropTypes } from 'react';

const getPath = (start, end, controlPoints) => {
  const [fx, fy, sx, sy] = controlPoints;
  const controlPoint01 = [start[0] + fx * (end[0] - start[0]), start[1] +
    fy * (end[1] - start[1])];
  const controlPoint02 = [start[0] + sx * (end[0] - start[0]), start[1] +
    sy * (end[1] - start[1])];
  return `M${start}C${controlPoint01} ${controlPoint02} ${end}`;
};

const BezierCurve = (props) => {
  const { width, height, startPoint, endPoint, controlPoints, ...others }
    = props;

  return (
      <svg width={width} height={height}>
        <path
          d={getPath(startPoint, endPoint, controlPoints)}
          fill="none"
          stroke="black"
          strokeWidth="2"
          {...others}
      />
    </svg>
  );
};

BezierCurve.defaultProps = {
  width: 400,
  height: 400,
  controlPoints: [1/3, 0, 2/3, 1],
};

BezierCurve.propTypes = {
  width: PropTypes.number,
  height: PropTypes.number,
  startPoint: PropTypes.arrayOf(PropTypes.number),
  endPoint: PropTypes.arrayOf(PropTypes.number),
  controlPoints: PropTypes.arrayOf(PropTypes.number),
};
```

接下来，就可以调用 BezierCurve 来绘制各种 Bezier 曲线了：

```
<BezierCurve
  startPoint={[0, 300]}
  endPoint={[400, 100]}
  controlPoints={[1,0,0,1]}
  strokeWidth={6}
/>
```

效果如图 8-3 所示。

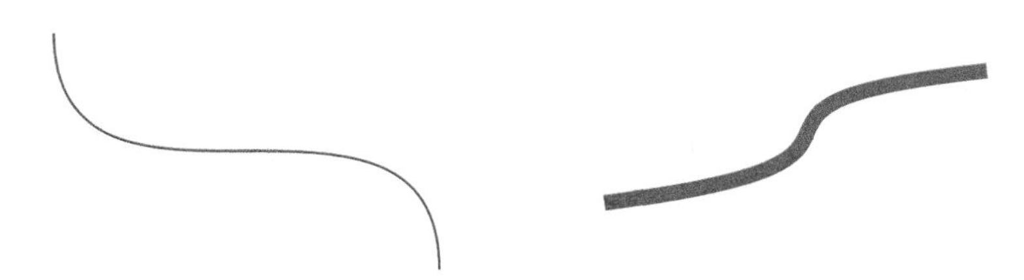

图 8-3　Bezier 曲线的渲染结果

2. SVG 图标

在介绍 SVG 图标之前，我们必须先知道为什么用 SVG 来绘制图标。

- **我们常用的 Image sprite 的方法有高清屏幕的兼容问题**。目前，对于 `devicePixelRatio = 1`、`devicePixelRatio = 2`、`devicePixelRatio = 3` 等不同像素比的屏幕，为了使图标能够在各种屏幕上都能正常显示，一般我们会分开做几套不同比例的图片进行适配，一旦某个图标需要改动，就要修改相应数量的图片。
- **iconfont 字体图标锯齿问题**。使用 iconfont 时，能够方便地设置 `font-size` 和 `color` 来改变图标的填充颜色和大小，并且能够自动适配各种像素比的屏幕。但是由于 iconfont 本身是一种字体文件，而浏览器会对文字进行抗锯齿优化，所以当图标的大小小于 16px，或者图标比较复杂时，往往会出现图标无法显示清晰的问题。

对于上述问题，SVG 图标不失为一种好的解决方案。下面我们看看如何使用 React 来实现内联 SVG 图标：

```
const Star = ({ size = 12, fill = '#666', x = 0, y = 0 }) => {
  return (
    <svg x={x} y={y} width={size} height={size} viewBox="0 0 1024 1024"
      fill={fill}>
      <path d="M1002.656 401.856l-339.04-49.28-151.616-307.232-
        151.616 307.232-339.04 49.28 245.344 239.136-57.92
        337.664 303.264-159.424 303.264 159.424-57.92-337.664
        245.344-239.136zM512 760.544l-230.72 123.424 44.064-261.408-186.656-185.152
        257.952-38.144 115.36-237.856 115.36 237.856 257.952
        38.144-186.656 185.152 44.064 261.408-230.72-123.424z" />
    </svg>
  );
};

const Tick = ({ size = 12, fill = '#666', x = 0, y = 0 }) => {
  return (
    <svg x={x} y={y} width={size} height={size} viewBox="0 0 1024 1024"
      fill={fill}>
      <path d="M980.96 299.904l-528.864 528.864c-24.384 24.384-61.536
        28.192-89.952 11.392-5.216-3.104-10.208-6.912-14.72-11.392 0-0.032
          0-0.032 0-0.032l-304.448-304.416c-28.896-28.896-28.896-75.808
```

```
            0-104.704s75.744-28.896 104.672 0l252.192 252.192
            476.48-476.576c28.896-28.896 75.744-28.896 104.64 0
            28.928 28.896 28.928 75.808 0 104.672l0 0z" />
    </svg>
  );
};
```

它的实现原理是把图标的绘制路径通过设置 path 标签的方法转换成 SVG 组件。这样，我们可以方便地在任何地方插入图标：

```
<div>
  <p>This is a Tick:  <Tick size={16} fill="#96c7fa" /></p>
  <p>This is a Star:  <Star size={20} fill="#1e74e7" /></p>
</div>
```

效果如图 8-4 所示。

This is a Tick:

This is a Star:

图 8-4　图标渲染结果

使用这种内联 SVG 图标，想要组合图标就变成了一件很简单的事：

```
<svg width={24} height={24}>
  <Star size={20} fill="#96c7fa" />
  <Tick size={10} x={12} y={12} fill="#1e74e7" />
</svg>
```

效果如图 8-5 所示。

图 8-5　组合图标的渲染结果

3. 网站 Logo

SVG 格式的 Logo 能够非常方便地修改尺寸，填充颜色，并且可以非常方便地做出酷炫的生成动画。下面我们看一个例子：

```
const Logo = () => {
  return (
    <div>
      <CSSTransitionGroup transitionName="logo" component="div" transitionAppearTimeout={4000}
        transitionAppear={true} transitionEnter={false} transitionLeave={false}>
        <svg height="300" viewBox="0 0 404.7 354" key="svg">
          <path id="hi-path" fill="none" stroke="#000" d="M324.6,
            61.2c16.6,0,29.5-12.9,29.5-29.5c0-16.6-12.9-29.5-29.5-29.5c-16.6,
            0-29.5,12.9-29.5,29.5C295.1,48.4,308,61.2,324.6,61.2zM366.2,
```

```
            204.2c-9.8,0-15-5.6-15-15.1V77.2h-85v28h19.5c9.8,0,8.5,2.1,8.5,
            11.6v72.4c0,9.5,0.5,15.1-9.3,15.1H277h-20.7c-8.5,
            0-14.2-4.1-14.2-12.9V52.4c0-8.5,5.7-12.3,14.2-12.3h18.8v-28h-127v28h18.1c8.5,
            0,9.9,2.1,9.9,8.9v56.1h-75V53.4c0-11.5,8.6-13.3,
            17-13.3h11v-28H2.2v28h26c8.5,0,12,2.1,12,7.9v142.2c0,
            8.5-3.6,13.9-12,13.9h-21v33h122v-33h-11c-8.5,0-17-4.1-17-12.2v-57.8h75v58.4c0,
            9.1-1.4,11.6-9.9,11.6h-18.1v33h122.9h5.9h102.2v-33H366.2z" />
        </svg>
      </CSSTransitionGroup>
    </div>
  );
};
```

效果如图 8-6 所示。

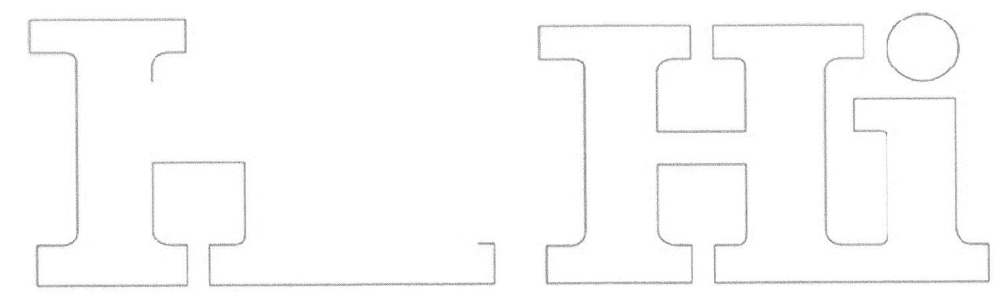

图 8-6 网站 Logo 渲染结果

其中 SCSS 代码如下：

```
svg > path {
  stroke: #ff7300;
  stroke-dasharray: 2401px 2401px;
  stroke-dashoffset: 0;
}

.logo-appear path {
  stroke-dashoffset: -2401px;
}

.logo-appear-active path {
  stroke-dashoffset: 0;
  transition: stroke-dashoffset 4s ease 1s;
}
```

在这个例子中，我们使用 `stroke-dashoffset` 和 `stroke-dasharray` 属性快速实现了 Logo 的动画效果。不难看出，SVG 元素的属性也可以作为 `transition` 的对象。

本节中，我们通过学习 Canvas 和 SVG 在 React 中的用法，对它们实现组件化有了初步的认识。

8.2 React 与可视化组件

在还没有 React 的时候，绘制图表或可视化作品时，我们通常有两种选择：

- 使用可视化组件库，像 echarts、Highcharts、c3、chartist 等；
- 借助可视化基础库 Raphael、D3 来自定义绘制一些可视化作品。

使用了 React 后，想要去做一些图表、可视化作品，一般会采用以下几种做法：

- 创建 React 组件来包装已有的可视化组件库，如 react-chartist、react-c3 等；
- 创建 React 组件来接收各种参数，获取 DOM 节点后，仍使用 Raphael、D3 或者 Canvas 等来渲染具体的 UI 部分；
- 调用 D3 等库中提供的算法，使用 React 来绘制 UI 部分，包括渲染 SVG 节点、DOM 节点等。

下面简单介绍一下 Raphael 和 D3 这两个可视化基础库。

Raphael 可以说是 SVG 界的 jQuery，提供了非常丰富的 API，让开发者能够非常方便地操作 SVG 元素。在 IE8 及以下浏览器中，会使用 VML（Vector Markup Language）来绘制图形元素，在支持 SVG 的浏览器中使用 SVG 来绘制。它能够很好地兼容各种浏览器版本，因此使用非常广泛。当然，缺点就是 Raphael 中没有提供任何可视化算法的内容，需要开发者自己实现或者调用一些其他的库。

D3 相对而言对浏览器的支持不是很好，只支持 IE9 及以上的浏览器。D3 的特点是将数据与节点绑定（包括 DOM 节点和 SVG 节点），能够非常方便地实现各种动态数据可视化。并且 D3 内置了非常丰富的图表算法，使得绘制一些复杂图表变得简单。

随着浏览器的发展，IE8 及以下的浏览器使用占比不断下降，D3 慢慢成为更多开发者的选择。接下来，我们会主要以 D3 为例讲述用 React 玩转可视化的方法。

8.2.1 包装已有的可视化库

在实际的开发过程中，如果团队不具备开发可视化组件的能力，或者时间紧张，没有足够的时间重新开发新的可视化组件时，将已有的可视化组件进行“包装”来达到在 React 组件中使用的目的不失为一种好办法。下面看看怎么包装一个已有的可视化组件库。

首先，假设我们已有一个 XChart 组件，通常会这么使用：

```
const container = document.getElementById('#container');
const chart = new XChart(container, data, options);

chart.update(data, options);
chart.destory();
```

要包装这样一个组件，需要将这个组件的 API 与 React 生命周期相结合：

```
import React, { PropTypes, Component } from 'react';

class ReactXChart extends Component {
  componentDidMount() {
    const container = ReactDOM.findDOMNode(this);
    const { data, options } = this.props;

    this.chart = new XChart(container, data, options);
  }

  componentDidUpdate() {
    const { data, options } = this.props;

    if (this.chart) {
      this.chart.update(data, options);
    }
  }

  componentWillUnmount() {
    if (this.chart) {
      this.chart.destory();
      this.chart = null;
    }
  }

  render() {
    return <div class="x-chart-wrapper"></div>;
  }
}
```

通过 ReactXChart 的代码实现可以发现，包装代码主要是将 XChart 实例的方法与 React 生命周期相结合。当 ReactXChart 的 DOM 节点被创建后，新建 XChart 实例；当 ReactXChart 发生了更新后，更新 XChart 实例；当 ReactXChart 被卸载之前，移除 XChart 实例。最终我们通过构建 React 组件来使用：

```
<ReactXChart data={data} options={options} />
```

这种实现方法成本比较低，只需要做一些包装。当然，缺点也很明显，即基本上渲染操作在组件内部还是 DOM 操作，只是在外部套了一个 React Component 的壳而已，实质上并没有用到 React Virtual DOM。

8.2.2 使用 D3 绘制 UI 部分

在 React 项目中，如果需要开发新的可视化组件，包装已有的组件估计就行不通了，这时候可以考虑基于 D3 来实现。D3 是业界使用最为广泛的可视化基础库之一，但它和 React 的思想有很多相违背的地方。

- D3 支持数据与节点绑定，当数据发生变化时，节点自动发生变化。而 React 推崇的是单向数据流，数据从父组件流向子组件，每个子组件只实现较简单的一个模块。
- D3 实现了一套 selector 机制，能够让开发者直接操作 DOM 节点、SVG 节点。React 使用 Virtual DOM 和高性能 DOM diff 算法，让开发者不用关心节点操作。

想要把这两个库结合起来，看起来是一件非常麻烦的事情。但好在 React 是一个非常轻量级的库，使用一些小技巧就能够在 React 组件中使用 D3 做我们想要做的事情。下面以绘制一个简单的柱图为例进行讲述。

首先，定义好 `BarChart` 接收的 props。由于 D3 需要操作 DOM 节点，所以 `render` 也非常简单，只需要渲染一个 `div` 作为容器即可：

```
import React, { PropTypes, Component } from 'react';

class BarChart extends Component {
  static propTypes = {
    width: PropTypes.number,
    height: PropTypes.number,
    data: PropTypes.arrayOf(PropTypes.number),
    margin: PropTypes.shape({
      top: PropTypes.number,
      right: PropTypes.number,
      bottom: PropTypes.number,
      left: PropTypes.number,
    }),
  };

  static defaultProps = {
    margin: { top: 0, right: 0, bottom: 0, left: 0 };
  };

  render() {
    return <div className="bar-chart" ref="container"></div>;
  }
}
```

然后再来实现 UI 部分的逻辑。对于绘制柱图，首要的就是给 X 轴和 Y 轴都分别创建相应的刻度函数。这里我们调用 d3-scale 提供的 `scaleLinear` 来创建 Y 轴线性的刻度函数，调用 `scaleBand` 来创建 X 轴离散的刻度函数：

```
import { scaleLinear, scaleBand } from 'd3-scale';

const getXScale = (data, width, height, margin) => {
  return scaleBand()
    .domain(d3.range(data.length))
    .range([margin.left, width - margin.right]);
};

const getYScale = (data, width, height, margin) => {
  return scaleLinear()
```

```
    .domain([0, d3.max(data)])
    .range([height - margin.bottom, margin.top]);
};
```

接着，开始实现图表初始化的逻辑。这段逻辑需要在 DOM 被创建后才调用，也就是 `componentDidMount` 中被调用，实现如下：

```
componentDidMount() {
  const { width, height, data, margin, fillColor } = this.props;
  const xScale = getXScale(data, width, height, margin);
  const yScale = getYScale(data, width, height, margin);
  const yRange = yScale.range();
  const container = this.refs.container;
  const chart = d3.select(container)
                .append('svg')
                .attr('width', width)
                .attr('height', height);
  const barWidth = xScale.bandwidth();
  const bars = chart.selectAll('.bar')
                .data(data);

  bars.enter()
      .append('g')
      .clsed('.bar', true)
      .attr('transform', (d, i) => `translate(${margin.left + i * barWidth}, 0)`);
      .append('rect')
      .attr('y', d => yScale(d))
      .attr('height', d => yRange[0] - yScale(d))
      .attr('width', d => barWidth - 1)
      .attr('fill', fillColor);
}
```

通过上面的例子可以看到，这种方法与只使用 D3 实现可视化组件的差别很小，熟悉 D3 的开发者能够很快上手。当然，这种实现方法的缺点同样是无法利用 Virtual DOM，内部渲染还是直接操作 DOM。

8.2.3 使用 React 绘制 UI 部分

最后，我们讲述的是一种更加纯粹的实现可视化组件的方法。在这种实现中，我们不再借助于任何 D3 的 DOM 操作，所有的 UI 使用 React 来实现，D3 只负责一些算法部分。为了加深大家对 D3 和 React 分工的理解，我们来实现一个简单的线图。

首先，还是分析一下整体布局。这里就不重复列出 `propTypes` 和 `defaultProps`，以及声称刻度函数的代码部分了：

```
import React, { propTypes } from 'react';
import { line as shapeLine, curveMonotoneX } from 'd3-shape';

const propTypes = { ... };
```

```
const defaultProps = { ... };

const LineChart = (props) => {
  const { width, height, data, margin } = props;
  const xScale = getXScale(data, width, height, margin);
  const yScale = getYScale(data, width, height, margin);

  return (
    <div>
      <svg width={width} height={height}>
        {renderXAxis(xScale, width, height, margin)}
        {renderYAxis(yScale, width, height, margin)}
        {renderPath(data, xScale, yScale)}
      </svg>
    </div>
  );
};

LineChart.propTypes = propTypes;
LineChart.defaultProps = defaultProps;
```

再来看一下线图各个组件的实现方法：

```
const renderXAxis = (scale, width, height, margin) => {
  const y = height - margin.bottom;

  const ticks = scale.domain().map((entry, index) => {
    return (
      <g className="x-axis-tick" key={`tick-${index}`}>
        <line x1={entry} x2={entry} y1={y} y2={y - 6} stroke="#808080" />
        <text x={entry} y={y - 20} textAnchor="middle">{index - 1}</text>
      </g>
    );
  });

  return (
    <g className="x-axis">
      <line x1={margin.left} y1={y} x2={width-margin.right} y2={y}
        stroke="#808080" />
      {ticks}
    </g>
  );
};

const renderYAxis = (scale, width, height, margin) => {
  const x = margin.left;

  const ticks = scale.ticks(5).map((entry, index) => {
    const y = scale(entry);

    return (
      <g className="y-axis-tick" key={`tick-${index}`}>
        <line y1={y} y2={y} x1={x - 6} x2={x} stroke="#808080" />
        <text x={x - 10} y={y} dy={8} textAnchor="end">{entry}</text>
```

```
      </g>
    );
  });

  return (
    <g className="y-axis">
      <line x1={x} x2={x} y1={margin.top} y2={height - margin.bottom}
        stroke="#808080" />
      {ticks}
    </g>
  );
};

const renderPath = (data, xScale, yScale) => {
  const points = data.map((entry, index) => [xScale(index), yScale(entry)]);
  const l = shapeLine()
           .x(p => p[0])
           .y(p => p[1])
           .defined(p => p[0] === +p[0] && p[1] === + p[1])
           .curve(curveMonotoneX);
  const path = l(points);

  const dots = points.map((entry, index) => (
    <circle key={`dot-${index}`} cx={entry[0]} cy={entry[1]} r={4}
      strokeWidth={2} fill="#fff" stroke="#ff7300" />;
  ));

  return (
    <g className="line">
      <path d={path} fill="none" stroke="#ff7300" strokeWidth={2}/>
      {dots}
    </g>
  );
};
```

在以上例子中，我们使用了 d3-scale 中的算法来生成 X 轴和 Y 轴的刻度函数，使用 d3-shape 中的曲线算法来生成光滑曲线，而最后的节点都是通过 React 标签来实现的。这种实现方法和之前两种方法最大的不同就是能够利用 Virtual DOM，是 React 标准的实现方式。

业界关于 React 与 D3 的结合，有两个相对关注度比较高的组件库：react-d3、react-d3-components。

这两个组件库都是使用 React 来做 UI 部分的渲染，D3 负责算法部分，使用方法与我们的示例类似。下面我们以 react-d3 为例来看一下：

```
<LineChart
  legend={true}
  data={lineData}
  width='100%'
  height={400}
  viewBoxObject={{
    x: 0,
    y: 0,
```

```
    width: 500,
    height: 400,
  }}
  title="Line Chart"
  yAxisLabel="Altitude"
  xAxisLabel="Elapsed Time (sec)"
  domain={{ x: [,10], y: [-10,] }}
  gridHorizontal={true}
/>
```

可以发现，这种图表将原来可能非常复杂的配置项都放到 props 中去了。虽然使用起来还是比较方便，但是缺乏可扩展性和定制性，props 也可能变得非常庞大。

我们再看 Recharts、Victory 这两个组件库，它们的特点是，对图表的组件化使用了 React 标准实现的方式。使用 Recharts 创建曲线图的代码如下：

```
<LineChart width={600} height={400} data={data}>
  <YAxis type='number' yAxisId={0} />
  <YAxis type='number' orientation='right' yAxisId={1} />
  <XAxis dataKey='name' />
  <Tooltip />
  <CartesianGrid stroke='#f5f5f5' />
  <Line dataKey='key01' stroke='#ff7300' strokeWidth={2} yAxisId={0} />
  <Line dataKey='key02' stroke='#387908' strokeWidth={2} yAxisId={1} />
</LineChart>
```

这类图表组件库的特点是：

- 语义化，配置简单；
- 可扩展性强，支持定制化需求。

当然，需要开发者对整个组件库中提供的组件都较为了解，否则会难以使用。在下一节里，我们会仔细讲述 Recharts 组件化的原理。

8.3 Recharts 组件化的原理

Recharts 是 2016 年年初开源的一款可视化组件库，为基础表格的绘制提供了另外一种可能。接下来，我们从设计思想层面来剖析 Recharts 的原理和精髓。

回顾一下在做图表类的需求时，碰到的最纠结的问题是什么？

首先，一般来说，图表的配置非常复杂，可配置的内容太多，找不到到底使用什么配置项来达到想要的目的；再者，很多样式无法完全统一，变化很多。线图中多条参考线怎么实现？柱图的“柱形”怎么变成三角形呢？

那么，Recharts 是怎么解决这些问题呢？

- 声明式的标签，让写图表和写 HTML 一样简单。
- 贴近原生 SVG 的配置项，让配置项更加自然。

- 接口式的 API，解决各种个性化的需求。

下面我们将仔细分析这些是怎么实现的。

8.3.1 声明式的标签

我们通过创建一个自定义的线图来感受 Recharts 的实现。

首先，通过调用 LineChart 添加一条 dataKey 为 a 的线图：

```
const data = [
  { name: '01', a: 4000, b: 2400 },
  { name: '02', a: 3000, b: 1398 },
  ....
];

<LineChart width={600} height={300} data={data}>
  <Line dataKey="a" stroke="#8884d8" />
</LineChart>
```

效果如图 8-7 所示。

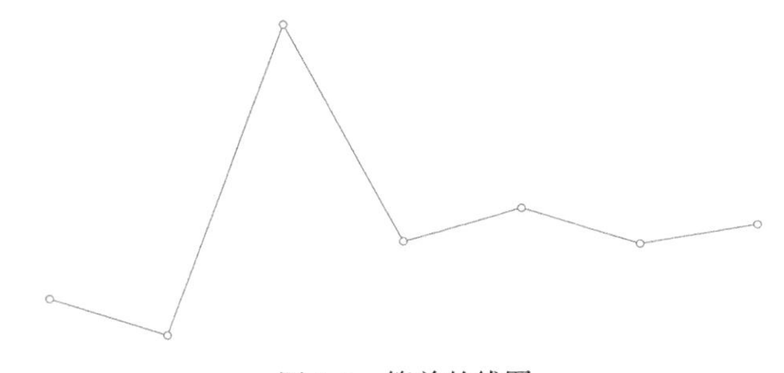

图 8-7 简单的线图

这是最简单的线图。接着我们可以丰富它，比如为它增加 X 轴和 Y 轴，此时只需要在 LineChart 下添加 XAxis 和 YAxis 组件即可：

```
const data = [
  { name: '01', a: 4000, b: 2400 },
  { name: '02', a: 3000, b: 1398 },
  ....
];

<LineChart width={600} height={300} data={data}>
  <XAxis />
  <YAxis />
  <Line dataKey="a" stroke="#8884d8" />
</LineChart>
```

效果如图 8-8 所示。

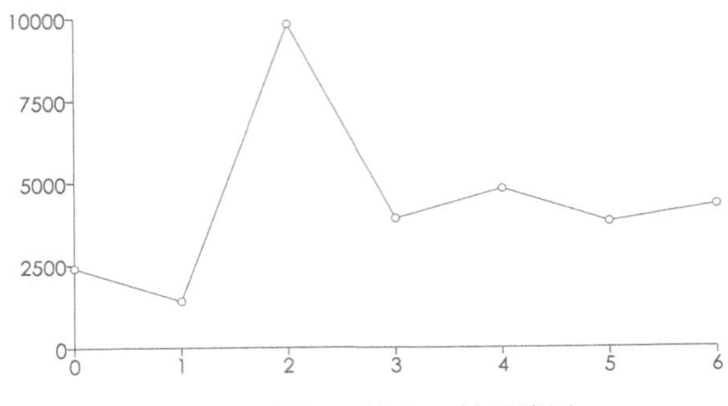

图 8-8 增加 X 轴和 Y 轴的线图

可以看到，用 Recharts 绘制图表时，很多时候就像拼积木一样，那么 LineChart 内部是如何去识别这些“零件”的呢？先来看一个简单的函数：

```
const getDisplayName = (Comp) => {
  if (!Comp) { return ''; }
  if (typeof Comp === 'string') { return Comp; }
  return Comp.displayName || Comp.name || 'Component';
};
```

getDisplayName 方法用来读取某个 React 组件的 displayName。因为除了 ES6 classes 方式构建的组件没有 displayName 外，其他构建方法都可以读取这个静态变量。为了区分不同组件，我们需要一个标识，而 displayName 就是那个标识。同时也说明如果是相同名字的组件，是没有办法匹配到具体哪一个，只能全列出来。在 LineChart 的实现中，就是根据组件的 displayName 来识别所有的子组件的。

此外，调用子组件时，尤其是子组件是自定义组件时，我们经常会对它们的 props 进行一定的改造，这时就需要操作具体的子组件。这时，我们就可以利用 getDisplayName 函数识别类型并遍历子组件得到结果，具体实现如下：

```
const findAllByType = (children, type) => {
  const result = [];
  let types = [];

  if (Array.isArray(type)) {
    types = type.map(t => getDisplayName(t));
  } else {
    types = [getDisplayName(type)];
  }

  React.Children.forEach(children, child => {
    const childType = child && child.type && (child.type.displayName || child.type.name);
    if (types.indexOf(childType) !== -1) {
      result.push(child);
    }
  });
```

```
  return result;
};
```

这里 type 可以是 ReactComponent 或者 ReactComponent 数组。而在 LineChart 内部，就是调用这个方法来识别各个“零件”的：

```
...
render() {
  const { children } = this.props;
  const lineItems = findAllByType(children, Line);
...
}
```

8.3.2 贴近原生的配置项

图表的配置项非常多，但是有很多配置项（如填充颜色、描边颜色、描边宽度等）都是 SVG 标签原生就支持的属性。为了减少配置成本，Recharts 的组件会去解析原生的属性。比如，在线图中有两条曲线，我们想把其中一条曲线设置成虚线，一条设置成实线，此时只需要像原生的 SVG 元素那样设置 stroke-dasharray 属性，在 React 中转换成小驼峰就可以：

```
const data = [
  { name: '01', a: 4000, b: 2400 },
  { name: '02', a: 3000, b: 1398 },
  ....
];

<LineChart width={600} height={300} data={data}>
  <XAxis />
  <YAxis />
  <Line dataKey="a" stroke="#8884d8" strokeDasharray="5 5" />
  <Line dataKey="b" stroke="#82ca9d" />
</LineChart>
```

此时得到的效果如图 8-9 所示。

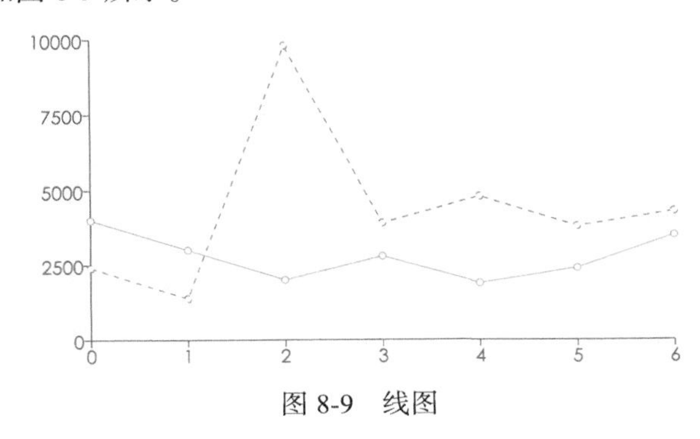

图 8-9 线图

事实上，Recharts 内部维护了一份 SVG 元素支持的所有属性。在渲染 SVG 元素之前，它会去解析相应的 ReactElement 的 props，看哪些是 SVG 元素能够支持的属性，最终支持的属性将被传入到渲染的 SVG 元素中：

```
const PRESENTATION_ATTRIBUTES = {
  fill: PropTypes.string,
  strokeDasharray: PropTypes.string,
  ...
};

const getPresentationAttributes = (el) => {
  if (!el || _.isFunction(el)) { return null; }

  const props = React.isValidElement(el) ? el.props : el;
  let result = null;

  for (const key in props) {
    if (props.hasOwnProperty(key) && PRESENTATION_ATTRIBUTES[key]) {
      if (!result) {result = {};}
      result[key] = props[key];
    }
  }

  return result;
};
```

8.3.3　接口式的 API

很多时候，基础图表往往不能满足所有的要求，如何去满足各种个性化的场景成为图表组件必须要考虑的问题。

Recharts 对可能会变化的元素都提供了自定义的接口。以 X 轴的刻度为例，普通的刻度就是一组字符串，在信息图表中，为了让图表更加生动，视觉上往往希望通过将文字替换成形象的图标来达到增强体验。

对于这样的自定义场景，Recharts 提供了两种方式。第一种是通过 React 组件的方式：

```
const CustomizedTick = ({ x, y, payload, bgColor, index }) => {
  return (
    <g>
      <circle cx={x} cy={y + 15} r={10} fill={bgColor} />
      <text x={x} y={y + 22} textAnchor="middle" fill="#fff">{index}</text>
    </g>
  );
};

<LineChart data={data}>
  <XAxis tick={<CustomizedTick bgColor="#666" />} />
  <YAxis />
  <Line dataKey="a" stroke="#8884d8" strokeDasharray="5 5" />
  <Line dataKey="b" stroke="#82ca9d" />
</LineChart>
```

效果如图 8-10 所示。

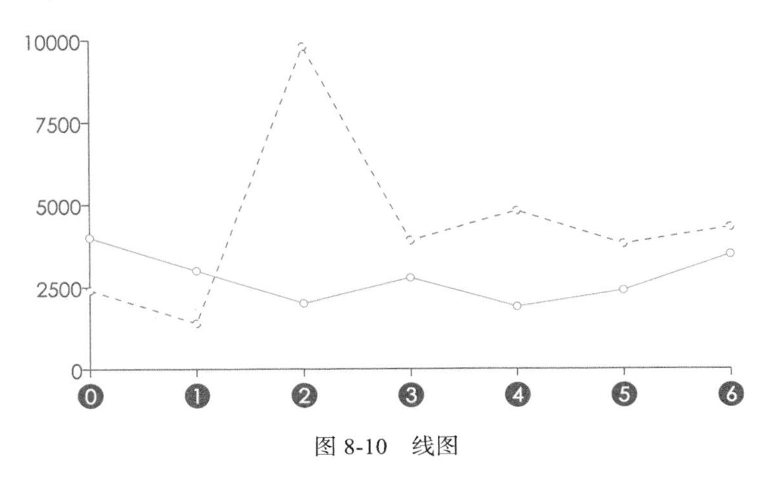

图 8-10 线图

这里通过将 `tick` 设置成一个 React 组件，在拿到内部 props 的同时，也可以非常方便地从外部传入 props。

第二种自定义的方式是通过方法：

```
const renderCustomizedTick = ({ x, y, payload, index }) => {
  return (
    <g>
      <circle cx={x} cy={y + 15} r={10} fill="#666" />
      <text x={x} y={y + 22} textAnchor="middle" fill="#fff"> {index}</text>
    </g>
  );
};

<LineChart data={data}>
  <XAxis tick={renderCustomizedTick} />
  <YAxis />
  <Line dataKey="a" stroke="#8884d8" strokeDasharray="5 5" />
  <Line dataKey="b" stroke="#82ca9d" />
</LineChart>
```

其中 `renderCustomizedTick` 方法中拿到的参数和 `CustomizedTick` 的 props 一样。当然，这种自定义的方法较为传统，更容易理解。

看到这里，各位可能会好奇 Recharts 内部到底是怎么实现的。事实上，Recharts 在内部已经计算好了 `tick` 的位置等基本信息，然后判断 `tick` 参数的类型。我们可以简化一下内部实现，具体代码如下：

```
let tickItem;

if (React.isValidElement(tick)) {
```

```
    tickItem = React.cloneElement(tick, props);
  } else if (_.isFunction(tick)) {
    tickItem = tick(props);
  } else {
    tickItem = <text {...props} className="recharts-cartesian-axis-tick-value">{value}</text>;
  }
```

看到这里，我们就知道 Recharts 内部主要是计算各种布局，每个区块具体展示什么内容都是可以自定义的。

Recharts 实现可视化组件的核心思想不只适用于可视化组件，一般有层级关系的组件都可以用这种思想来实现。例如，表格组件就可以抽取 Column 组件，这样我们可以精细化地控制每一列的显示与配置：

```
<Table data={data}>
  <Column name="名称" dataKey="name" />
  <Column name="数量" dataKey="count" align="right" th={<SortableTh order="asc"
    onChange={handleSort} />} />
  <Column name="金额" dataKey="price" td="float" align="right" />
</Table>
```

这种思想在 React 中并不少见。React 本身就推崇分而治之的思想，组件的组成部分本身也是组件，这样就可以在一定约束条件下使用自定义达到我们的目的。

8.4 小结

本章介绍了如何在 React 框架中使用 Canvas 和 SVG 来完成各种可视化的需求，以及 Recharts 组件化的思想，希望读者可以对 React 可视化有一个全面的了解，并能够拥有开发可视化组件的能力。

然而如本章开始所说，可视化是一个很大的命题，并不只是做线、柱、饼图，React 在这其中扮演的角色尽管只体现在渲染层上，但它给可视化构建提供了一个全新的选项，也许在未来我们会看到与可视化算法集合结合得更好的库。

附录 A

开发环境

任何库或框架首先得有一个运行环境，React 工程也不例外。但考虑到前端发展日新月异，工具的迭代更新非常快，希望读者可以识别什么是不变的，什么是变化的，从而选择合适的开发工具。下面我们就以 React 开发环境为例讲述开发环境的组成与搭建。

A.1 运行开发环境：Node.js

近几年，JavaScript 组件化的生态系统一直在进步，其中维持一套生态系统最重要的就是需要定义一套公认的模块规范。尽管出发点是美好的，但不可避免地出现了竞争的局面。到今天，主流的模块规范有两种——AMD 和 CommonJS 标准。此外，还有把它们两者统一的通用模块规范 UMD 标准。

这三者的实现与理念不在本书的讨论范围之内，不过我们需要为此书选择一套模块规范，这也是 React 官方及社区比较推崇的方案。因此，在此声明：在本书出现的代码，除源代码之外，均统一使用 CommonJS 标准，npm 包管理系统，通过 Babel 编译 ES2015/ES6（ES6 与 ES2015 是同一个标准 ECMA-262，ES6 是民间说法，ES2015 是官方发布版本时使用的正式名字）语法，使用 webpack 打包测试及发布。

此外，为了和系统环境保持一致，我们约定本书运行的开发系统是 Mac OS 系统。当然，在 Linux 和 Window 下，通过类似的方法都可以搭建运行环境，但是这不在本书的讨论范围之内。

我们通过讲述一个项目工程目录的初始化过程，来完成开发环境中一系列标准与工具配合下的配置与启动过程。

首先，在任意一个文件夹下新建目录，这里假设这个工程是我们的第一个 React App，取名为 first-react-app：

```
$ mkdir first-react-app && cd first-react-app
```

首先安装 Node.js，这里推荐使用 NVM[①]来管理不同的 Node.js 版本。NVM 的安装方法可以

① NVM，详见 https://github.com/creationix/nvm。

参考 GitHub 上 NVM 的文档，比如使用 `curl` 来下载安装脚本：

```
$ curl -o- https://raw.githubusercontent.com/creationix/nvm/v0.31.0/install.sh | bash
```

你在安装时，请参考最新的文档。接着，运行 NVM 的命令来安装固定版本的 Node.js 并使用它，这里安装 Node 5.0 版本：

```
# Install Node
$ nvm install 5.0

# Use Node
$ nvm use 5.0
```

然后回到 first-react-app 目录下，我们需要新建一个 Node.js 的配置文件 package.json。这里既可以通过 `npm init` 交互的方式来新建，也可以手动新建。下面是新建好的 package.json：

```
{
  "name": "first-react-app",
  "version": "0.0.1",
  "description": "first react app",
  "keywords": [
    "react",
    "reactjs"
  ],
  "author": "react book group",
  "license": "MIT"
}
```

这里定义了项目的名字、版本号、描述、关键词、作者和许可协议这些基本信息。对于每一个 Node.js 项目来说，这些基本信息都是必不可少的。

如果这个项目需要上传到 Git 仓库上，那么需要在根目录中执行 `git init` 命令初始化项目，并在 package.json 中增加必要的信息。下面就以 GitHub 为例来介绍：

```
{
  "repository": {
    "type": "git",
    "url": "https://github.com/arcthur/first-react-app.git"
  },
  "bugs": {
    "url": "https://github.com/arcthur/first-react-app/issues"
  },
  "homepage": "https://github.com/arcthur/first-react-app"
}
```

配置信息非常直观，对应的是仓库配置、bug 提交地址以及项目主页。其中，这里项目主页直接使用了仓库的主页，当然也可以使用如独立域名的主页地址来替代。

A.2 ES6 编译工具：Babel

早些年，CoffeeScript 出世那会，前端界都为之疯狂。近年来，前端界对于新标准，尤其是 ES6 的讨论越来越多。历时近 6 年时间制定的新标准 ECMAScript 6 终于在 2015 年 6 月正式发布了。ES6 从草案起，就以集合了众多新语法、新特性吸引了无数开发者的目光，使得在草案期，就涌现了许多特性的 polyfill 实现。另一方面，作为 ECMAScript 的新标准，各大浏览器的兼容程度实在堪忧。而前端界为 JavaScript 这门语言作过的种种尝试（包括 CoffeeScript），都像流星一样迅速陨落。

工程师们对 ES6 学习的热情和迫切想要在开发环境中使用的心情，使 Babel、Tracur 等 ES6 编译器应运而生。它们能将尚未得到支持的 ES6 特性转换为 ES5 标准的代码，使其得到各个浏览器的支持。其中 Babel 因为 Transformer 的设计特点，获得了许多开发者的青睐。

如果你不熟悉 ES6，在我们的示例代码中你将会看到许多陌生的语法，比如箭头函数、函数默认参数等。使用 ES6 语法，不仅可以减少大量的冗余代码，还能借助新的关键字（如 const）确保程序的健壮性。此外，新的特性（如 promise 和 generator 等），可以帮助我们更好地处理异步事务。

展开 ES6 会有非常多的内容要说，推荐读者去阅读 ES6 的相关资料和文档。本书的所有示例代码将全部使用 ES6 语法来实现。

接着，我们通过官网提供的 Try it out[①]写一个简单的示例来说明 Babel 到底是什么：

```
function quicksort(arr) {
  if (!arr.length) {
    return [];
  }

  const [pivot, ...rest] = arr;

  return [
    ...quicksort(rest.filter(x => x < pivot)),
    pivot,
    ...quicksort(rest.filter(x => x >= pivot)),
  ];
}
```

上述代码是经典的快排算法的 ES2015 实现。当然，如果你还不熟悉 ES2015 的语法，那么要赶快行动起来。现在，我们来看看编译后的结果是怎么样的呢？

```
"use strict";

function quicksort(arr) {
  if (!arr.length) {
```

① Babel repl，详见 http://babeljs.io/repl/。

```
    return [];
  }

  var pivot = arr[0];
  var rest = arr.slice(1);

  return [].concat(quicksort(rest.filter(function(x) {
    return x < pivot;
  })), [pivot], quicksort(rest.filter(function(x) {
    return x >= pivot;
  })));
}
```

这么看代码是不是熟悉了很多，编译后的 ES5 代码可以在绝大部分浏览器上运行。当然，我们看到 `filter` 方法在一些低级浏览器上还不支持，此时可以通过加入 Babel 的 `polyfill` 来支持它们。

此外，Babel 还可以支持对 JSX 代码的编译（JSX 是在 React 中运行的，用于表达 Virtual DOM 的语法，1.2 节介绍过），这真是太让人兴奋了。我们看看它是怎么编译的：

```
import React, { Component } from 'react';
import ReactDOM from 'react-dom';

class HelloMessage extends Component {
  render() {
    return <div>Hello {this.props.name}</div>;
  }
}

ReactDOM.render(<Page />, document.getElementById('app'));
```

这里的 `import` 和 `class` 关键词都是 ES6 的语法，而 `render` 方法中 `return` 的标签内容就是 JSX 语法。我们来看看编译后的代码：

```
// 这里省略 _inherits 等函数的定义

var HelloMessage = function (_Component) {
  _inherits(HelloMessage, _Component);

  function HelloMessage() {
    _classCallCheck(this, HelloMessage);

    return _possibleConstructorReturn(this,
      Object.getPrototypeOf(HelloMessage).apply(this, arguments));
  }

  _createClass(HelloMessage, [{
    key: 'render',
    value: function render() {
      return _react2.default.createElement(
        'div',
        null,
```

```
        'Hello ',
        this.props.name
      );
    }
  }]);

  return HelloMessage;
}(_react.Component);

_reactDom2.default.render(_react2.default.createElement(Page, null),
  document.getElementById('app'));
```

这里我们省略了_createClass、_interopRequireDefault、_classCallCheck、_possibleConstructorReturn、_inherits方法的实现，如果你感兴趣，可以通过网站来看。其中，import转换成require不能在浏览器中直接使用，必须配合打包工具一起，之后介绍的webpack就可以让浏览器支持CommonJS标准的代码书写与打包。

到此，我们对Babel已经有个初步的认识了。最后，回归正题，怎么在工程中安装Babel：

```
$ npm install --save-dev babel-cli babel-core babel-polyfill babel-preset-es2015 babel-preset-react
```

这里我们使用npm包管理工具安装，其中babel-preset-es2015和babel-preset-react可以理解为我们选择安装了两个套餐，分别是ES6和React的编译插件集。我们需要在项目中新建一个.babelrc的配置文件，这个文件用来设置不同环境的转码插件，默认作用域是所有环境，你也可以区分开发环境与线上环境。现在我们把需要的preset加入到配置中：

```
{
  presets: ["es2015", "react"]
}
```

你还可以单独安装其他的preset或plugin。比如需要增加transform-export-extensions插件，那么只需要使用npm install --save-dev babel-plugin-transform-export-extensions命令，然后更改.babelrc文件：

```
{
  plugins: ["transform-export-extensions"],
  presets: ["es2015", "react"]
}
```

此外，Babel也支持ES7草案的一些特性。如果你想尝试它们，不妨参考官方文档，选择对应的preset或plugin安装。

此外，Babel还有非常多好玩的特性，留给读者去探索。这里，我们对于Babel的配置已经完成了。

A.3 CSS 预处理器：Sass

Sass 是 CSS 预处理器。CSS 预处理器是一种由 CSS 扩展而来的语言，用于为 CSS 增加一些编程的特性。因为编译过程前置，所以无需考虑浏览器的兼容性问题。例如，可以在 CSS 中使用变量、简单的程序逻辑、函数等基本技巧，让你的 CSS 更加简洁，适应性更强，代码更直观等。

我们在应用中更多使用 SCSS，它是 Sass 3 引入新的语法，其语法完全兼容 CSS3，并且继承了 Sass 的强大功能。后续我们都使用 SCSS 编码。

举个最简单的例子，我们使用变量来管理公用参数：

```
$font-stack:    Helvetica, sans-serif;
$primary-color: #333;

body {
  font: 100% $font-stack;
  color: $primary-color;
}
```

上述 SCSS 代码封装了字体配置和颜色配置，这样可以方便样式文件中不同位置的重用。代码编译后：

```
body {
  font: 100% Helvetica, sans-serif;
  color: #333;
}
```

另一个常用的 SCSS 特性是树状结构代码：

```
nav {
  ul {
    margin: 0;
    padding: 0;
    list-style: none;
  }

  li {
    display: inline-block;
  }

  a {
    display: block;
    padding: 6px 12px;
    text-decoration: none;
  }
}
```

上述代码编译后：

```
nav ul {
  margin: 0;
```

```
  padding: 0;
  list-style: none;
}

nav li {
  display: inline-block;
}

nav a {
  display: block;
  padding: 6px 12px;
  text-decoration: none;
}
```

我们看到用 SCSS 之后，层级关系清晰地显示出来。当然，SCSS 还有诸如 mixin、继承、函数计算等好多特性，这里就不一一介绍了。要想学习更多 SCSS 的写法，请移步官网[①]。本书涉及 CSS 的代码都使用 SCSS 代码来编写。

A.4　测试环境：Karma

前端测试现在也越来越重视，业界现在流传着一句话：谁敢用没有测试代码的开源包。Karma 是测试任务管理工具，用来帮助开发者方便地进行测试。而在前端开发中，主要是配合静态测试框架来做单元测试。

下面通过 npm 安装 Karma 环境和必要的包：

```
$ npm install --save-dev karma karma-chai karma-chrome-launcher karma-coverage karma-coveralls
karma-mocha karma-sourcemap-loader karma-webpack istanbul-instrumenter-loader
```

然后，通过存放在目录下的 karma.conf.js 配置文件来启动文件：

```
'use strict';

var path = require('path');

module.exports = function(config) {
  if (process.env.RELEASE) {
    config.singleRun = true;
  }

  config.set({
    basePath: '../',
    frameworks: ['mocha', 'chai'],
    files: [
      { pattern: 'test/index.js', included: true, watched: false },
    ],
    exclude: [
```

① Sass，详见 http://sass-lang.com/。

```
      'test/coverage/**',
      'node_modules/',
    ],
    preprocessors: {
      'test/index.js': ['webpack', 'sourcemap'],
    },
    webpack: {
      devtool: 'inline-source-map',
      module: {
        noParse: [
          /node_modules\/sinon\//,
        ],
        loaders: [{
          test: /\.js$/,
          include: [
            /src|test|recharts/,
          ],
          exclude: /node_modules/,
          loader: 'babel',
        }, {
          test: /\.json$/,
          loader: 'json',
        }],
        postLoaders: [{
          test: /\.js$/,
          include: /src/,
          exclude: /node_modules/,
          loader: 'istanbul-instrumenter',
        }],
      },
      externals: {
        'jsdom': 'window',
        'react/lib/ExecutionEnvironment': true,
        'react/lib/ReactContext': 'window',
        'text-encoding': 'window',
      },
      resolve: {
        alias: {
          'sinon': 'sinon/pkg/sinon',
          'recharts': path.resolve('./src/index.js'),
        },
      },
      stats: {
        assets: false,
        colors: true,
        version: false,
        hash: false,
        timings: false,
        chunks: false,
        chunkModules: false,
      },
      debug: false,
    },
    plugins: [
```

```
      'karma-webpack',
      'karma-mocha',
      'karma-coverage',
      'karma-chai',
      'karma-sourcemap-loader',
      'karma-chrome-launcher',
      'istanbul-instrumenter-loader',
      'karma-coveralls',
    ],
    reporters: ['progress', 'coverage', 'coveralls'],
    coverageReporter: {
      dir: 'test',
      reporters: [{
        type: 'html',
        subdir: 'coverage',
      }, {
        type: 'text',
      }, {
        type: 'lcov',
        subdir: 'coverage',
      }]
    },
    webpackMiddleware: {
      noInfo: true,
    },
    port: 9876,
    colors: true,
    logLevel: config.LOG_INFO,
    browsers: ['Chrome'],
    browserNoActivityTimeout: 60000,
  });
};
```

然后在 `npm scripts` 中添加脚本：

```
{
  "scripts": {
    "test": "karma start test/karma.conf.js"
  }
}
```

最后，我们就可以通过 `npm run test` 启动测试。如果只想启动一个单例，那么只需要在命令前加上 `RELEASE=1` 就行了。这里绑定的是 Mocha 框架，测试框架大同小异，开发者可以很快熟悉 API 进行测试代码的编写。

A.5　工程构建工具：webpack

官网对 webpack[①] 的定义是模块打包（module bundler），它的目的就是把有依赖关系的各种

① webpack，详见 https://webpack.github.io。

文件打包成一系列静态资源。尽管业界在之前就推出了优秀的打包工具，如 Browserify，但 webpack 的迅速崛起，还有其特别之处：

- 支持所有主流的打包标准（CommonJS、AMD、UMD、Globals）；
- 可以通过不同的 webpack loader，支持打包 css、scss、json、markdown 等格式的文件；
- 有完善的缓存破坏/散列（cache busting/hashing）系统；
- 内置热重载功能；
- 有一系列优化方案和插件机制来满足各种需求，如代码切割（code splitting）。

那么，你可能会问：还需要 Grunt/Gulp 这些流程控制工具吗？我的答案是在需要的场景下依然可以使用它们，虽然它们已经有些过时了。现在业界通用的方案是直接利用 `npm scripts` 来定义项目内置脚本。

首先，还是通过 npm 来安装 webpack：

```
$ npm install --save-dev webpack
```

A.5.1　开发环境配置

这里我们需要的是本地启动一个 Web 服务，实现监听目录变化来对 JSX 和 ES2015 代码的编译。

首先，需要安装 webpack 配套的 Web 服务器 webpack-dev-server：

```
npm install --save-dev webpack-dev-server
```

这是一个基于 Express 的小型文件服务器，最基本的功能是启动 http 服务器并让我们使用 HTTP 协议访问应用。不过其最强大的功能在于和 webpack 结合提供强大的热模块替换功能。

另外，需要加载一些 loader，这里我们安装了编译 Sass 的 sass loader，打包样式的 style 和 css loader，Babel 编译的 loader，React 热加载的 loader：

```
$ npm install --save-dev babel-loader sass-loader style-loader css-loader react-hot-loader
```

然后配置 webpack 开发环境的配置文件 webpack.config.dev.js，并将其存放在工程的根目录下：

```
var path = require('path');
var fs = require('fs');
var webpack = require('webpack');

module.exports = {
  devtool: 'cheap-module-eval-source-map',
  entry: {
    app: [
      'webpack-hot-middleware/client',
      './src/app',
    ],
```

```
    vendors: ['react', 'react-dom', 'react-router'],
  },

  output: {
    filename: '[name].js',
    publicPath: '/static/',
  },

  module: {
    loaders: [{
      test: /\.jsx?$/,
      include: [
        path.resolve(__dirname, 'src'),
      ],
      loaders: ['react-hot', 'babel'],
    }, {
      test: /\.scss$/,
      include: [
        path.resolve(__dirname, 'src'),
      ],
      loader: 'style!css!sass?sourceMap=true&sourceMapContents=true',
    }],
  },

  resolve: {
    extensions: ['', '.js', '.jsx', '.scss', '.css'],
  },

  plugins: [
    new webpack.optimize.CommonsChunkPlugin('vendors', 'vendors.js'),
    new webpack.optimize.DedupePlugin(),
    new webpack.DefinePlugin({
      'process.env.NODE_ENV': JSON.stringify(process.env.NODE_ENV),
      __DEV__: true,
    }),
    new webpack.NoErrorsPlugin(),
    new webpack.HotModuleReplacementPlugin(),
  ],
};
```

我们写了一个通用的启动配置，接着通过 webpack-dev-server 来启动开发环境的服务。但在实际项目中，我们常常会封装一些配置。因此，在根目录下再新建文件 server.js：

```
var path = require('path');
var express = require('express');
var webpack = require('webpack');
var config = require('./webpack.config.dev');

var app = express();
var compiler = webpack(config);

var webpackDevOptions = {
  noInfo: true,
  historyApiFallback: true,
```

```
    publicPath: config.output.publicPath,
    headers: {
      'Access-Control-Allow-Origin': '*',
    },
  };

  app.use(require('webpack-dev-middleware')(compiler, webpackDevOptions));
  app.use(require('webpack-hot-middleware')(compiler));

  app.get('*', function(req, res) {
    res.sendFile(path.join(__dirname, 'index.html'));
  });

  app.listen(8787, 'localhost', function(err) {
    if (err) {
      console.log(err);
      return;
    }

    console.log('Listening at http://localhost:8787');
  });
```

server.js 是一个非常简单的 Node.js Web 服务器，使用的是 Express 这个框架，它可以很方便地集成 middleware。可以看到，这里集成了两个 middleware，分别用于集成 webpack 的开发环境与热重载的模块。最后，通过 Express 的 8787 端口来开启服务器。

其中，我们看到服务使用的 HTML 模板其实是预设的 index.html。当然，我们需要在根目录里存放这个文件：

```
<!DOCTYPE html>
<html>
  <head>
    <meta charset="UTF-8" />
    <title>First React App</title>
  </head>
  <body>
    <div id="app"></div>
    <script src="/static/vendors.js"></script>
    <script src="/static/app.js"></script>
  </body>
</html>
```

这时候，已经配置完开发环境了，我们需要为启动它写一个 `npm scripts`。在 package.json 的 `scripts` 项中配置启动需要的命令：

```
{
  "scripts": {
    "start": "node server.js"
  }
}
```

当需要使用开发环境的时候，只需要在 shell 中执行 `npm run start` 命令即可。

A.5.2　线上环境配置

线上环境与开发环境最大的不同是，我们是否需要打包成文件存放起来，或上传到 CDN 上，或上传到 npm 仓库上。

根据线上环境的需要，我们先安装必要的 npm 包：

```
$ npm install --save-dev postcss cssnano extract-text-webpack-plugin postcss-loader
```

同样来配置 webpack 配置文件 webpack.config.prod.js，并将其存放在工程的根目录下：

```
var path = require('path');
var fs = require('fs');
var webpack = require('webpack');
var ExtractTextPlugin = require('extract-text-webpack-plugin');
var cssnano = require('cssnano');

module.exports = {
  devtool: 'source-map',
  entry: {
    app: ['./src/app'],
    vendors: ['react', 'react-dom', 'react-router'],
  },

  output: {
    path: path.resolve(__dirname, 'build'),
    filename: '[name].js',
  },

  module: {
    loaders: [{
      test: /\.jsx?$/,
      include: [
        path.resolve(__dirname, 'src'),
      ],
      loaders: ['babel'],
    }, {
      test: /\.scss$/,
      include: [
        path.resolve(__dirname, 'src'),
      ],
      loader: ExtractTextPlugin.extract('style-loader', 'css!postcss!sass'),
    }],
  },

  postcss: [
    cssnano({
      sourcemap: true,
      autoprefixer: {
        add: true,
        remove: true,
        browsers: ['last 2 version', 'Chrome 31', 'Safari 8'],
      },
```

```
      discardComments: {
        removeAll: true,
      },
    }),
  ],

  resolve: {
    extensions: ['', '.js', '.jsx', '.scss', '.css'],
  },

  plugins: [
    new webpack.optimize.CommonsChunkPlugin('vendors', 'vendors.js'),
    new webpack.optimize.DedupePlugin(),
    new webpack.DefinePlugin({
      'process.env.NODE_ENV': JSON.stringify(process.env.NODE_ENV),
      __DEV__: false,
    }),
    new ExtractTextPlugin('style.css', {
      allChunks: true,
    }),
    new webpack.optimize.UglifyJsPlugin({
      compress: {
        unused: true,
        dead_code: true,
      },
    }),
  ],
};
```

这时已经配置完环境，现在需要启动它。在 package.json 的 `scripts` 项中配置启动需要的命令：

```
{
  "scripts": {
    "clean": "rimraf build",
    "build:webpack": "NODE_ENV=production webpack --config webpack.config.prod.js",
    "build": "npm run clean && npm run build:webpack"
  }
}
```

当执行 `npm run build` 时，就会打包并压缩文件到 build 目录下。此时，我们想到 build 目录其实没必要上传到 Git 仓库上，为此我们增加 .gitignore 文件并配置忽略 build 目录。

如果这个项目需要当成模块发布到 npm 仓库上，就需要在 package.json 里额外配置输出参数：

```
{
  "main": "build/app.js",
  "jsnext:main": "src/app.js"
}
```

其中 `main` 指的是入口文件，这里就是编译好的 build 目录下的 app.js 文件。那么 `jsnext:main` 指的是什么呢？它是兼容 rollup 构建工具读取入口文件的参数。Rollup 与 webpack 都是前端项目构建工具，但不同的是 rollup 是基于下一代 ES6 模块化的构建，tree-shaking 是它最大的亮点。还未发布的 webpack 2.0 版本同样具备 tree-shaking 特性。

这几年，构建工具不断推陈出新，也从侧面反应了前端界欣欣向荣，今天的 webpack 也许用不了多久就会被更厉害的工具代替，比如最近发布的 rollup。但不变的是我们所需要的功能——合并、打包、压缩，不同的是越来越“向前看”和“便捷”。对于工具，前端工程也许有标准化的一天，而这之前我们无法评论这些工具的不断出现是好或是不好。只有当前是否合适，合适的就是最好的。

A.6 安装 React 环境

我们终于可以开始开发了：

```
$ npm install --save react react-dom
```

至此，我们的 package.json 已经基本上成型了。在配置文件中简单修改一下 React 的版本：

```
{
  "peerDependencies": {
    "react": "^0.14.0 || ^15.0.0",
    "react-dom": "^0.14.0 || ^15.0.0"
  },
  "dependencies": {
    "react": "^15.0.0",
    "react-dom": "^15.0.0"
  }
}
```

接着，写一个简单的 React 组件，并把这个组件保存在 src/app.js 中：

```
import React from 'react';
import ReactDOM from 'react-dom';

function Page() {
  const topics = ['React', 'Flux', 'Redux']

  return (
    <div>
      <h1>React Book Title</h1>
      <ul>
        {topics.map(topic => (<li>{topic}</li>))}
      </ul>
    </div>
  );
}

ReactDOM.render(<Page />, document.getElementById('app'));
```

到这里，我们需要增加测试来确保项目的渲染结果。

这个例子最终展示了一段无序列表的信息。

当启动开发环境命令 `npm run start` 后，生成了 URL：http://localhost:8787/index.html。在浏览器中打开该 URL，即可查看页面效果。

当我们开发了一定功能后，就需要 commit 并上传到服务器上，此时可以运行相应的 `git` 命令来完成。

最后，就需要发布版本了，此时可以通过执行命令 `npm run build` 合并压缩打包文件，再执行 `npm publish` 命令发布到远程 npm 仓库上。

现在，我们可以在应用中执行 `npm install` 命令下载包了。

A.7 小结

本附录提到了一些 React 项目实践中用到的工具，比如 postcss，不在本书的讨论范围内，但它们确实是在开发中非常实用的工具，希望读者可以进一步去了解它们。

至此，我们已经对 React 的开发环境有了大致的了解。当然，在日常开发中，我们还会增加代码检查（ESLint）、编辑器配置（EditorConfig）等插件去规范开发过程，这些内容将在附录 B 中详述。

在业界，React 或是 Redux 初始化项目中已经有很多实践，较为有名的是 React Boilerplate[1]。不过，正如开篇所说，工具一直在变化，但本质都是一样的。在生产环境中的实践是每一位开发人员都需要不断尝试的。

---

① React Boilerplate，详见 https://github.com/mxstbr/react-boilerplate。

附录 B

编码规范

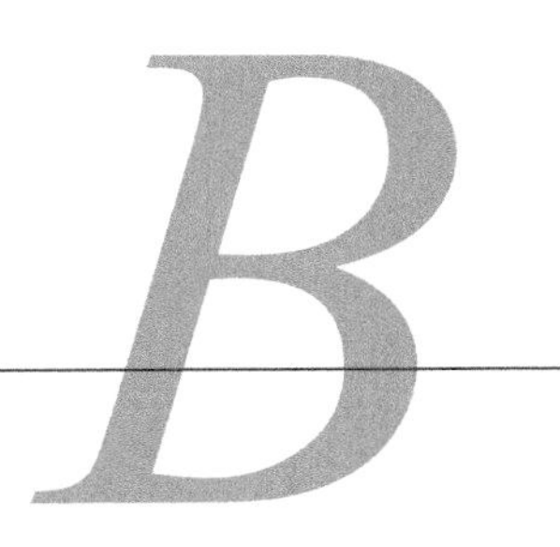

在团队开发中，编码规范至关重要，一份统一的编码规范可以大大降低阅读代码的成本。近年来，前端业界对编码规范的自动化工具也做了不少实践，从最早的 JSLint，到之后的 JSHint，再到今天的 ESLint。本附录中，我们主要讲述 ESLint 的用法。

B.1 使用 ESLint

ESLint 由 Nicholas C. Zakas 编写。目标是以可扩展、每条规则独立、不内置编码风格为理念编写一个 Lint 工具。用户可以定制自己的规则作成公共包。

ESLint 主要有以下特点：

- 默认规则包含所有 JSLint、JSHint 中存在的规则，易迁移；
- 规则可配置性高，可设置“警告”“错误”两个 error 等级，或者直接禁用；
- 包含代码风格检测的规则；
- 支持插件扩展、自定义规则。

针对 React 开发者，ESLint 已经可以很好地支持 JSX 语法。

我们从 React 应用中怎么配置开始说起。首先，通过 npm 来安装必要的包：

```
$ npm install --save-dev babel-eslint eslint eslint-plugin-react
```

babel-eslint 让 ESLint 用 Babel 作为解释器，eslint-plugin-react 让 ESLint 支持 React 语法。然后，在 package.json 里配置对应的 `scripts`，假设我们对 src 和 test 目录作检查：

```
"scripts": {
  "lint": "eslint src test"
}
```

ESLint 的配置写在根目录下。新建配置文件 .eslintrc，如果子目录也包含 .eslintrc，则子目录会忽略根目录的配置文件。这种设置方式便于在不同环境下使用不同的配置。相关代码如下：

```
{
  "extends": "eslint:recommended",
```

```
  "ecmaFeatures": {
    "jsx": true,
    "modules": true
  },
  "env": {
    "browser": true,
    "node": true,
    "es6": true
  },
  "parser": "babel-eslint",
  "rules": {
    "strict": 0,
    "valid-jsdoc": 2,

    "react/jsx-uses-react": 2,
    "react/jsx-uses-vars": 2,
    "react/react-in-jsx-scope": 2
  },
  "plugins": [
    "react"
  ]
}
```

其中，`plugins` 处配置了 `react`，即加入了自定义规则，这也是 ESLint 最核心的功能之一。此外，我们也可以在文件内配置特别的配置。

禁用 ESLint，比如：

```
/* eslint-disable */
const obj = {
  key: 'value',
};
/* eslint-enable */
```

禁用一条 Lint，比如：

```
/* eslint-disable no-console */
console.log('test');
/* eslint-enable no-console */
```

调整 ESLint 规则，比如：

```
/* eslint no-console: "error" */
console.log('test');
```

ESLint 还有一个参数 `extends`，相当我们的配置继承于它。在上述配置中，我们写的是 `eslint:recommended`，这是内置的配置。我们之后自定义的配置就继承于它。这里，推荐开发者使用 Airbnb 定制的 JavaScript 规范写法[1]，整套规范推荐了 ES6 的语法，是整个前端业界最火也是比较公认的方案。由它的规范写成的公共配置是 eslint-config-airbnb。我们可以通过 npm 安装

① JavaScript Style Guide，详见 https://github.com/airbnb/javascript。

它，并在自己的 ESLint config 中将 Airbnb 的配置设置成基础配置。

最后，.eslintrc 可以写成如下形式：

```
{
  "extends": "eslint-config-airbnb",
  "ecmaFeatures": {
    "jsx": true,
    "modules": true
  },
  "env": {
    "browser": true,
    "node": true,
    "es6": true
  },
  "parser": "babel-eslint",
  "rules": {
    "strict": 0,
    "valid-jsdoc": 2,

    "react/jsx-uses-react": 2,
    "react/jsx-uses-vars": 2,
    "react/react-in-jsx-scope": 2
  },
  "plugins": [
    "react"
  ]
}
```

B.2 使用 EditorConfig

前面讲到的是前端开发时的规范化，现在讲的 EditorConfig 是对编辑器的规范化。众所周知，前端工程师会使用各种不同的编辑器开发脚本，从早期的 Notepad++、Vim 到今天的 Atom、Sublime 等编辑器。编辑器的发展与前端一样，非常迅速。然而对于不同的系统，我们同样希望规范好开发时编辑器的基础配置。从某种程度上说，EditorConfig 的目的是让工程里的代码像是在同一个编辑器打开的。

EditorConfig 的配置放在根目录下保存为 .editorconfig：

```
root = true

[*]
end_of_line = lf
charset = utf-8
trim_trailing_whitespace = true
insert_final_newline = true
indent_style = space
indent_size = 2
```

从键值中我们很容易知道常用的配置信息，比如缩进风格是空格，缩进量是 2 个空格等。

之后，我们用什么编辑器，就去下载相应的 EditorConfig 插件。几乎主流的编辑器都支持。但现在 EditorConfig 配置非常少，只局限于基本的文件缩进、换行等格式，虽然这些也可以在 ESLint 里配置，但从编辑器层面去做这件事会变得智能很多，建议在项目中使用。

B.3　小结

前端发展到今天，工程化的体量越来越重。我们也需要慢慢完善前端体系，让团队开发更容易，项目维护更容易。

附录 C

Koa middleware

Koa 是用 Node.js 实现的 Web 服务框架。在 Koa 中，middleware 的使用场景是在请求到来和发送响应之间，对代码按功能进行插件化管理。其实现方式与 Redux 相近，都采用了函数式编程的 compose 方式对 middleware 进行组合，不同的是 Koa 利用了 ES6 的 generator[①] 来实现 middleware，并用 co 库对 middleware 执行的流程进行管理。

C.1 generator

Koa 中的 middleware 其实就是一个 generator 函数，我们先来看一个例子：

```
function* generatorFunc() {
  console.log('123');
  yield 'stop';
  console.log('456');
  yield 'stop again';
  console.log('789');
  return 'finish';
}

let gen = generatorFunc();
console.log(gen.next());
// 123
// {"value":"stop","done":false}
console.log(gen.next());
// 456
// {"value":"stop again","done":false}
console.log(gen.next());
// 789
// {"value":"finish","done":true}
```

generator 函数和一般函数的区别在于函数调用后并不立即执行，返回一个 generator，每当调用 generator 的 `next()` 方法时，函数就从当前位置执行到下一个 `yield` 位置，并返回 `yield` 后面的内容。`yield` 后面可以是普通对象，promise、`thunk` 函数，或者 generator。

① ES6 Generators，详见 https://davidwalsh.name/es6-generators。

C.2 middleware 原理分析

要实现一套 middleware，主要分为 3 步：第一步搜集 middleware；第二步组合 middleware；第三步调用执行。Redux 中，前两步都是由 applymiddleware 实现的，调用执行和一般的函数调用没有什么区别。Koa 中搜集 middleware 的工作是由接口 app.use 实现的，方式如下：

```
var koa = require('koa');
var app = koa();

app.use(function *read(next) {
  yield readFile('./a.text');
  yield next;
  console.log('log end!');
});

app.use(function *logger(next) {
  console.log('log start!');
  yield next;
  console.log('log end!');
});

app.use(function *response() {
  this.body = 'Hello World';
});

app.listen(3000);
```

app.use() 方法将所有 generator 函数保存到了 this.middleware 数组里：

```
app.use = function(fn) {
  ...
  this.middleware.push(fn);
  ...
};
```

Koa 组合 middleware 的方式也使用了 compose 方法。在调用 app.listen(3000) 的时候，Koa 对所有的 generator 函数做了 compose 处理：

```
function compose(middleware) {
  return function *(next) {
    var i = middleware.length;
    var prev = next || noop();
    var curr;

    while (i--) {
      curr = middleware[i];
      prev = curr.call(this, prev);
    }

    yield *prev;
  }
}
```

`compose` 函数做的工作是：

- ❑ 执行所有 generator 函数，得到 generator；
- ❑ 将 generator 作为下一次 generator 函数执行的参数 `next`；
- ❑ 返回一个入口 generator。

执行 `compose` 后的效果如图 C-1 所示。

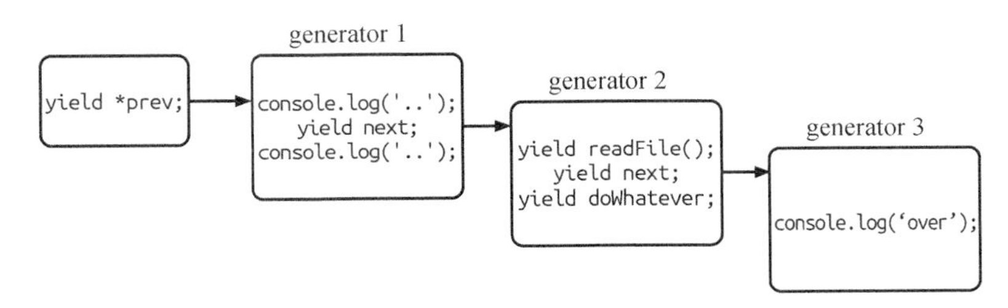

图 C-1　Koa middleware 执行 `compose` 后的效果

最后，co 做的事就是让代码按图中的流程走起来。图 C-2 说明了 co 是如何管理流程的。

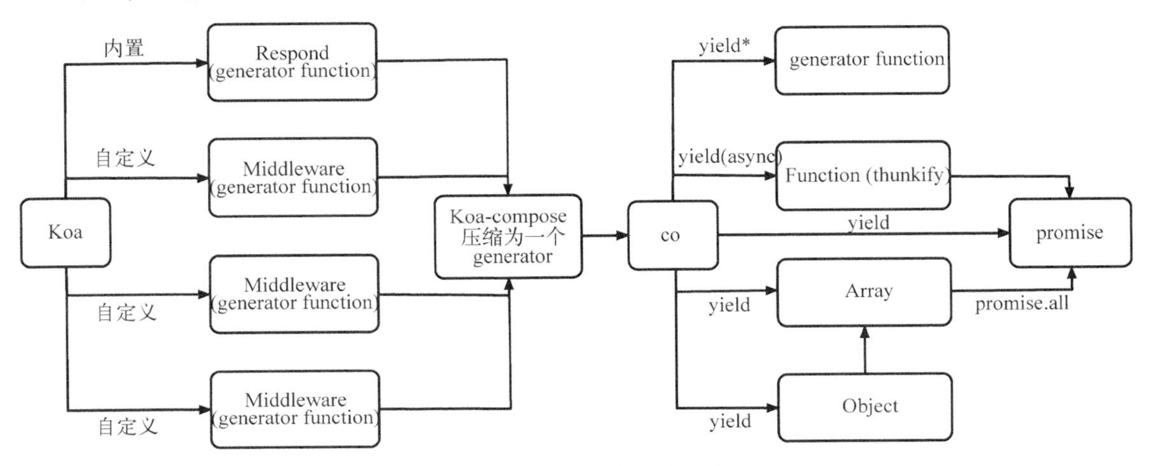

图 C-2　co 是如何管理流程的

co 不断调用 `gen.next()` 方法，如果 `yield` 遇到非 generator 对象，则将其包裹在 promise 里，等待其完成触发 `resolve`，然后继续在当前 generator 里执行下去；如果 `yield` 遇到新 generator 对象，则开启一个新的 co，调用新 generator 的 `next` 方法，这是递归。另外，co 本身返回的也是一个promise 对象，所以不管 `yield` 遇到的是新 generator 还是其他，当前 co 都会停下来等待其完成，然后继续执行 `gen.next()`。

无论是 Redux 还是 Koa，它们的核心思想都在于将 middleware 进行组合，将当前 middleware 执行一遍作为参数传给下一个 middleware 去执行。只是 Redux 的 middleware 是 currying 函数，执行结果是一个匿名函数；而 Koa 的 middleware 是一个 generator 函数，执行完后是一个 generator。